普通高等教育一流本科专业建设成果教材

江苏省高等学校重点教材

高分子实验及仪器操作

李坚　曹峥　等 编

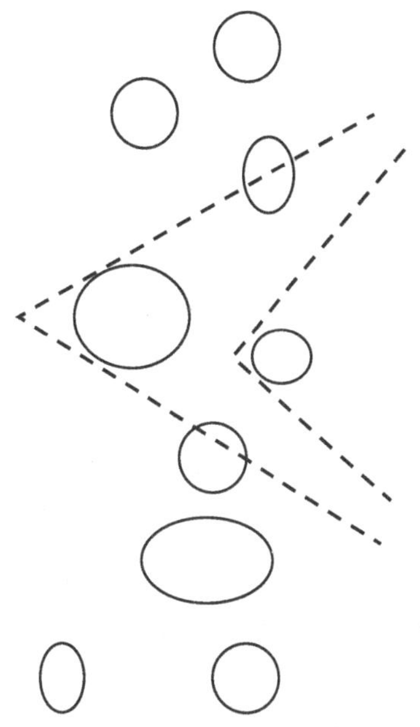

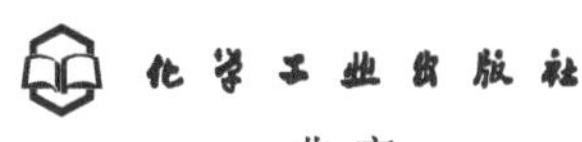

·北京·

内 容 提 要

本实验教材的内容主要分为三个部分。第一部分是常用仪器设备操作实训，总结归纳了46个与高分子科学相关的常见仪器设备的使用及操作；第二部分编写了14个高分子化学及高分子物理的经典实验，旨在培养学生的基本实验能力及加强对高分子化学和高分子物理基本知识和原理的掌握；第三部分是综合实验，19个综合实验体现了实践性和设计性。

本书可供高分子材料与工程及材料类专业本科生使用，也可供研究生、教师和工程技术人员阅读参考。

图书在版编目（CIP）数据

高分子实验及仪器操作/李坚等编．—北京：化学工业出版社，2020.9（2023.1重印）

ISBN 978-7-122-37405-9

Ⅰ.①高…　Ⅱ.①李…　Ⅲ.①高分子化学-实验-高等学校-教材②高聚物物理学-实验-高等学校-教材③高分子化学-实验室仪器-操作-高等学校-教材④高聚物物理学-实验室仪器-操作-高等学校-教材　Ⅳ.①O63-33

中国版本图书馆CIP数据核字（2020）第131663号

责任编辑：王　婧　杨　菁　　　装帧设计：王晓宇

责任校对：宋　玮

出版发行：化学工业出版社（北京市东城区青年湖南街13号　邮政编码100011）

印　　装：北京科印技术咨询服务有限公司数码印刷分部

787mm×1092mm　1/16　印张14¾　字数381千字　2023年1月北京第1版第3次印刷

购书咨询：010-64518888　　　售后服务：010-64518899

网　　址：http://www.cip.com.cn

凡购买本书，如有缺损质量问题，本社销售中心负责调换。

定　　价：49.00元

前 言

实验实践教学是高分子材料与工程及其相关专业的重要教学环节，旨在培养学生的动手能力及实践能力，并对高分子科学的基本概念及理论有进一步的理解。《高分子实验及仪器操作》是在多年教学实践的基础上总结编写而成的。 在教学过程中我们发现，虽然同学们在进行高分子相关实验之前，已经接受了基础化学实验的基本训练，如无机及分析化学实验、有机化学实验、物理化学实验等，但是对于高分子科学相关的一些常见仪器设备的原理、用途及操作仍是比较陌生，这影响了以后高分子实验的教学效果。因此，本实验教材的内容主要分为三大部分。第一部分是常用仪器设备操作，总结归纳了高分子科学相关的常见仪器的操作，目的是让学生对在以后的专业实验或毕业环节中，甚至是在今后的工作中可能会涉及的仪器设备的原理、用途及操作有一个基本了解，为后续的实验和科研工作打下基础。第二部分是高分子化学与物理实验，这一部分总结编写了高分子化学及高分子物理的经典实验，旨在培养学生的基本实验能力及加强对高分子化学和高分子物理基本知识和原理的掌握。对一些普通高等学校较少开设的实验，如离子聚合、可控自由基聚合等的实验则暂未纳入。第三部分是综合实验部分，这部分实验体现了综合性、实践性和设计性。综合性是指每个实验基本上都包含了聚合物的合成、样品的制备及样品的性能表征这几部分内容，使同学们在进行这部分实验时，能综合运用以前所学到的知识，综合能力得到锻炼与培养。实践性是指所编写的实验内容都与实际工业生产和生活密切相关，有些甚至是可以工业化生产的产品。设计性是指可以根据不同的实验产品要求，对实验配方进行调整，同学可以设计不同的方案进行实验。

《高分子实验及仪器操作》由常州大学材料科学与工程学院材料化学系李坚（1-4、1-21、1-22、3-8）、宋艳（1-8、1-9、1-10、2-4、3-5、3-9）、姜彦（1-7）、翟光群（1-19、1-20、2-6、3-10）、张嵘（1-6、1-11）、任强（1-2、1-14、2-5、3-6、3-7）、张东亮（1-15、2-1、3-2）、张震乾（2-2、3-3）、孙一新（1-18）、薛小强（1-3）、孔立智（1-1、3-1）、邓健（3-4）、汪称意（1-5、1-12、1-13）、盛扬（2-3）；高分子科学与工程系曹峥（1-16、1-27、1-36、1-44、1-45、3-15）、张洪文（1-41）、黄文艳（2-10）、蒋姗（1-28、1-29、1-30、1-40）、邹国享（1-32、1-37、3-16、3-17、3-19）、廖华勇（1-33、2-12、3-14）、刘晶如（1-39）、杨宏军（3-11）、马文中（1-23、1-24、2-11）、陶宇（1-25、2-14）、罗钟琳（2-9、3-18）、赵彩霞（1-42、2-13、3-13）、王艳宾（1-31、2-8）、杨海存（1-34、1-35、1-46）、蒋其民（1-43）、成骏峰（1-26、1-38）、王留阳（1-17、2-7、3-12）等合作编写，并得到实验中心老师的帮助与指导，最后由李坚教授统稿完成。虽然本教材是我们多年实验教学的总结与归纳，但由于学术水平有限，实践经验的欠缺，书中定有不妥之处，望各位老师与同学批评指正。

编者

2020 年 1 月

目 录

第一部分

常用仪器设备的使用及操作

实验 1-1 旋转黏度计

一、黏度计的用途

黏度计（viscosimeter），主要用于测量流体的黏度。黏度是表示流体在流动时，流体内部发生内摩擦的物理量，表示流体反抗形变的能力。黏度计的类型主要有毛细管黏度计、旋转黏度计和落球式黏度计三类。

NDJ-1 旋转黏度计可用来测量液体的黏性阻力与液体的动力黏度，广泛应用于测定各种流体的黏度，是监测和控制产品质量的精密仪器。

二、旋转黏度计的工作原理

仪器由同步电机以稳定的速度旋转，连接刻度圆盘，再通过游丝和转轴带动转子旋转，如果转子未受到液体的阻力，则游丝、指针与刻度盘同速旋转，指针在刻度盘上指出的读数为“0”。反之，如果转子受到液体的黏滞阻力，则游丝产生扭矩，与黏滞阻力抗衡最后达到平衡，这时与游丝连接的指针在刻度盘上指示一定的读数（即游丝的扭转角）。将读数乘以特定的系数即得到液体的黏度。本仪器转速由齿轮系统及离合器通过调速旋钮进行变速，附有 0～4 号 5 种转子，可根据被测液体的黏度高低，同转速配合选用。仪器装有指针固定控制机构，为精确读数用，当转速较快时（30r/min、60r/min），无法在旋转时进行读数，这时可轻轻按下指针控制杆，使指针固定下来，便于读数。此外，仪器还配有固定支架及升降机构，以 NDJ-1 旋转黏度计为例，图 1-1-1 是仪器的外观图。

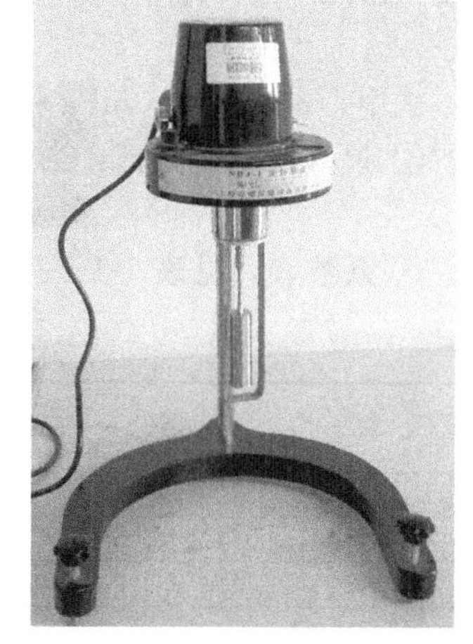

图 1-1-1　NDJ-1 旋转黏度计

主要技术参数：

测定范围：10～1×10^5mPa·s。

转子规格：0、1、2、3、4 号五种转子（0 号转子是选件，可测低黏度至 0.1mPa·s）。

仪器转速：6r/min、12r/min、30r/min、60r/min。

测量误差：±5%（牛顿流体）。

电源：(220±10)V，50Hz。

净重：1.5kg。

外形尺寸：400mm×370mm×150mm。

三、旋转黏度计的操作

1. 将被测液体置于直径不小于 70mm 的烧杯或直筒形容器中，准确地控制被测液体温度。

2. 将保护架装在仪器上（向右旋入装上；向左旋出卸下）。

3. 将选配好的转子旋入连接螺杆（向左旋入装上；向右旋出卸下）。

4. 旋转升降旋钮使仪器缓缓下降，转子逐渐浸入被测液体中，直到转子液面标志和液面相平为止（调整仪器水平）。开启电机开关，转动变速旋钮，使所需转速数向上，对准速度指示点，使转子在液体中旋转（一般 20～30s），待指针趋于稳定（或按规定时间进行读数），按下指针控制杆（注意：①不得用力过猛；②转速慢时可不利用控制杆，直接读数）使计数固定下来，再关闭电机，使指针停在读数窗内，读取读数。当电机关停后如指针不处于读数窗内时，可继续按住指针控制杆，反复开启和关闭电机，经几次练习即能掌握，使指针停于读数窗内，读取读数。

5. 当指针所指的数值过高或过低时，可变换转子和转速，使读数在 30～90 格之间最佳。

6. 量程、系数及转子、转速的选择。

① 估计被测液体的黏度范围，选择适当的转子和转速。如测定约 3000mPa・s 的液体时可选用下列组合：2 号转子 6r/min，或 3 号转子 30r/min。

② 当估计不出被测液体的黏度范围时，应假定为较高的黏度，试用由小到大的转子和由慢到快的转速。原则是高黏度的液体选用小转子（转子号高），慢转速；低黏度的液体选用大转子（转子号低），快转速。

③ 系数：测定时指针在刻度盘上指示的读数必须乘以系数表上的特定系数才为测得的黏度（mPa・s），即

$$\eta=K\alpha \tag{1-1-1}$$

式中，η 为黏度；mPa・s；K 为系数；α 为指针所指读数（偏转量）。

④ 频率误差的修正：当使用电源频率不准时，可按下列公式修正：

$$实际黏度=指示黏度\times名义频率/实际频率 \tag{1-1-2}$$

⑤ 系数表，见表 1-1-1。

表 1-1-1 系数表

转子	系数			
	60r/min	30r/min	12r/min	6r/min
1	1	2	5	10
2	5	10	25	50
3	20	40	100	200
4	100	200	500	1000

注：电压约 220V，频率 50Hz。

四、旋转黏度计操作使用注意事项

1. 本仪器适宜于常温环境下使用。

2. 仪器必须在指定频率和电压允许范围内测定，否则会影响测量精度。

3. 尽可能利用支架固定仪器，如手持操作则应保持仪器稳定和水平。

4. 装卸转子时应小心操作，装拆时应将连接螺杆微微抬起进行操作，不要用力过大，不要使转子横向受力，以免转子弯曲。

5. 装上转子后不得将仪器侧放或倒放。

6. 一定要在电机运转时变换转速。

7. 连接螺杆和转子连接端面及螺纹处应保持清洁，否则将影响转子的正确连接及转动时的稳定性。

8. 仪器升降时应用手托住仪器，防止仪器自重坠落。

9. 每次使用完毕应及时取下转子进行清洗（不得在仪器上进行转子清洗），清洗后要妥善安放转子。

10. 装上转子后不得在无液体的情况下旋转，以免损坏轴尖。

11. 不得随意拆动调整仪器零件，不要自行加注润滑油。

12. 仪器搬动和运输时应用橡皮筋将指针控制杆圈住，并套上黄色保护帽托起连接螺杆，拧紧帽上螺钉。

13. 悬浊液、乳浊液、高聚物及其他高黏度液体中很多都是非牛顿液体，其表观黏度随其速度和时间变化而变化，故在不同的转子、转速和时间下测定，其结果不一致是属于正常情况，并非仪器不准（一般非牛顿液体的测定应规定转子、转速和时间）。

14. 做到下列各点能测得较精确的数值。

① 精确地控制被测液体的温度。

② 将转子以足够长的时间浸于被测液体，同时恒温，使其能和被测液体温度一致。

③ 保证液体的均匀性。

④ 测定时尽可能将转子置于容器中心。

⑤ 防止转子浸入液体时有气泡黏附于转子下面。

⑥ 变换转子或转速使刻度圆盘上的读数偏高些。

⑦ 使用保护架进行测定。

⑧ 保证转子的清洁。

⑨ 电源频率不准时按修正公式修正。

⑩ 严格按照使用规则进行操作。

五、旋转黏度计的操作实训

分别测定甘油、PVA（5％，10％）等溶液的黏度。

实验 1-2　涂-4 黏度计

一、涂-4 黏度计的用途

当聚合物以溶液或分散体形式使用时，比如涂料行业，黏度是影响其操作工艺性的重要因素。在涂料行业，采用一种简单有效的方法来测试树脂或涂料的性能就显得非常重要。涂-4 黏度计，就是国内应用最广泛的一种用来测试涂料黏度的杯状黏度计，其实物和结构如图 1-2-1 所示。

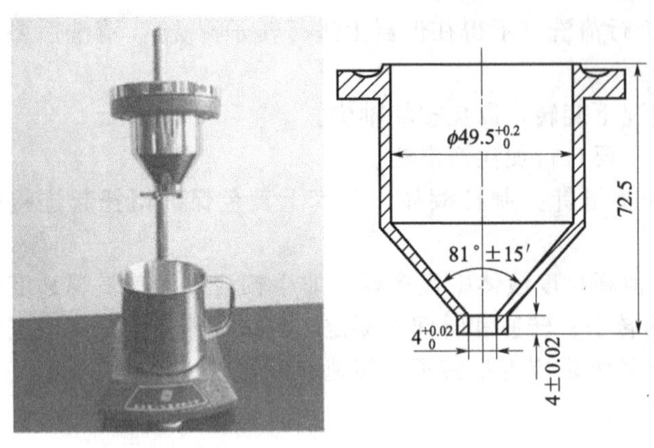

图 1-2-1　涂-4 黏度计实物和结构图

涂 4-黏度计的主要技术参数如下：

容量：(100±1)mL。

内径：ϕ(49.5±0.2)mm。

内锥体角度：81°±15′。

漏嘴：长（4±0.02)mm。

嘴孔内径：ϕ(4±0.02)mm。

涂-4 黏度计适用于测量涂料及其他相关产品的条件黏度（流出时间不大于 150s)。在一定温度条件下，测量定量试样从规定直径的孔全部流出的时间，以“秒（s)”表示。如果流出时间超过 150s，证明黏度太大，不适合采用涂-4 黏度计测量。

二、操作步骤

以上海力辰仪器科技有限公司的涂-4 黏度计为例。

1. 在测量前或测量后应用纱布蘸丙酮等溶剂将黏度计揩拭干净，在空气中干燥或用冷风吹干，不允许有残余液体黏附在杯中或流出管孔中。应使杯的内壁和流出孔保持洁净，对光观察要保持原有的粗糙度。

2. 实验应在（25±1)℃的恒温室内进行，将装置放在能调节水平的平台上的十字支架上，十字支架的横臂上附有圆形水泡，调节平台的水平螺栓使水泡气孔居中，涂-4 黏度计放置在横臂的圆环上。杯体下放置 150mL 搪瓷杯或不锈钢杯。

3. 将待测试液搅拌均匀，保持在温度（25±1)℃。

4. 将试液注入黏度计时，同时用一手指堵住流出孔，注满后用一金属或玻璃平板在杯上刮平，将多余试液刮入黏度计边缘凹槽内。

5. 将手指放开，试液垂直流出，用承放杯承接，同时开动秒表，试液流出成线条，流出线条断开时止动秒表，测得时间即代表其黏度，单位为 s。

6. 二次平行实验，误差不超过平均值的 3%。

7. 每次使用后应重复步骤 1 清洗。

三、仪器实训

分别用涂-4 黏度计测定 PVA（5%，10%）等溶液的黏度。

实验 1-3　表面张力仪

一、表面张力仪的用途

主要用于测量液体的表面张力。

二、表面张力仪的工作原理

1. 表面张力

众所周知，我们可以根据分子间的互相吸引力来解释液体的性质。这种分子间的吸引力就被称之为分子内聚力或称范德瓦耳斯（Van der Waals）力。而表面张力、界面张力以及相类似的现象就是用来解释分子内聚力的基本物理现象的。具体来说，构成液体的分子在表面与本体内所受的力是不相同的。在本体内的分子所受的力是对称的、平衡的。而在表面的分子，受本体内分子吸引而无反向的平衡力，也就是说，它受到的是拉入本体内的力，即力图将表面积缩小，使这种不平衡的状态趋向平衡状态。热力学的说法是，要将这体系的表面能降至最小，这个力就称为“表面张力”，也是单位面积上的自由能（J/m^2），即形成或扩张单位面积界面所需的最低能量。它的数值和表面张力（N/m）一致。由于习惯，常用表面张力表示表面自由能，它对液体表面的物理化学现象起着至关重要的作用。在日常生活中，早晨荷叶上的露珠、杯子中的弧形水面等均为表面张力现象，如图 1-3-1。

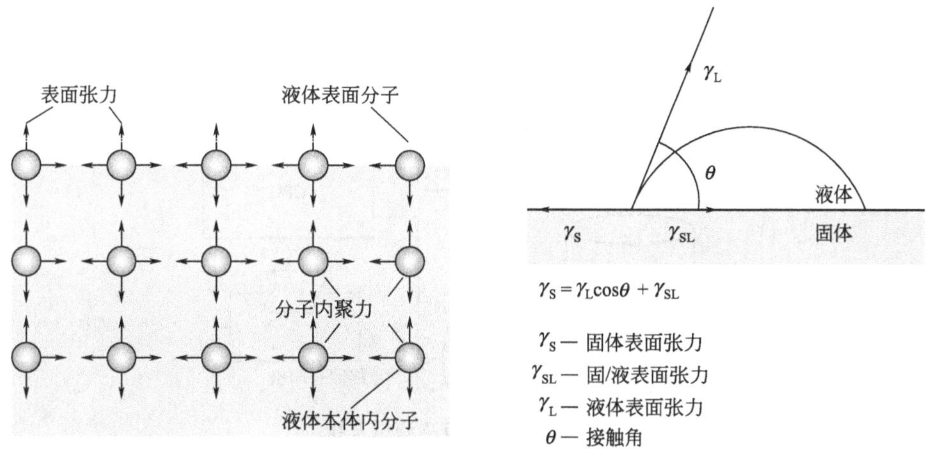

图 1-3-1　液体表面张力机理图

2. 白金板法测定原理

当感测白金板浸入到被测液体后，白金板周围就会受到表面张力的作用，液体的表面张力会将白金板尽量地往下拉。当液体表面张力及其他相关的力与平衡力达到均衡时，感测白金板就会停止向液体内部浸入。这时候，仪器的平衡感应器就会测量浸入深度，并将它转化为液体的表面张力值。

具体测试过程中，白金板法的测试步骤：①将白金板浸入液体内；②在浸入状态下，由感应器感测平衡值；③将感应到的平衡值转化为表面张力值，并显示出来，如图 1-3-2 所示。

（1）硬件

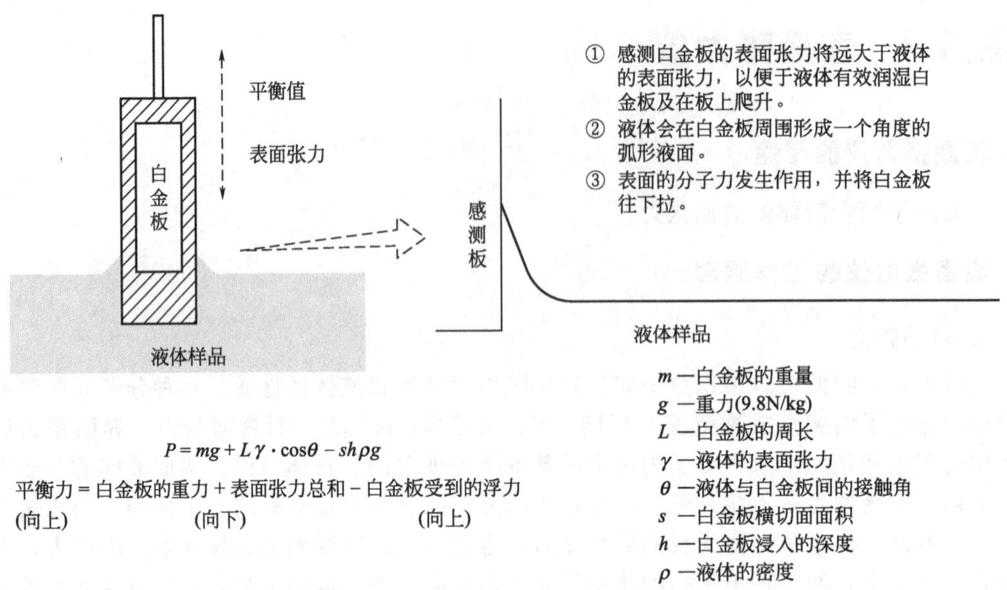

图 1-3-2　白金板法测试表面张力示意图

当白金板接触到样品液后，样品液的表面张力会将白金板往下拉。传感器通过平衡器感测到这个力，传到电脑进行处理（图 1-3-3）。

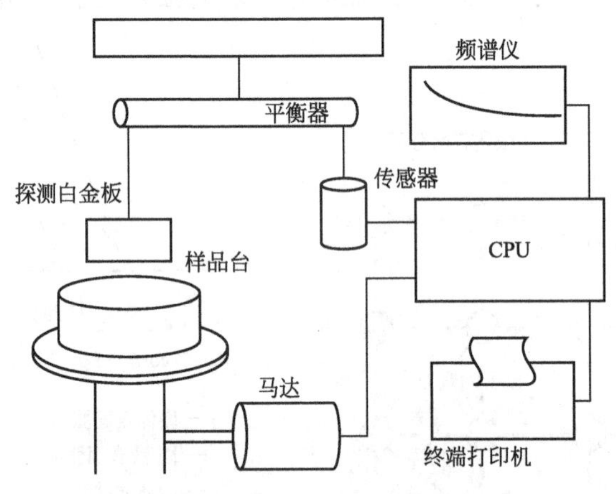

图 1-3-3　白金板法测试系统

（2）软件

传感器感测到的力传到电脑后，通过一系列的计算，将这个力转化成表面张力值。

（3）显示和输出装置

电脑显示器实时输出表面张力值，可以将数据保存在硬盘中，同时也可连接打印机，立即打印出来。

3. 白金环法工作原理

白金环法的名称是因测试部分与液体样品间会形成一个环形而得到的。白金环法的测量方法为：①将白金环轻轻地浸入液体内；②将白金环慢慢地往上提升，即液面相对而言下降，使白金环下面形成一个液柱，并最终与白金环分离（图 1-3-4）。白金环法就是去感测一个最高值，而这个最高值形成于白金环与液体样品将离而未离时。这个最高值转化为表面张

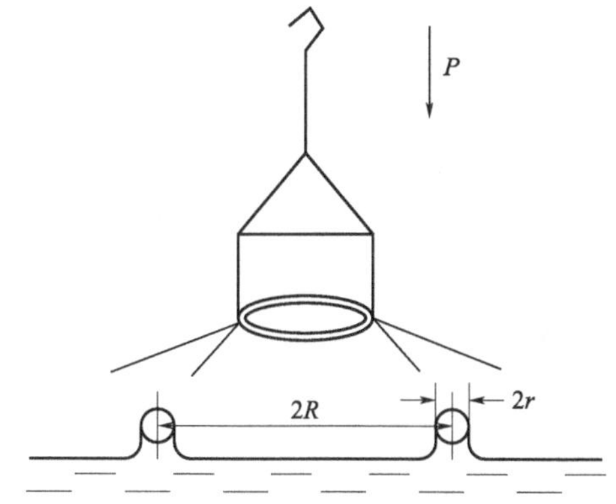

P—作用于白金环向下的力；
$2r$—白金环(金属丝)的直径；
$2R$—白金环的内径(两个金属丝中心间的距离)。

表面张力 $\gamma = \dfrac{P}{4\pi R}F$

图 1-3-4　白金环法测试表面张力示意图

力值的精度取决于液体的黏度。

图中 F 是一个修正值，它的大小取决于环的直径与液体的性质。这个修正值很重要，因为向下的力并不一直是垂直的，而且随白金环拉起来的液体的状况也很复杂。

相比白金板法，白金环法有以下缺点。

① 不易测得高黏度样品的表面张力值：这主要是由于在白金环内侧上方受到样品向下的阻力较大。

② 不易测得随时间变化的表面张力值：这主要是因为白金环只能测得环离开液体那个时刻的表面张力值。

③ 较难保持仪器的精度：白金环容易变形，它的不同大小会影响到表面张力的测量。

三、表面张力仪的操作

以上海中晨数字技术设备有限公司的 JK99C2 型全自动张力仪为例。

1. 测试前的准备工作

（1）在正式测试前，先将主机打开确保预热达 10min，等系统稳定后方可使用。本步骤目的是为了使传感器预热平衡。

（2）使用前应将白金板挂至挂钩上，作好归零处理。方法分为两步：①当显示值与零相比差别很大时，先用软件归零；②软件归零后再用粗调（显示值大于或小于零超过 1mN/m 时）和微调（显示值在±1mN/m 时）按钮进行归零处理。应确保最后的显示值与零最接近。

（3）每次测试前应确保白金板及玻璃皿的干净。具体方法如下。

① 确保白金板干净的方法：在通常情况下先用流水（最好是蒸馏水）清洗再用酒精灯烧白金板，当整个板微红时结束（时间约为 20～30s）并挂好待用。

② 确保玻璃皿干净的方法：在测试前应将玻璃皿清洗并烘干，测试时应先取被测样品进行预润湿，以保持所测数据的有效性。

③ 白金板未冷却下来之前请不要将它与任何液体接触，以免弯曲变形影响测值准确性。

2. 测试步骤

（1）标准测试方法

先了解一下在脱机模式的信息，图 1-3-5 是在两种不同模式下的屏幕显示，请注意 X 所指示的栏目，此栏目在两种模式下分别为不同的参数。

屏幕中的箭头是指向当前的选择项目，当屏幕中没有箭头显示时，上下键才能直接控制

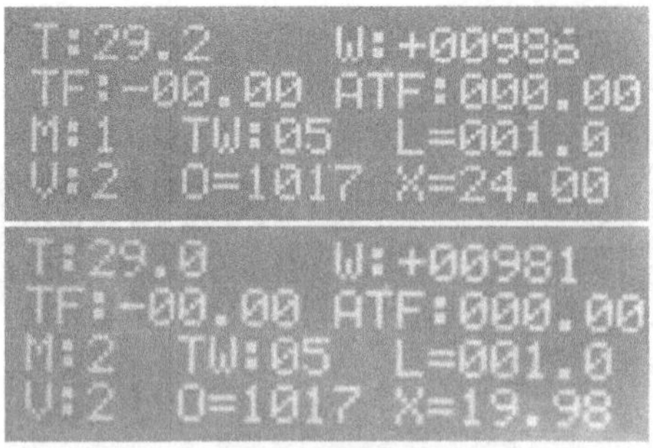

T:29.2 W:+00986
TF:-00.00 ATF:000.00
M:1 TW:05 L=001.0
V:2 O=1017 X=24.00

T:29.0 W:+00981
TF:-00.00 ATF:000.00
M:2 TW:05 L=001.0
V:2 O=1017 X=19.98

图 1-3-5 开机后液晶屏的显示

注：T—温度；W—传感器即时读数；TF—即时张力；ATF—最终张力（即修正张力）；M—模式，配合上下键调节，选择为 1～2，模式 1 为吊片法，模式 2 为吊环法；TW—触发张力（只在模式 1 中起作用），配合上下键调节，选择为 0～7；L—显示为密度；V—速度，配合上下键调节，选择为 1～2；O—中点偏移，配合上下键调节；X—在模式 1 中为吊片宽度，在模式 2 中为吊环外径平均，配合上下键调节，选择为 1～99.99mm

平台升降。

仪器右侧触摸式键盘如图 1-3-6 所示。

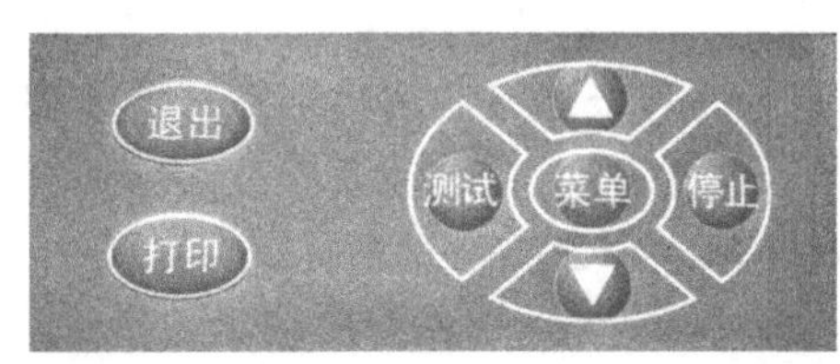

图 1-3-6 触摸式键盘

①“测试”：在设置好参数后，按下“测试”键仪器会自动运行至结束，按下“测试”键后立即按“停止”键可以在非测试的情况下半自动调节中点偏移。

②“停止”：按“停止”键可在任何情况下使仪器停止运动。

③“菜单”：每按一下“菜单”键，在液晶屏的 5～9 项参数后面就会有一个箭头指示，此时可用上下键修改此参数，箭头指示在各参数间顺序循环，并加入了一个间隔，即没有箭头显示的状态，在没有箭头指示的状态中，可以使用上下键和停止键单独运行平台。

④“上下键”：配合“设置”键修改各项参数使用，在非测试状态时上下键可使平台上下运动。按“停止”键停止运动。

⑤“打印”：在测试结束后按下“打印”键即可打印测试结果。

⑥“退出”：如果参数设置有误，在按下“测试键”前都可以修改，按下“退出”键，所有参数恢复至上一次的设定。

(2) 脱机测试步骤

① 吊片法

a. 按“set”键至模式，用上下键选择模式 1（吊片法）。

b. 按“set”键跳至速度选择，用上下键选择速度，通常使用 2（慢速）。

c. 按“set”键跳至触发张力，用上下键选择，通常使用 5（即 5mN/m）。在模式 2 中，跳过此选择。

d. 按“set”键跳至吊片宽度，使用上下键调节数据。

e. 最后按“test”键，仪器即按吊板法原理自动工作。

f. 待完成测试后按“print”键即可打印出数据。

② 吊环法

a. 按“set”键至模式，使用上下键选择模式 2（吊环法）。

b. 按“set”键跳至速度选择，用上下键选择速度，通常使用 2（慢速）。

c. 按“set”键跳至吊环外径平均，用上下键调节数据。与模式 1 相比，跳过了触发张力选择。

d. 最后按“test”键，仪器即按吊环法原理自动工作。

e. 待完成测试后按“print”键即可打印出数据。

说明：在两种模式中，在按“test”键的时候仪器可以自动调节中点偏移。如有需要的话依然可以人工进行调节，也可以采用半自动的方式，即先按“test”键后立即按“stop”键。

在任何情况下，按“stop”键都会停止仪器的工作，主要在测试发生错误时使用。当选择好参数后，按“test”键，所有的参数都会自动保存，如果参数输入错误，在按“test”键之前，按下“esc”键，所有参数恢复至上一次的设定。

在后面的使用中，可以只通过选择模式后按“test”键来运行，仪器会按上一次的参数设置运行。

使用本仪器测量数据十分简单，由于本仪器对取值非常灵敏，故它对测试过程中的洁净程度及温度有一定要求，请严格按注意事项执行，这样才能保证测试过程的人为误差降为最低。

（3）联机测试步骤

① 吊片法

a. 打开仪器开关，打开电脑，调出（全自动张力仪 .EXE）应用程序，主界面如图 1-3-7所示。

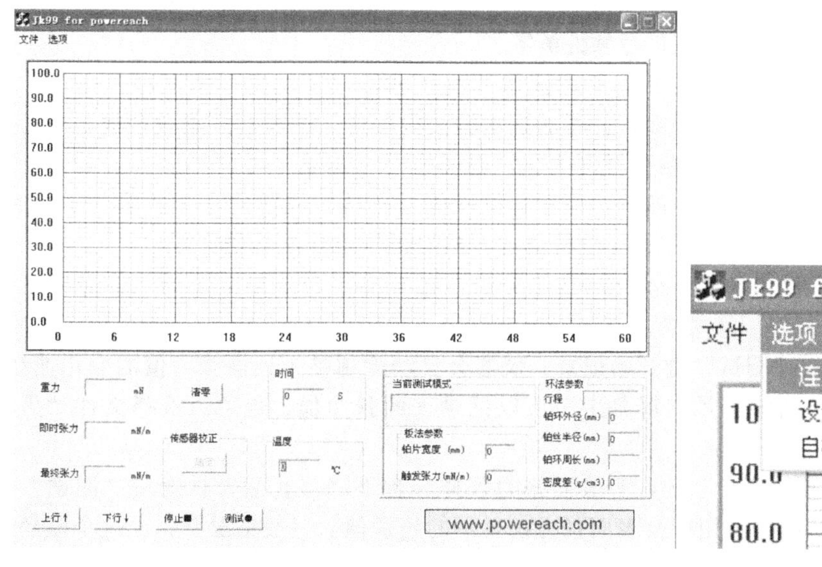

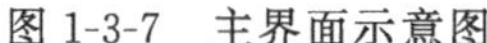

图 1-3-7　主界面示意图

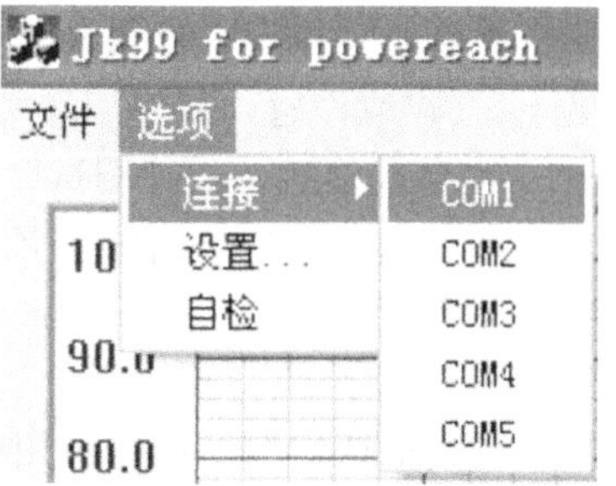

图 1-3-8　连接界面

b. 在“选项”菜单中点击“连接”选项，如图 1-3-8 所示，连接计算机与仪器，一般默认使用“COM1”，有特殊需要可以选择其他“COM”口。如果连接成功，则屏幕右上角实测数据会不断更新；如果连接失败，会提示“Connect error!”。

c. 将白金板挂在挂钩上，并在“选项”菜单中点击“设置”选项，设置测试模式、白金板周长、触发张力值及中点偏移。如图 1-3-9 所示。测量液气界面张力选择板法表面张力模式，白金板周长影响到测试值，一般设置值为 24，触发张力值为控制样品台停止的参数，

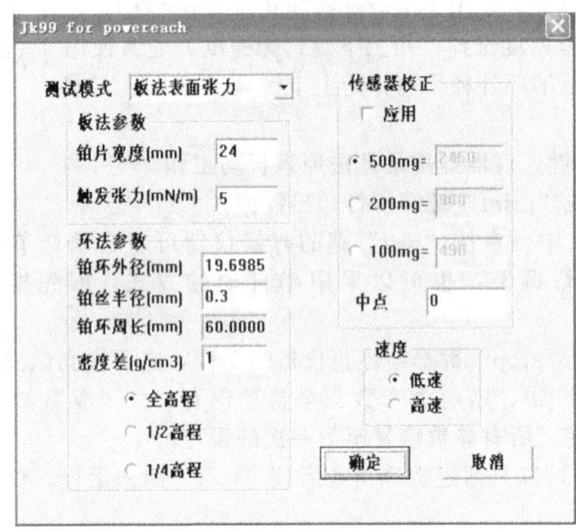

图 1-3-9 设置对话框

如果测试表面张力值较低或有黏度时请改变此值，一般而言测量液气界面张力时使用 5mN/m。中点偏移为参考参数，一般需进行设置，其他参数暂时不要设置。

d. 调节仪器的粗调和细调旋钮，直到程序屏幕上的重力＝±0.000mN/m（注意中点的漂移，正确应该为向左旋时重力减小，向右旋时重力增大；如果相反，则应重新调节中点，即将旋钮旋至最左端或者最右端，直到出现向左旋时重力减小，向右旋时重力增大为止）。或者使用软件界面的“清零”按钮进行软件清零。

e. 清洗白金板。镊子夹取白金板，并用流水冲洗，冲洗时应注意与水流保持一定的角度，尽量做到让水流洗干净板的表面并且不能让水流使板变形。用酒精灯烧白金板，一般为与水平面呈 45°角进行，直到白金板变微红为止，时间为 20～30s。

注意事项：通常情况用水清洗即可，但遇有机液体或其他污染物用水无法清洗干净时，请用丙酮清洗或用 20％HCl 加热 15min 进行清洗，然后再用水冲洗，烧干即可。

f. 在样品皿中加入测量液体，擦干样品皿外壁，在升降平台上垫上垫圈，将烧杯置于垫圈上，(在取样时，最好用移液管从待测液中部取样，并确保在取样前样品皿的干净度)。

g. 准备就绪后，按“测试”键开始记录，仪器会自动绘制整个表面张力值的变化曲线，数据记录完成后将整条曲线显示在屏幕上。可以记录表面张力值，也可以选择文件“另存为”存储实验结果。

h. 重复性操作，按“停止”键，等表面张力仪样品台下降停止后，重新按“测试”键测试，看读取值情况，此时不用理会表面张力仪显示的残留值。一般情况下，当这个值超过 5mN/m 时才需要重新清洗白金板。

② 吊环法

a. 打开仪器开关，打开电脑，调出（全自动张力仪铂金环法.EXE）应用程序，主界面如图 1-3-10 所示。

b. 在“选项”菜单中点击“连接”选项，如图 1-3-11 所示，连接计算机与仪器，如果连接成功，则屏幕右上角实测数据会不断更新；如果连接失败，会提示“Connect error!”。

c. 在“选项”菜单中点击“自检”选项，如图 1-3-12 所示。仪器与电脑第一次联机使用或者系统重装以后，必须自检。

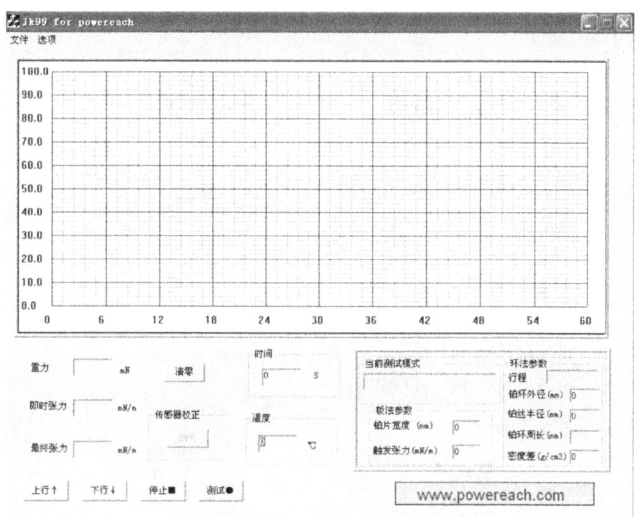

图 1-3-10　主界面示意图

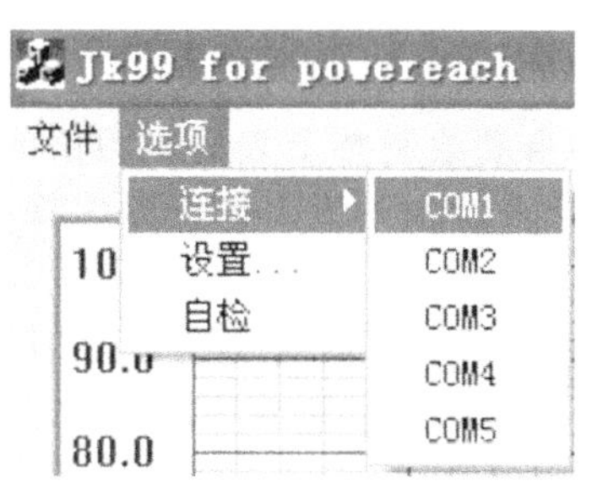

图 1-3-11　连接界面

图 1-3-12　自检界面

d. 将白金环挂在挂钩上，并在“选项”菜单中点击“设置”选项，设置测试模式、铂环外径、中点偏移和密度差（密度差是界面上两种物质的密度之差，例如测纯水表面张力就是纯水和空气的密度差，测水和苯之间的界面张力就是水和苯的密度差），如图 1-3-13 所示。注释中可以填入用户所需的信息。

e. 调节仪器的粗调和细调旋钮，直到程序屏幕上的重力＝±0.000mN/m（注意中点的漂移，正确应该为向左旋时重力减小，向右旋时重力增大；如果相反，则应重新调节中点，即将旋钮旋至最左端或者最右端，直到出现向左旋时重力减小，向右旋时重力增大为止）。或者使用软件界面的“清零”按钮进行软件清零。

f. 清洗白金环，镊子夹取白金环，并用流水冲洗，冲洗时应注意与水流保持一定的角度，尽量做到让水流洗干净环的表面并且不能让水流使环变形。通常情况用水清洗即可，但遇有机液体或其他污染物用水无法清洗干净时，请用丙酮清洗或用 20％HCl 加热 15min 进行清洗，然后再用水冲洗，烧干即可。

g. 在样品皿中加入测量液体，擦干样品皿外壁，在升降平台上垫上垫圈，将烧杯置于垫圈上（在取样时，最好用移液管从待测液中部取样，并确保在取样前样品皿的干净度）。

h. 根据平台的高低，选择平台升高的范围。选择菜单中点击“设置”选项，如图 1-3-13 所示。高程控制中有 3 档可选，平台和液面较高使用 1/4 高程，否则使用 1/2 高程或全高程。如果测试过程中还不能使白金环浸入液面，请增加垫块。

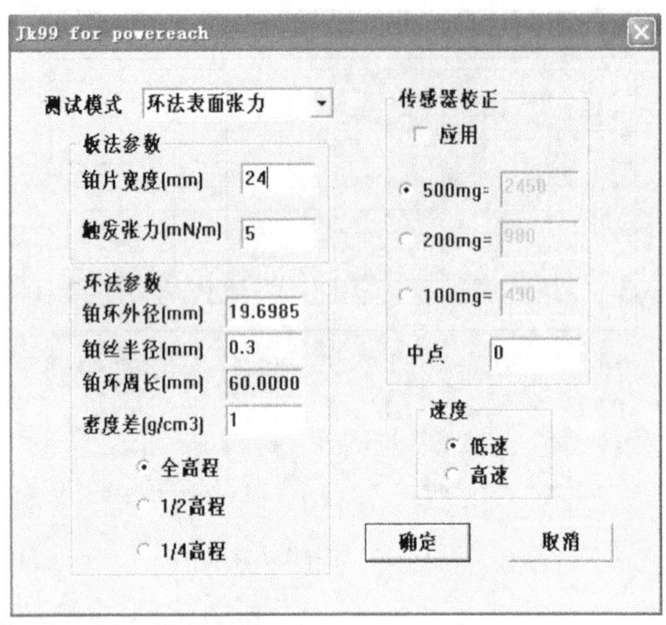

图 1-3-13 设置对话框

i. 准备就绪后，按“测试”键开始记录，仪器会自动绘制整个表面张力值的变化曲线，数据记录完成后将整条曲线显示在屏幕上。可以记录表面张力值，也可以选择文件“另存为”存储实验结果。

j. 重复性操作，按“测试”键重新测试，看读取值情况，此时不用理会表面张力仪显示的残留值。一般情况下，当重力值超过 0.5mN/m 时才需要重新清洗白金环。

四、注意事项

当白金板或玻璃皿不干净时，测量值会有误差，而且再现性较差，数值不一样，所以应力求保持干净。举例而言，在测水的过程中使用者手指轻点水，本仪器立即会显示出一个变化后的值，因为人的手有油，改变了水的表面特性。

根据物理化学原理，事实上在测试过程中对测值有影响的自然条件有温度和气压。通常液体的表面张力随温度的升高而降低。

测量高挥发性液体时应加快测试过程，请在“选项”中选择“高速”。高挥发性液体在测量时很容易黏着在白金板上，请在做重复性测试前将白金板清洗干净。

测量时发生蒸发现象时，表面张力值会随时间的变化而升高。

虽然玻璃皿中被测液体的多少不会影响到测量值的准确性，但妥善起见，请确保液体有 5mm，约 15mL 左右。

添加表面活性剂以作表面张力变化观察时，请确保表面活性剂不要碰到白金板。

测量过程中样品台的上升或下降均会影响到表面张力值，上升时减小，下降时增加，两者都是误差的表现之一。

五、仪器实训

1. 白金板法测试蒸馏水、甲苯和乙醇的表面张力。
2. 白金环法测试蒸馏水、甲苯和乙醇的表面张力。
3. 不同温度下蒸馏水的表面张力。

实验 1-4 旋涂仪

一、旋涂仪的用途

旋涂仪（spin coater 或 spin processor，匀胶机），主要用于溶液、乳液或是胶体在薄片基材上的涂膜。涂膜的厚度一般在几纳米至几十纳米。

二、旋涂仪的工作原理

旋涂仪工作原理是将液体滴在高速旋转基片上，利用离心力使滴在基片上的液体均匀地涂在基片上，如图1-4-1所示。涂膜的厚度随液体的浓度、黏度及与基片间的作用不同而不同，也和旋转速度及时间有关。

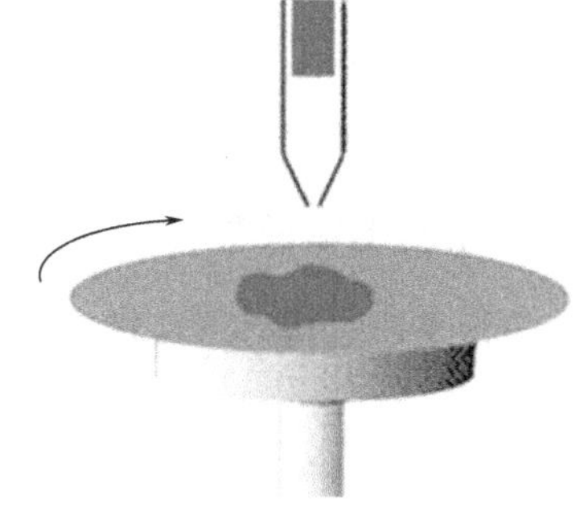

图 1-4-1 旋涂仪的工作原理

一个典型的匀胶过程包括滴胶、匀胶及高速旋转干燥（溶剂挥发）几个步骤。

滴胶：这一步是把液体滴到基片表面上。两种常用的滴胶方式是静态滴胶和动态滴胶。静态滴胶：就是简单地把液体滴到静止的基片表面，滴胶量为 1～10mL 不等，以保证在高速旋转阶段整个基片上都涂到胶。动态滴胶：是在基片低速（通常在 500r/min 左右）旋转的同时进行滴胶，“动态”的作用是让液体容易在基片上铺展开，减少液体的浪费，采用动态滴胶不需要很多液体就能润湿（铺展覆盖）整个基片表面。尤其是当液体或基片本身润湿性不好的情况下，动态滴胶尤其适用，不会产生针孔。

匀胶：滴有液体的基片，在低速状态下（一般低于 500r/min），匀速旋转，使液体在基片上均匀铺展开。时间一般为 10～30s。

高速旋转干燥：这个阶段的转速一般在 1000～6000r/min，在高速旋转下，使基片上液体中的溶剂挥发，并成均匀的膜。时间视具体样品而定，一般为 30～60s。

三、旋涂仪的操作

以中国科学院微电子研究所 KW-4A 型旋涂仪的操作为例。

1. 打开旋涂仪及真空泵电源。
2. 设置匀胶转速及时间（一般为 500r/min，10s。可根据需要调节），甩胶转速及时间（可设为 2000r/min，30s。根据所需膜厚及所用溶液的黏度进行调节）。
3. 取洗净玻璃基片（尺寸为 20mm×20mm，可根据需要选择）置于吸盘上。
4. 将“吸片”按钮压下，此时开始抽真空吸附样品。
5. 将溶液滴在玻璃基片上，并将上盖盖上。
6. 按下“启动”按钮，此时匀胶机开始依步骤 2 所设定条件旋涂样品。
7. 待旋转台停止运转后，再按“吸片”按钮，使真空关闭，取下旋涂好的基片。
8. 关闭真空泵及旋涂仪电源，并清理干净。

四、操作实训

用聚甲基丙烯酸甲酯乙酸乙酯溶液（质量分数 10%）制备薄膜。基材为载玻片。

实验 1-5 喷枪

一、喷枪的用途

喷涂是涂料施工的一种工艺，通过喷枪或碟式雾化器，借助于压力或离心力，分散成均匀而微细的雾滴，施涂于被涂物表面的涂装方法。可分为空气喷涂、无空气喷涂、静电喷涂以及上述基本喷涂形式的各种派生的方式，如大流量低压力雾化喷涂、热喷涂、自动喷涂、多组喷涂等。喷枪是喷涂的主要设备。

二、喷涂的基本原理

喷涂是通过压力将涂料雾化，从一定细的喷枪口径中喷出，涂布在产品表面，经固化形成涂层。

喷涂的优点：①平整度好、无质感差。因涂料喷雾，涂料易达到的部位，漆膜最终效果好，涂料形成平顺、致密的涂层，绝无刷痕，这是刷涂、滚涂无法比拟的。②施工快。单人操作喷涂效率高达 350～550m^2/h，是人工刷涂的 10～16 倍。喷涂更匀称，光亮。③喷涂法可以获得厚薄均匀、光滑平整的涂层，缝隙、小孔以及倾斜、弯曲平面均能喷到，工效高、适应性强，特别适宜快干涂料的施工。

三、喷涂的操作步骤

1. 使用前的准备

新买来的喷枪上一般都涂有防腐油，使用之前必需清洗干净。将喷嘴取下，放入一杯稀料中清洗干净。仔细清洗掉喷嘴和其他部位螺纹上的油脂和金属碎屑。漆杯中装入半杯温肥皂水，然后装置到喷枪上，用力摇晃以清洗漆杯和虹吸管。用喷枪喷出肥皂水，清洗喷枪内部管路。最后，用硝基漆稀料或酒精清洗掉肥皂水洗不掉的污物。正常使用喷枪喷漆时，切记要戴着手套、呼吸器并在通风良好的地方操作。

注意：无论是喷过硝基漆还是水基涂料的喷枪，用 50mL 稀料或水就可以清理干净。直接用喷枪喷出稀料来清洗喷嘴非常浪费稀料，应该改为拆掉喷嘴后用软毛刷在稀料中清洗，重复清洗几次后将漆杯和喷枪擦干保存。

2. 连接气管

为了给喷枪接入压缩空气，需要准备合适的接口连接压缩空气管。普通的公头 1/4″金属接头就可以拧到喷枪上，注意应该在螺纹上缠绕干胶条以防止漏气。常用的压缩空气软管内径为 5/16″或 3/8″，如果气管长度在 25′以内，可以使用 5/16″内径的软管；如果长度超越 50′，最好用 3/8″内径的软管。空气压力的调节一般取决于软管的长度：15′长软管需要 30atm（1atm＝1.01325×10^5 Pa）；25′长软管需要 35atm；50′长软管需要 40atm。

3. 调节阀的使用

初次使用喷枪，可以先用清水练习。漆杯中可以装入半杯清水，练习后要把喷枪各部件吹干。

① 关闭扇形和流量控制（顺时针拧到头）。

② 将空气流量阀门逆时针拧到头开到最大。

③ 压下扳机，慢慢打开流量控制阀门，这个阀门用来控制喷枪喷出多少油漆。拧开阀门时，喷嘴喷出的图案应为圆形。如果要喷细小物体、上润色层或喷涂底漆，应该适当关小流量控制阀门；如果要喷涂大面积平面，可以开大阀门适当提高油漆流量。流量控制阀门应该与扇形控制阀门一起配合调节。

④ 扇形控制阀门用来调整喷出的油漆在被喷涂面上形成的图案。打开扇形控制阀门可以让图案偏向椭圆形，关闭则可以让图案变成正圆。喷涂的图案形状可以根据需要灵活调整，如果增大了图案宽度，应该相应增大油漆流量。

⑤ 松开喷嘴上的扣环，可以旋转喷嘴冒，这样可以控制喷涂出的图案是可以横向拉长还是纵向拉长。

4. 不同空气压力的效果

正常的压力范围应该为 15～50atm 之间，喷涂图案越小则所需压力越小。每个漆工认为的合适压力都有不同，完全取决于自己的经验。下面是一些典型的空气压力运用方法。

15～20atm：吹气清洁、润色、底漆、渐变色漆和较稀的油漆。

20～25atm：光滑的覆盖层，尤其适用于硝基漆。

35～45atm：喷涂封闭底漆或表层漆。

50atm：水基涂料。

只要可以将油漆分解成雾状并喷出，应该尽可能降低压力，如果喷出的图案不够平整，可以适当提高压力。

5. 稀释

1.8mm 的喷嘴可以满足多种涂料的直接喷涂要求而无须稀释，其中包括水基漆、封闭底漆、溶剂和较稀的清漆等。油漆的稀释方法很多，从直接可喷涂漆到 1 份稀料与 2 份油漆的稀释比例都可尝试，如果要喷较薄的图层或在漆面维修中反复找准色调，可以加更多稀料。

开始稀释之前，应该先测试喷涂未经稀释的油漆，如果喷嘴喷出的油漆有液滴飞溅或出现泡沫，可以逐渐增加稀料，直到喷涂出的图案均匀，无大液滴出现。如果需要的话，还可以适当增大空气压力。

6. 注入油漆

将油漆搅拌或摇晃均匀后，一次性倒入漆杯。倒置油漆桶 1min 左右使油漆完全滴入漆杯，最后用手指弹几下油漆桶让桶口残留的油漆也滴下来。用过的油漆桶应该尽快盖上盖子，防止油漆分解或变干。

7. 喷涂

喷涂时，喷枪应该距离被喷涂面 12～20cm 压下扳机，在废料上测试一下喷涂出的痕迹是否正常。喷枪应该始终与被喷涂面保持垂直，并平行于喷涂面移动，保持喷嘴距离与被喷涂面的距离恒定。喷漆移动不应成弧形，以免每次喷涂痕迹重叠不均匀。每次喷涂的痕迹应该与上次的重叠三分之一。

喷枪移动速度应该适当，过慢会让油漆聚集过多，过快则会让干燥后的漆面显得十分粗糙。

从上往下喷涂的意义在于万一喷涂的油漆向下流，可以被下面刚喷出的油漆溶解掉。向垂直面喷漆时，喷枪移动速度应该较快，防止出现油漆积聚下流或局部涂层过厚的情况呈现。

8. 喷涂硝基漆后的清洗

清洗喷枪时，拆下压缩气软管和漆杯，然后按下扳机，让喷枪内积存的油漆回流滴入漆杯内。完成这些后，可以按前面介绍的方法完全清洗喷枪。

完成清洗后，漆杯中很可能会残留一点稀料，可以不必理会而直接将漆杯装回喷枪上等待下次使用。最终完成清洗后不要再按下扳机，以免喷枪里积存的稀料回流入漆杯内，这样可以保证内部部件干净并防止粘连。注意，这个方法不适用于水基涂料。

9. 喷涂水基涂料后的清洗

每次喷涂后，应该尽快将水基涂料倒回油漆罐里，然后用清水冲洗喷枪。将喷枪里的涂料控出后，漆杯里加一点水，充分摇晃后从喷嘴喷出来。擦掉喷枪外表上留下的任何涂料，然后放到水槽里清洗。在水槽里将喷枪倒置，用温水冲虹吸管，让水流从喷嘴流出。清洗后将所有配件擦干或吹干。

四、喷枪的操作实训

用喷枪制备醇酸树脂（市售）样板。

实验 1-6　等离子清洗机

一、等离子清洗机的用途

等离子清洗机产生的等离子体活性很高，其能量足以破坏几乎所有的化学键，在任何暴露的表面引起化学反应。不同气体的等离子体具有不同的化学性能，如氧气的等离子体具有很高的氧化性，能氧化光刻胶反应生成气体，从而达到清洗的效果；腐蚀性气体的等离子体具有很好的各向异性，这样就能满足刻蚀的需要。利用等离子处理时会发出辉光，故称之为辉光放电处理。

等离子体清洗技术的最大特点是不分处理对象的基材类型，均可进行处理，对金属、半导体、氧化物和大多数高分子材料，如聚丙烯、聚酰亚胺、聚氯乙烯、环氧树脂，甚至聚四氟乙烯等都能很好地处理，并可实现整体和局部以及复杂结构的清洗。等离子清洗机的用途如下。

活化：大幅提高表面的润湿性能，形成活性的表面。

清洗：去除灰尘和油污，精细清洗和去静电。

涂层：通过表面涂层处理提供功能性的表面，提高表面的附着能力，提高表面粘接的可靠性和持久性。

二、等离子清洗机清洗原理

等离子体发生器（plasma generator）是用人工方法获得等离子体的装置，产生的等离子称为实验室等离子体。实验室等离子体是在有限容积的等离子体发生器中产生的（图 1-6-1）。等离子体发生器的放电原理是利用外加电场或高频感应电场使气体导电，称为气体放电。气体放电是产生等离子体的重要手段之一。被外加电场加速的部分电离气体中的电子与中性分子碰撞，把从电场得到的能量传给气体。电子与中性分子的弹性碰撞导致分子动能增加，表现为温度升高；而非弹性碰撞则导致激发（分子或原子中的电子由低能级跃迁到高能级）、离解（分子分解为原子）或电离（分子或原子的外层电子由束缚态变为自由电子）。在等离子体发生器中的低气压条件下，碰撞很少，电子从电场得到的能量不容易传给重粒子，此时电子温度高于气体温度，通常称为冷等离子体或非平衡等离子体。

等离子体清洗的机理，主要是依靠等离子体中活性组分的“活化作用”达到去除物体表面污渍的目的。等离子体的“活性”组分包括：处于高速运动状态的电子；处于激活状态的中性原子、分子、原子团（自由基）；离子化的原子、分子；未反应的分子、原子等，但物质在总体上仍保持电中性状态。就反应机理来看，等离子体清洗通常包括以下过程：无机气体被激发为等离子态；气相物质被吸附在固体表面；被吸附基团与固体表面分子反应生成产物分子；产物分子解析形成气相或使表面功能化；反应残余物脱离表面。

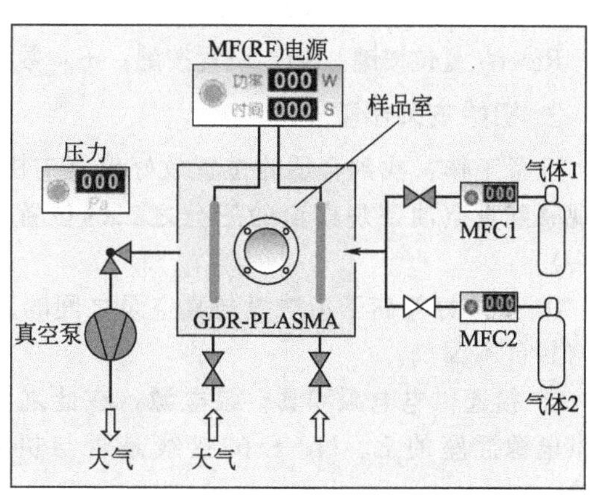

图 1-6-1　等离子清洗机工作原理

在密封的等离子体发生器的样品室中设置两个电极形成电场，用真空泵实现一定的真空度，释放少量气体 2（如氮气、氧气）进入样品室，受电场作用，它们发生碰撞而形成等离子体，对样品表面进行处理，达到清洁和表面改性的目的，如图 1-6-1 所示。

等离子清洗机的优点如下：

（1）等离子体改性发生在材料的表面层，不影响基体固有性能，处理均匀性好。

（2）作用时间短（几秒到几十秒）、温度低、效率高。

（3）不产生污染，无需进行废液，废气的处理，不需要消耗其他能源（如煤气），启动仅需 220V 电源和压缩空气，节省能源，降低成本。

（4）工艺简单，操作方便。

（5）对所处理的材料无严格要求，具有普遍适应性。

（6）对样品的几何形状无限制，大或小、简单或复杂的部件或纺织品均可处理。

（7）大幅提高表面的润湿性能，形成活性表面。

三、等离子清洗机的操作步骤

以深圳三和波达机电科技有限公司 YED08-10C 等离子清洗机为例，如图 1-6-2。

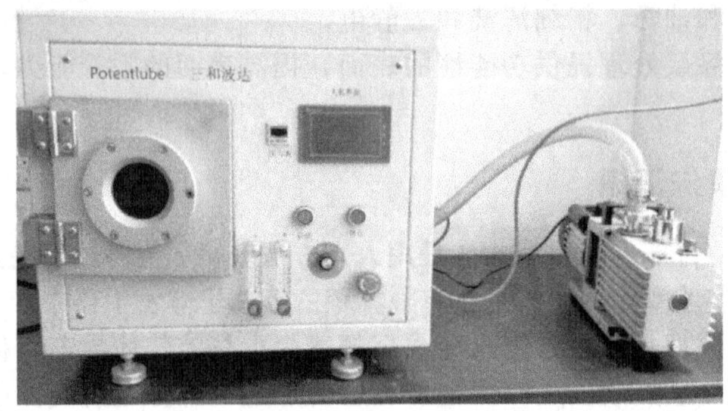

图 1-6-2 实验室用等离子清洗机和真空泵装置

1. 控制面板按键按钮说明

Power：220V 电源开关；Standby：真空泵手动按钮；Setting：功率手动微调；Pump：真空泵气路按钮；Generator：高压允许按钮；Gas：外加气体允许按钮；Air/Vent：进气按钮（真空复位）。

2. PVC 膜薄膜微动按键说明

Reset：复位按键；Set：设置按键；＋：数据增加键；－：数据减少键；Enter：确认键。

3. 初始安装步骤

准备工作：找到合适的位置放好仪器主机，打开真空泵包装，灌装好真空油（通过观察窗观察到真空油到观察窗的三分之二的位置即可），改装真空泵电源线（更换随机的电源接头）。

① 连接好等离子清洗机与真空泵之间的真空管路，紧固好 O 型卡和锁紧帽，做到连接处密封且不漏气。

② 接通供电电源和真空泵电源，在此之前检查所有按钮必须处于复位状态，同时检查所供电源插座的 L、N、E 的接线是否与机箱后的 AC220V 输入插头相一致，以免发生危险。

③ 第一次开机前，先取出托载盘（专指不锈钢内置仓体机，而对于外置石英玻璃仓体

则绝不允许撤出托载盘)，旋好仓门，此时会听到仓门限位开关发出动作声音，此音响表明允许后续的处理操作能正常进行。

④ 按下“Power”开关，开关上指示灯亮，按下真空泵“Standby”按钮，启动真空泵，按下“Pump”按钮，进入抽真空状态。

⑤ 第一次开机抽真空时间应持续 15min 以上且不做其他操作，目的是去潮除湿，同时检查是否有漏气部位。

4. 参数设置（参照对应设备的说明书）

命令注释：左边第一个数码管 LED1 是命令显示，由 Set 键循环控制操作，各命令注释如下：

“P”命令：初始上电；待机状态；任意复位的显示。

“1”命令：指在自动状态的运行开始命令，确认键后执行。

“2”命令：等离子清洗处理时间，单位为 min，确认键后存储记忆。

“3”命令：射频功率设置，显示为最大功率的百分比，确认键后存储记忆。

“4”命令：E 表示自动控制，n 表示非自动控制（手动控制)。在此命令下，按下“＋”键显示为 E，按下“－”键显示为 n，确认键后存储记忆。

“5”命令：真空度设置，确认键后存储记忆。真空压力写入依据：初次使用时，若在常压下显示为“P”，关好仓门启动真空泵，按下真空阀的按钮，开始抽真空，随着真空度的增加，右边的三个 LED 进入真空压力的显示，当压力大于 99.1 时，用手动给高压（Generator)，观察真空仓的颜色是否发白，若为红色或者打火花，即刻停止高压，继续抽真空，随着压力数值的增加，再用上述方法实验，找到发白光的准确的压力值，在复位后用命令“5”写入该数值即可，即作为真空度的标准值（此项也是作为仪器安装是否可以正常使用的标准)。

“6”命令：空

以上各命令都可在 Reset 键下终止，回到复位状态。所有数字量都可由“＋”键、“－”键调整，确认键后记忆保存，断电不丢。当数字量初始置入和发生改变时请先按“＋”键进行调整，以确保可靠和减少写入时间。

5. “P”状态下的手动操作（参照对应设备的说明书）

在“4”命令下设置为 n 的手动状态，设好参数值，并确认保存。

① 将被处理物体放置到样品室内，关好样品室门，启动真空泵后按下“Pump”钮，开始抽真空。

② 真空度达到要求时，按下“Generator”钮，加入射频高压，调节进气量，处理过程开始。

③ 到达处理时间后，手动先复原“Pump”钮，再复原“Generator”钮，关掉真空泵，而后按下“Air/Vent”钮，3s 左右恢复常压，无进气声响时复原“Air/Vent”钮。

④ 打开仓门，取出被处理物，一个处理过程结束。

6. “1”命令下的自动运行实验处理（参照对应设备的说明书）

在“1”命令下的自动处理过程（“4”命令下已设置为 E）都是在微型计算机控制下连续完成的，只需事先将各参数量值设置准确即可。需说明的是时间参数和功率参数都是由实验中得到的。

四、注意事项

1. 开箱后检查机器外观、舱门、流量计等是否有碰撞损坏或变形。

2. 在选定合适的放置位置后，将真空软管连接主机与真空泵，此项操作非常关键，软管两头各插入 30mm 左右且不要使软管扭曲受力，两头紧固用的管卡在连接处的中心位置摆放平行后拧紧。正常使用后尽量避免管路的移动。

3. 为了方便操作与自动运行，把真空泵原来的电源头剪下，用附件中的电源头替代接好插到主机后电源插座上。

4. 接好主机电源线，打开电源开关，此时 LED 应显示“P”，注意主机面板下边的五个手动按钮的指示灯应是熄灭的，若有亮灯应将其复位。加电后若 LED 显示为数字，表示主机处于真空状态，按下“Air/Vent”按钮，通风后使之恢复常压显示“P”时，才能打开舱门，进行后续的操作。

5. 为了防止真空泵油回流，仪器做完实验后，要在关掉真空泵电源后，同时开启真空阀与通风阀 3s，使真空泵恢复常压，即能保证无回油。

五、等离子清洗机注意事项

1. 正确设置等离子设备的运行参数，按设备使用说明书来执行。

2. 保护好等离子体的点火装置，以确保等离子清洗机可以正常的启动。

3. 等离子设备在启动前的准备工作，要对相关的人员进行培训，同时确保操作等离子清洗机的人员可以按照要求严格执行各项操作。

4. 在一次风管没有通风的时候，等离子体的发生器运行时间不能超过设备说明书上面要求的时间，防止烧坏燃烧器，造成不必要的损失。

5. 如果需要对等离子设备进行维护时请将等离子发生器进行断电后再进行相应的操作。

6. 气流量的大小对清洗的影响较大，等离子清洗器在清洗中，要保持一定的真空度（0.1～0.2torr）才能产生辉光进行清洗，在 0.1～0.2torr[1] 真空度下对于清洗的效果都是相同的。在真空度越低的状态下，相对的辉光较强。在清洗的过程中，需要随时将被清洗下来的污染物用真空泵抽走，同时也要随时补充干净的气体，为保持一定的真空度，进气与抽出的气体应该处于一种动态平衡的状态，如果进气量过大，对真空泵的要求就高，这样一来将浪费气体。另外，针对极高要求的超清洗气源应先过滤，再输入等离子清洗器的腔体，这时的气体流量也不可过大。

7. 等离子清洗机可以被用于化学表面改性，如果将物质的天然氧化层洗掉后，将物体拿出清洗腔它将会被再次氧化。不同的气体将会对物体表面产生不同的作用（氧气和空气能氧化物体而氢气和惰性气体则不会）。注意：如果用氧气来清洗，应使用专用的真空泵。

8. 等离子清洗机可被用于植入物的清洗并改善其黏附性。

9. 注意，如果将一个干净的物体和一个较脏的物体同时放入清洗腔，如果清洗时间不够或是气体流量不强，有可能较脏物体被洗下来的污染物会附着在干净物体上。

六、操作实训

对玻璃基片、聚乙烯、聚丙烯薄膜表面进行等离子处理。

[1] 1torr≈133Pa。

实验 1-7　接触角测量仪

一、接触角测量仪的用途

在研究材料的表面改性时，往往要涉及润湿接触角这个概念。所谓接触角是指在一固体水平平面上滴一液滴，固体表面上的固-液-气三相交界点处，其气-液界面和固-液界面两切线把液相夹在其中时所成的角。

接触角测量仪，主要用于测量液体对固体的接触角，即液体对固体的浸润性。该仪器能测量各种液体对各种材料的接触角。

二、接触角测量仪的基本原理

1. 接触角定义

当液滴自由地处于不受力场影响的空间时，由于界面张力的存在而呈圆球状。但是，当液滴与固体平面接触时，其最终形状取决于液滴内部的内聚力和液滴与固体间的黏附力的相对大小。当一液滴放置在固体平面上时，液滴能自动地在固体表面铺展开来，或以与固体表面成一定接触角的液滴存在，如图 1-7-1 所示。

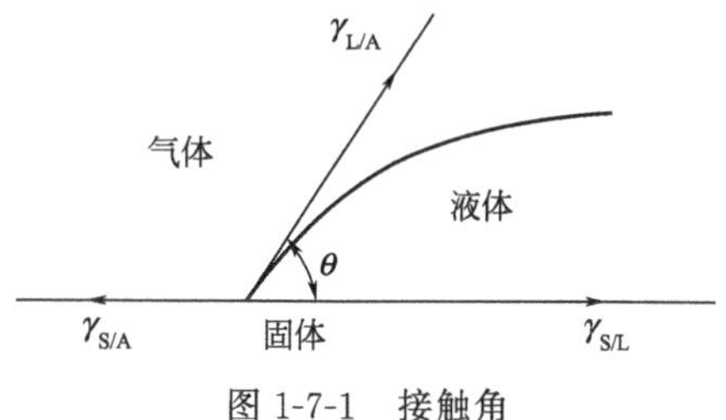

图 1-7-1　接触角

假定不同的界面间力可用作用在界面方向的界面张力来表示，则当液滴在固体平面上处于平衡位置时，这些界面张力在水平方向上的分力之和应等于零，即

$$\gamma_{S/A}=\gamma_{S/L}+\gamma_{L/A}\cos\theta \tag{1-7-1}$$

式中，$\gamma_{S/A}$、$\gamma_{L/A}$、$\gamma_{S/L}$分别为固-气、液-气和固-液界面张力；θ 为液体与固体间的界面和液体表面的切线所夹（包含液体）的角度，称为接触角（contact angle），θ 在 0°～180°之间。接触角是反应物质与液体润湿性关系的重要尺度，$\theta=90°$可作为润湿与不润湿的界限，$\theta<90°$时可润湿，$\theta>90°$时不润湿。

2. 润湿

润湿（wetting）的热力学定义是，若固体与液体接触后体系（固体和液体）的自由能 G 降低，称为润湿。自由能降低的多少称为润湿度，用 $W_{S/L}$ 来表示。润湿可分为三类：黏附润湿（adhesional wetting）、铺展润湿（spreading wetting）和浸湿（immersional wetting）。可从图 1-7-2 看出。

（1）黏附润湿

如果原有的 $1m^2$ 固面和 $1m^2$ 液面消失，形成 $1m^2$ 固-液界面，则此过程的 $W_{S/L}^{A}$ 为：

$$W_{S/L}^{A}=\gamma_{S/A}+\gamma_{L/A}-\gamma_{S/L} \tag{1-7-2}$$

（2）铺展润湿

当一液滴在 $1m^2$ 固面上铺展时，原有的 $1m^2$ 固面和一液滴（面积可忽略不计）均消失，形成 $1m^2$ 液面和 $1m^2$ 固-液界面，则此过程的 $W_{S/L}^{S}$ 为：

$$W_{S/L}^{S}=\gamma_{S/A}-\gamma_{L/A}-\gamma_{S/L} \tag{1-7-3}$$

（3）浸湿

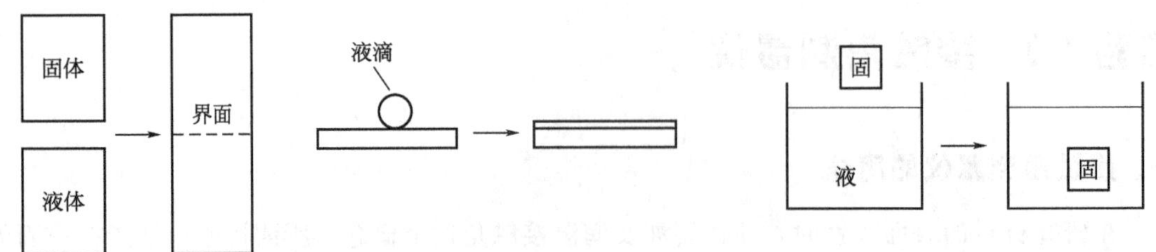

图 1-7-2　三类润湿

当 $1m^2$ 固面浸入液体中时，原有的 $1m^2$ 固面消失，形成 $1m^2$ 固-液界面，则此过程的 $W_{S/L}^{I}$ 为：

$$W_{S/L}^{I}=\gamma_{S/A}-\gamma_{S/L} \tag{1-7-4}$$

对上述三类润湿，$\gamma_{S/A}$ 和 $\gamma_{S/L}$ 无法测定，如何求 $W_{S/L}$ 呢？分别讨论如下：

① 黏附润湿

将式(1-7-1) 代入式(1-7-2)，可得：

$$W_{S/L}^{A}=\gamma_{L/A}(1+\cos\theta) \tag{1-7-5}$$

因液体表面张力 $\gamma_{L/A}$ 为已知，故只需测定接触角 θ 即可求出 $W_{S/L}^{A}$。

② 铺展润湿

将式(1-7-1) 代入式(1-7-3)，可得：

$$W_{S/L}^{S}=\gamma_{L/A}(\cos\theta-1) \tag{1-7-6}$$

因 $\cos\theta\leqslant1$，故 $W_{S/L}^{S}\leqslant0$。但 $W_{S/L}$ 是自由能降低，结果表示可以有一个自由能增加或不变的自发过程。这显然违反热力学第二定律。错误在于误用了式(1-7-1)，此式只适用于平衡态。若液滴自动铺展以完全盖住固面，这就表示液滴与固面不成平衡态，所以不能将式(1-7-1) 代入式(1-7-3) 中。这里应该指出，不能将铺展润湿认为 $\theta=0°$，而在此情况下根本没有接触角。$\theta=0°$ 的正确理解应是有一个角，恰好等于 0°。

设有固体与压力逐渐增加的蒸气接触以吸附此蒸气，当压力达到饱和蒸气压 P_0 时，固面上即有一层极薄的液体。由 Gibbs 吸附原理知，表面自由能降低$=RT\int_0^{P_0}\Gamma \mathrm{d}\ln P$。因此，

$$W_{S/L}^{S}=\gamma_{S/A}-\gamma_{L/A}-\gamma_{S/L}=RT\int_0^{P_0}\Gamma \mathrm{d}\ln P \tag{1-7-7}$$

③ 浸湿

将式(1-7-7) 中的 $\gamma_{L/A}$ 去掉，即得 $W_{S/L}^{I}$：

$$W_{S/L}^{I}=\gamma_{S/A}-\gamma_{S/L}=RT\int_0^{P_0}\Gamma \mathrm{d}\ln P \tag{1-7-8}$$

由式(1-7-5) 可知，当 $\theta=0°$ 时，$\cos\theta=1$，$W_{S/L}^{A}=2\gamma_{L/A}$，自由能降低为最大，则认为固体完全被液体润湿；当 $\theta=180°$ 时，$\cos\theta=-1$，$W_{S/L}^{A}=0$，自由能降低为 0，则固体完全不被液体润湿，即完全不润湿。这种情况是理想的，因为液体与固体之间多少有一些相互吸引力存在。

三、接触角测量仪

以上海中晨数字技术设备有限公司 JC2000D1 接触角测量仪为例。

1. 仪器技术指标

(1) 测量方式：量角法，量高法，拟合分析法，影像分析。

（2）测量范围：0～180°。

（3）测量精度：0.1°或0.5°。

（4）温度范围：室温；选配电控温加热平台（室温～120°）。

（5）图像放大率：55～315pixel/mm。

（6）固体试样尺寸：70mm×100mm。

（7）主机外形尺寸：500mm×320mm×400mm。

（8）总功率：220V 200W（包括计算机）。

2. 仪器硬件组成

接触角测量仪主机平台、样品手动三维平台、精确加样器、CCD摄像头、连续变倍系统、手动CCD倾角、移动平台。

四、接触角测量仪的操作

运行jc2000d.exe即可启动接触角测量仪应用程序。接触角测量仪应用程序主界面如图1-7-3所示。

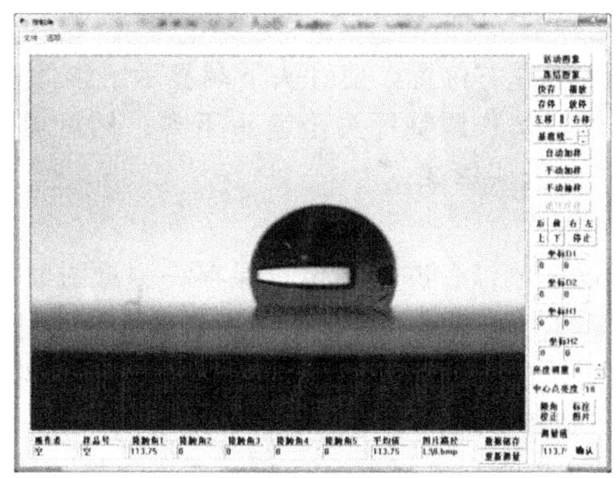

图1-7-3　接触角测量仪应用程序主界面图

1. 采样操作模块使用说明

（1）屏幕左侧的大矩形区域为图像显示区，当点击活动图像时，显示区显示当前摄像机摄入的图像内容。

（2）屏幕右侧为采样操作模块的功能菜单，现将菜单各项功能详述如下。

活动图像：激活视频显示区。

冻结图像：冻结视频显示区图像，以便于执行下一步操作。

左移：让屏幕画面往左移动。

右移：让屏幕画面往右移动。

快存和存停：快存的总帧数可根据页面数量设定，快存间隔帧数可根据计算机硬件配置决定，一般视频有25帧/s。时间根据硬盘容量决定。

播放：按帧为单位正放或倒放快存的图像。

放停：停止快存的图像。

基准线：可以在保存图片前设置，这样存图时可以保存这根线。

2. 菜单说明

文件菜单，如图1-7-4所示。

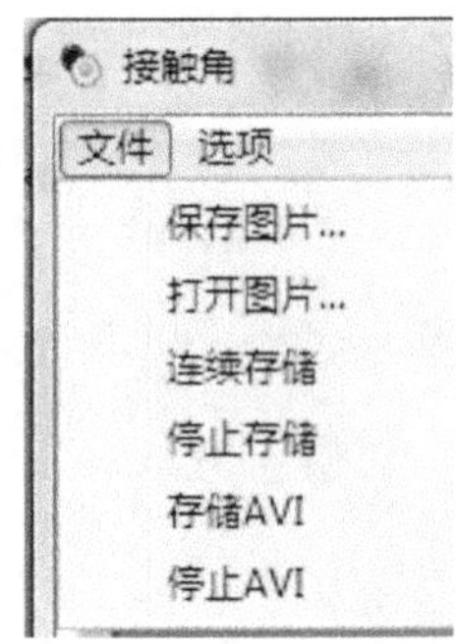

图 1-7-4　文件菜单选项

上述 6 个选项依次是："保存图片…"、"打开图片…"。通常接触角测量实验中只采一帧图，在冻结图像后，可按"保存图片…"菜单存储图像。再打开图片用于分析。

"连续存储"用于指定存储目录和按照设置菜单选项设置进行图片存储。

"停止存储"用于结束当前存储。

"存储 AVI"，"停止 AVI"用于存储和停止存储格式为 AVI 的视频文件。

3. 操作步骤

（1）准备工作

① 取下 CCD 摄像头镜头盖，开启接触角仪器，开启 LED 背光电源及接触角分析控制软件。

② 测试溶液（如水、甲酰胺）采用安装在加样平台上的微量进样器进行滴液，先卸下微量进样器，吸取指定的测试溶剂，注意严禁将进样器拉杆完全拉离进样器。若需更换测试溶剂，请用待测溶剂润洗进样器。

③ 调整针头上下及固定板左右位置，使针头下端显示于影像视窗上方中央位。

④ 松开上顶板固定螺丝，初步调整针头至镜头距离，然后微调镜头焦距及背光灯源强弱，以便得到清晰黑白分明之针头影像。

（2）采样

放入样品—滴液—冻结图像—保存—测量图像—记录

通过几个旋钮让液体滴到待测平面上后，用下面几种测试方法测试数据。

① 转动针筒固定座旋钮，使液滴出现于针头（5μL），并呈现稳定平衡状态，升高样品台，使样品接触针头液滴，稍微下降，以便液滴被样品吸附下来。

② 适当调整 LED 灯源及焦距，得到黑白分明的液滴影像，若样品具有反光特性，请调整背光强弱及背板高度。

③ 当吸附于样品表面的液滴稳定后，按"冻结图像"按钮，再按"文件选项"，保存图像至指定的路径。如果要连续采样，使用"设置"中的选项来设定总帧数和间隔时间。

（3）测量图像

① 量角法　按"量角法"按钮，进入量角法主界面，按"开始"键，打开文件夹，选中需要计算的图形文件。

开始：调用保存图片；量角器精度：选择 0.05 与 0.25 两个精度之一；量取角度：显示测量尺。W：测量尺向上；S：测量尺向下；A：测量尺向右；D：测量尺向左；＜：测量尺左旋；＞：测量尺右旋。

量角器：显示测量尺角度；接触角：显示接触角角度；量取角度显示测量尺，显示测量尺角度为 45°，然后使测量尺与液滴边缘相交，如图 1-7-5(a) 所示。

然后下移测量尺到液滴顶端，如图 1-7-5(b) 所示；再旋转测量尺，使其与液滴左端相交，即得到接触角的数值，如图 1-7-5(c) 所示。另外，也可以使测量尺与液滴右端相交，求出接触角，最后求两者的平均值。

注：当测量尺与液滴右端相交时，需要点击"补角修正"按钮方为正确的接触角数据。然后再按"确定"按钮确定本次测量值。也可以按"重新测量"按钮清空测值显示。可以连续测量 5 次，取平均值。可以填入操作者信息和样品号。点击"数据存储"按钮可以把数据

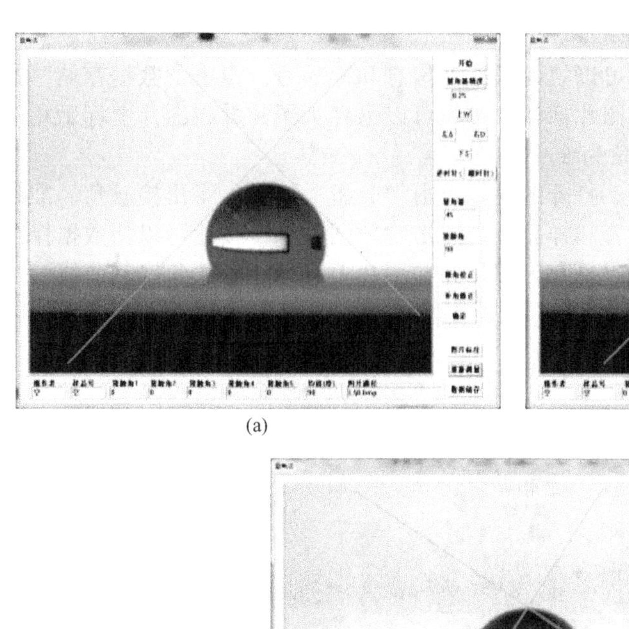

(a)

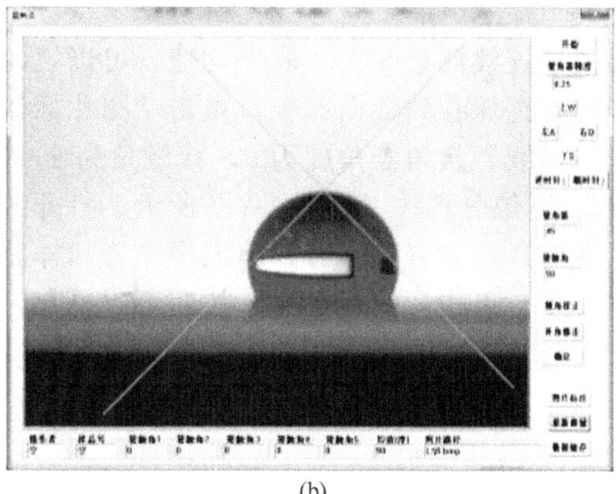

(b)

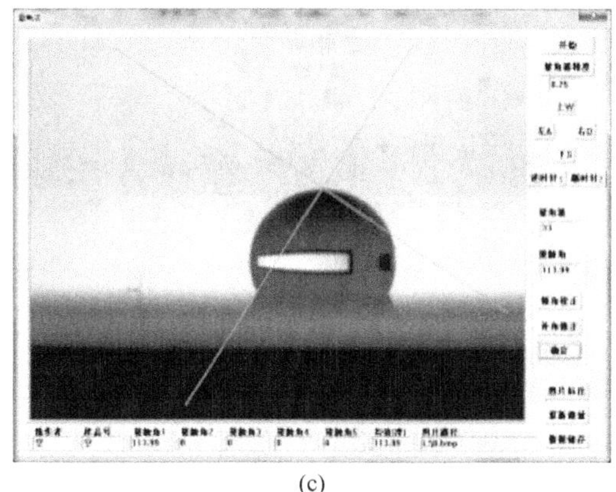

(c)

图 1-7-5　量角法测量

保存到数据库中。点击“图片标注”按钮可以另存为图片并在图片上标示相应的角度和曲线。

② 量高法　量高法主界面即为应用程序主界面，如图 1-7-6(a) 所示。

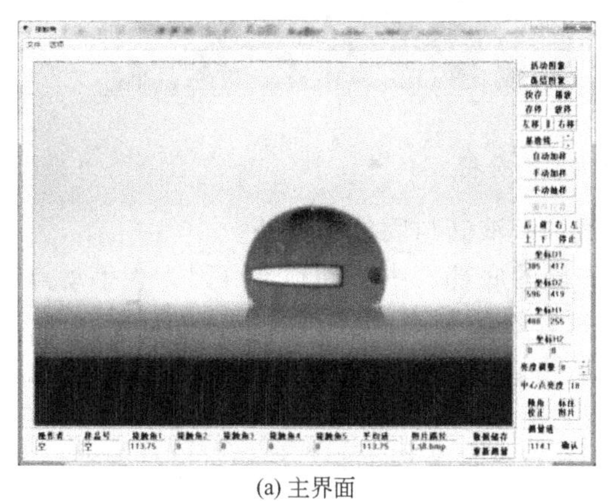

(a) 主界面

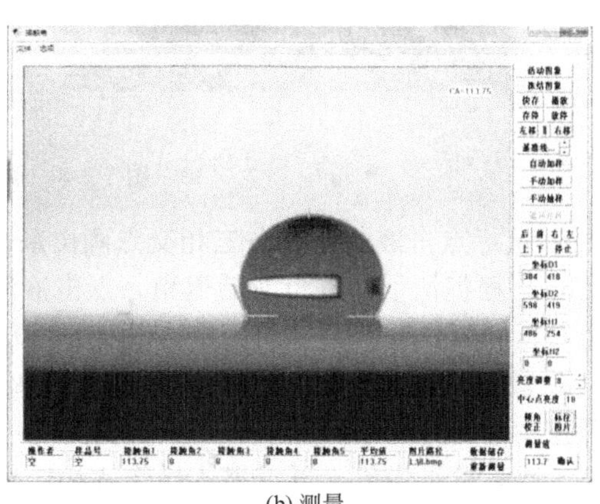

(b) 测量

图 1-7-6　量高法测量

按“文件”菜单，选择“打开图片”选项，选取图像文件，然后用鼠标左键依次点击液滴的左、右两端的三相交点和液滴的顶端，如图 1-7-6(b) 所示，如果点击错误，可以点击鼠标右键，取消选定。然后再按“确定”按钮确定本次测量值。也可以按“重新测量”按钮清空测值显示。

可以连续测量 5 次，取平均值。可以填入操作者信息和样品号。点击“数据存储”按钮可以把数据保存到数据库中。点击“图片标注”按钮可以另存为图片并在图片上标示相应的角度和曲线。量角器角度为 θ，接触角为 $2\times(90^{\circ}-\theta)$。

③ 影像分析法　如图 1-7-7 所示，打开图片，点击“分析”按钮，得出接触角。准确度与图像背景质量有关。可以填入操作者和样品号。点击“数据存储”按钮可以把数据保存到数据库中。点击“图片标注”按钮可以另存为图片并在图片上标示相应的角度和曲线。

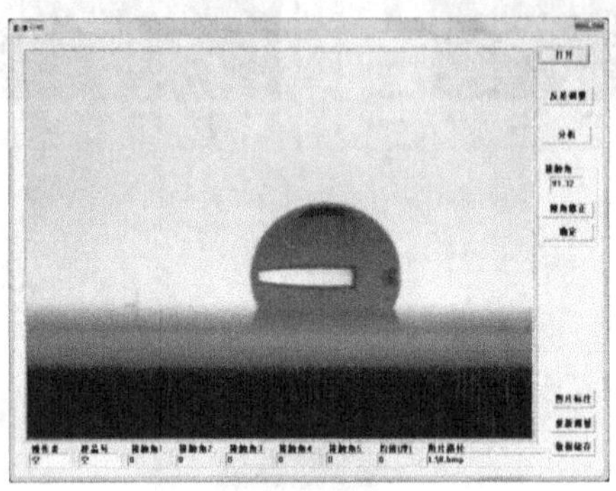

图 1-7-7　影像分析

④ 拟合分析法　用于测量斜面上的接触角。

a. 如图 1-7-8(a) 所示，首先打开图片。

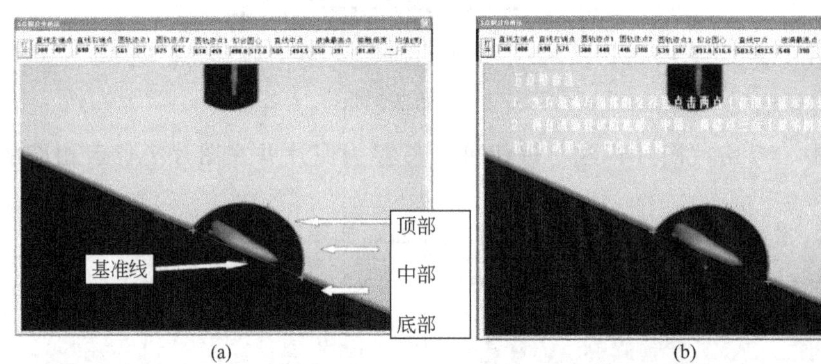

(a)　　(b)

图 1-7-8　前进角拟合分析

b. 鼠标点击液滴的左右三相交点画出基准线，即液滴与固体交界处。

c. 再根据测量前进角或后退角，点击液滴一侧的底部、中部和顶部（因为为手动点取，尽量靠近即可，软件会自动标出），即图片液滴右侧的红十字。

d. 软件自动拟合圆，算出接触角。如果点击错误，可以点击鼠标右键，取消选定。然后再按“确定”按钮确定本次测量值。也可以按“重新测量”按钮清空测值显示。可以连续测量 5 次，取平均值。可以填入操作者和样品号。点击“数据存储”按钮可以把数据保存到数据库中。点击“图片标注”按钮可以另存为图片并在图片上标示相应的角度和曲线。如果需要标注左角，则第一点须点击在左边的三相交点上。

五、接触角测量仪的操作实训

测量玻璃基片、聚丙烯薄膜、PET 薄膜、疏水涂层的接触角。

实验 1-8　初黏性测试仪

一、初黏性测试仪的用途

初黏性测试仪（initial adhesion tester），如图 1-8-1 所示，也称胶带黏性测试仪。按照国家标准 GB/T 4852—2002 进行测试，适用于压敏胶带、医用贴剂、不干胶标签、保护膜等相关产品初黏性的测试。

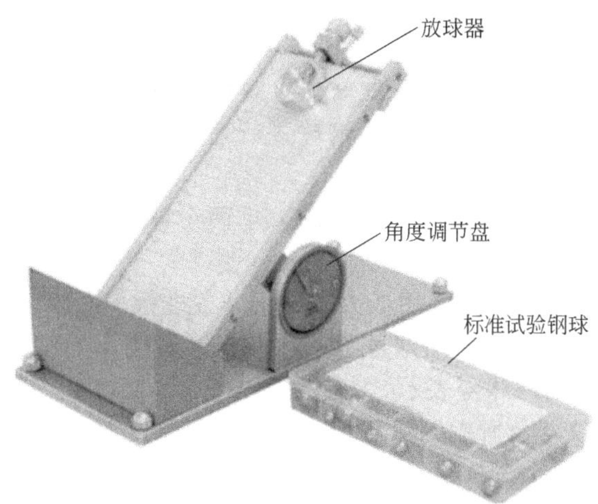

图 1-8-1　CZY-G 型初黏性测试仪

二、初黏性测试仪的工作原理

初黏性测试仪的工作原理是采用斜面滚球法，借助钢球和压敏胶带试样黏性面之间以微小压力发生短暂接触时，胶黏带对钢球的黏附作用达到测试目的。通过将一规定大小的钢球滚过倾斜面，采取在规定测试区域，胶面所能黏附住得最大号钢球的球号数来表征胶带的初黏性，如图 1-8-2 所示。

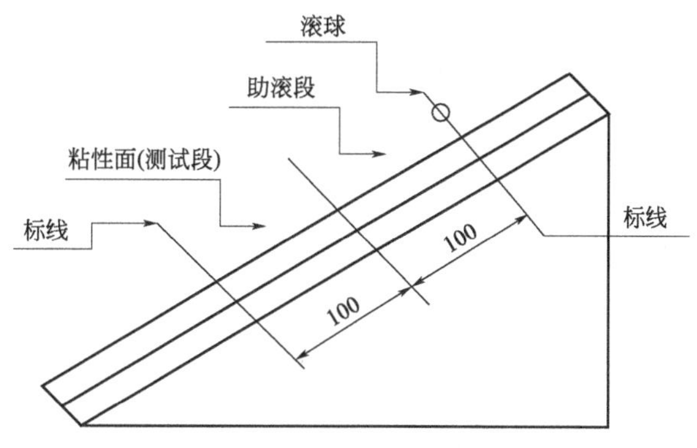

图 1-8-2　测试原理图

三、初黏性测试仪的操作

以济南兰光机电技术有限公司 CZY-G 型初黏性测试仪为例。具体操作如下：

1. 通过底座调节螺栓将水准泡调节至中心圆内，并用角度调节旋钮将倾斜板固定在30°上（特殊规定除外）。

2. 将按标准规定制取的试样黏性面向上用胶带将其两侧及下端固定在倾斜板上，并在助滚部位覆盖上聚酯薄膜，并用胶黏带将其两侧及下端固定。

3. 将按标准处理好的钢球用镊子夹入初黏性测试仪的放球器内，并调节放球器的位置，使钢球中心位于助滚段起始线上并与已滚过的痕迹错开。

4. 轻轻打开放球器，观察试验至达到能黏住的最大号钢球。

5. 取上述最大球号钢球和球号与之衔接的大小两个球，在同一试样上各进行一次测试，以确认最大球号的钢球。

6. 按规定进入正式测试程序

（1）首先预选最大号钢球，轻轻打开放球器，观察滚下的钢球是否在测试段内被粘住(停止移动逾5s)。从大至小，取不同球号的钢球进行适当次测试，直至找到测试段能粘住的最大球号钢球。

（2）取上述最大球号钢球和球号与之衔接的大小两个球，在同一试样上各进行一次测试，以确认最大球号的钢球。

（3）正式测试：取3个平行试样，用最大球号钢球各进行一次滚球测试。若某试样不能粘住此钢球，可换用球号仅小于它的钢球进行一次测试，若仍不能粘住，则须按步骤3～6重新测试。测试结果以最大钢球球号表示。

7. 测试结束，将测试仪器及所用钢球清洁干净，放回原位。

四、注意事项

1. 在3个平行试样各自粘住的钢球中，如果3个都为最大球号钢球，或者两个为最大球号钢球，而另一个的球号仅小于最大球号，则测试结果以最大球号表示；如果一个为最大球号钢球，而另两个钢球球号仅小于最大球号，则测试结果以仅小于最大球号的钢球球号表示。

2. 须严格按国家规定制取试样，选用钢球及其他试验用材，操作规程完全遵循GB/T 4852—2002要求。

五、操作实训

分别测定单面胶带、双面胶带等的初黏性。

实验 1-9　电子剥离试验机

一、电子剥离试验机的用途

电子剥离试验机（peel testing machine），主要用于压敏胶黏带 180°剥离强度的测定，按照国家标准 GB/T 2792—2014 进行测试。当压敏胶黏带与被粘物为片、膜材料时，将采用金属校直板进行测定。

二、电子剥离试验机的工作原理

电子剥离试验机的工作原理是用 180°剥离方法施加应力，将单位宽度的胶粘带从特定粘接面上剥离所需的力，单位为 N/cm。

1. 辊压装置

压辊是用橡胶覆盖的直径为（84±1）mm、宽度为 45mm 的钢轮子，如图 1-9-1 所示。其中橡胶硬度（邵氏硬度 A，没有凹凸偏差）80±5，橡胶厚度约为 6mm，压辊质量为（2000±100）g。

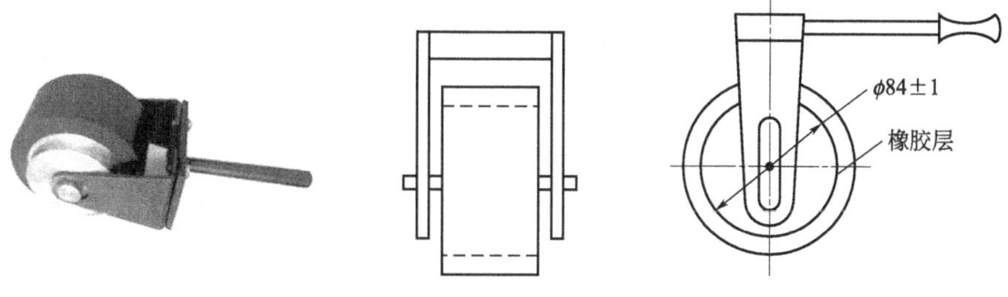

图 1-9-1　辊压装置

2. 试验机

以 BLD-200N 电子剥离试验机（图 1-9-2）为例，其中拉力试验机应使试样的破坏负载在满标负荷的 15%～85%，力值示值误差不应大于 1%，试验机以（300±10）mm/min 的速度连续剥离。

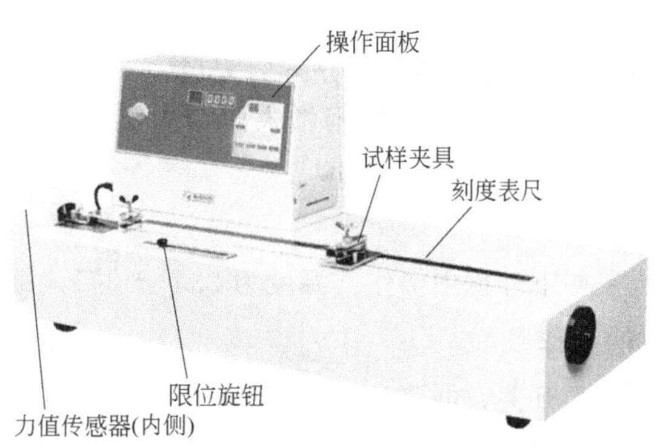

图 1-9-2　BLD-200N 电子剥离试验机

3. 试样

(1) 胶黏带

宽度为 (24±1)mm，长度约为 300mm。当样品宽度小于 24mm 时，以样品的实际宽度进行测试，并在试验结果中注明；当胶粘带的宽度大于 24mm 时，按照 GB/T 2792—2014 要求从胶粘带条的中心位置裁取规定宽度的试样。

(2) 试验板的标准及要求

① 试验板长度至少为 125mm、宽度为 50mmm、厚度 1mm。

② 试验板材质为 GB/T 3280—2007 规定的 06Cr19Ni10 不锈钢材质 (GB/T 2792—2014 标准明确规定不锈钢种类符合 GB/T 3280—2007)。

③ 试验板表面用 JB/T 7499—2006 规定的粒度为 P80 的耐水砂纸，先沿横向轻轻打磨，在整个面上磨出轻度痕迹，再沿纵向均匀打磨，除去这些痕迹。不锈钢板表面光亮，粗糙度 (GB/T 2523—2008) 为 (50±25)nm。试验板若使用次数频繁或长期没有使用，应打磨后再使用。此外，试验板表面有永久性污染或伤痕时，应及时更换。

④ 试验板如使用 PVC、ABS、PE 材料时，其材质及表面情况可在试验报告中说明。

⑤ 试验板采用甲醇、异丙醇、甲基乙酮、丙酮等适用的试剂级或无残留物的工业级以上溶剂作为清洗剂，采用脱脂纱布、漂布、无纺布等在使用中无短纤维掉落且不含有可溶于上述溶剂的柔软织物作为擦洗材料进行清洗，用医用纱布、漂布棉线或棉纸、无纺布等吸收性清洁材料擦干。使用同种溶剂重复清洗 3 次，最后一次用甲基乙基酮或丙酮清洗，洗后的钢板至少晾置 10min。

三、操作步骤

以济南兰光机电技术有限公司 BLD200N 型电子剥离试验机为例。具体操作如下：

1. 试验胶黏板的制备

(1) 用擦拭材料沾清洗剂擦拭试验板，然后用医用纱布、漂布棉线或棉纸、无纺布等将其擦干，如此反复清洗，直至板的工作面经目视检查达到清洁为止。

(2) 用精度不低于 0.05mm 的游标卡尺测量胶带的宽度。

(3) 在制备试样前，先撕去样品卷最外面的 3～6 层的胶粘带，然后再取 300mm 以上的胶黏带 (胶黏带黏合面不能接触手或其他物质) 与 (1) 中清洗后的试验板粘接，并在试验板的另一端下面放置一条长约 200mm、宽 40mm 的涤纶膜或其他材料。

(4) 用压辊在自重下以约 300mm/min 的速度在试样上来回滚压三次 (试样与试验板黏合处不允许有气泡存在)。

(5) 每个试样逐一制样、试验，控制在 1min 内完成。

注：剥离强度会随不同的胶粘带停留时间增大而增大，如需要选择较长时间的停留时间，另外注明。

2. 测试环境

测试与试样制备均需在如下环境中操作：温度为 23℃±2℃，相对湿度为 65%±5%。

3. 电子剥离试验机的操作

(1) 打开控制器左侧电源开关，屏幕显示“GOOD”字样。

(2) 预热约 10min 后，界面显示“0000”。

(3) 调定试验速度为 300mm/min。

(4) 按“设置”键，由 F0→F1→F2……分别设置宽度、速度、打印等试验参数，以“退出”键结束。

(5) 选择试验项目，如测剥离强度，则选择“剥离”按钮。

(6) 按“点动”键或“回位”键、“停止”键调整夹持距离，将试样自由端对折 180°，并从试板上剥开黏合面 25mm，试样自由端夹在剥离机夹持器的固定端，试验板夹在可移动夹持器上，应使剥离面与试验机力线保持一致。

(7) 按“试验”键启动试验。

(8) 试样断裂自动停机，也可通过按“停止”键手动停机，取下试验样板，并按“回位”键或“停止”键结束当次试验。

(9) 关闭仪器电源，结束测试。

四、操作实训

分别测定单面胶带、双面胶带等的剥离性能。

实验 1-10　持黏性测试仪

一、持黏性测试仪的用途

持黏性测试仪（holding tack tester），按照国家标准 GB/T 4851—2014 有关规定进行测试，适用于压敏胶带、高温胶带、医用胶带等产品持黏性的测试。

二、持黏性测试仪的工作原理

持黏性测试仪是针对胶带的黏着力做静态负荷试验，其工作原理是把贴有试样的试验板垂直吊挂在试验架上，下端挂规定重量的砝码，用一定时间后试样黏脱的位移量或试样完全脱离所需的时间来表征胶黏带抵抗拉脱的能力，如图 1-10-1 所示。

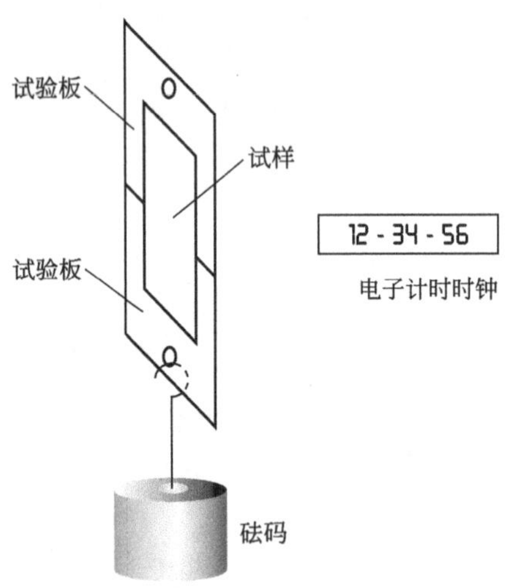

图 1-10-1　持黏性测试仪的工作原理

三、持黏性测试仪的操作

以济南三泉中石实验仪器有限公司 CHY-H 型恒温持黏性测试仪器为例。具体操作如下。

1. 测试板的制备

（1）用擦拭材料蘸清洗剂擦洗试验板和加载板，然后用干净纱布将其擦干，如此反复清洗 3 次以上，直至板的工作面经目视检查达到清洁为止。清洗以后，不得用手或其他物体接触板的工作面。

（2）除去胶黏带试卷最外层的 3～5 圈胶黏带后，以约 300mm/min 的速率解开试样卷（对片状试样以同样速率揭去其隔离层），每隔 200mm 左右，在胶黏带中部裁取宽 25mm，长约 100mm 的试样。除非另有规定，每组试样的数量不少于三个。

（3）在温度 23℃±3℃，相对湿度 65%±5%的条件下，按上述（2）规定的尺寸，将试样平行于板的纵向粘贴在紧挨着的试验板和加载板的中部，如图 1-10-2 所示，并用压辊以约 300mm/min 的速度在试样上辊压。注意辊压时，只能用压辊自身重量施加于试样上，通常往复辊压 3 次。

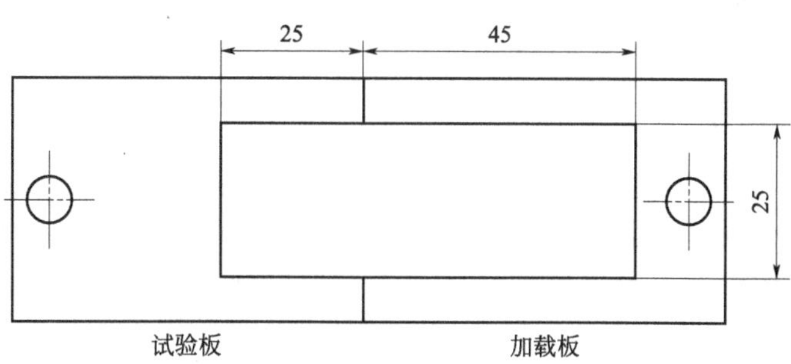

图 1-10-2　试样示意

（4）试样在板上粘贴后，应在温度 23℃±2℃、相对湿度 65%±5%的条件下放置 20min，然后测试。

2. 测试操作

（1）水平放置仪器，打开电源开关，并将砝码放置在吊架下方槽内。

（2）重新计时可按“清零”键，不使用的工位无需处理。

（3）在测试板的试样端线部做一标记，然后测试板垂直固定在试验架上，轻轻用销子连接测试板和砝码，并将整个试验架置于已调整到规定温度的试验箱内。

（4）记录测试起始时间。

（5）到达规定时间后，卸去砝码，用带分度的放大镜测出试样下滑的位移量，精确至 0.1mm；或者记录试样从试验板上脱落的时间，时间≥1h 的，以“min”为单位，<1h 的以“s”为单位。

（6）使用完毕切断电源，并保持清洁完好。

四、操作实训

分别测定市售单面胶带、双面胶带等的持黏性。

实验 1-11　铅笔硬度计

一、铅笔硬度计的用途

铅笔硬度计用于测定漆膜的表面硬度。涂膜硬度是指涂膜抗变形或破裂的能力。它是涂料制造、使用中进行质量认定的必测指标，可以通过测定涂膜在较小的接触面上承受一定质量负荷时所表现出来的抵抗变形的能力加以确定（包括由于碰撞、压陷或擦划等而造成的变形能力）。所用测试仪器有铅笔硬度计、摆杆阻尼硬度计、划痕硬度计、压痕硬度计等。

二、涂膜铅笔硬度测定原理

用铅笔芯在漆膜表面划痕会使漆膜表面产生一系列缺陷：(1) 塑性形变：漆膜表面永久的压痕，但没有内聚破坏；(2) 内聚破坏：漆膜表面存在可见的擦伤或刮破；(3) 以上情况的组合，这些缺陷可能同时发生。受试产品或体系以均匀厚度施涂于表面结构一致的平板上，漆膜干燥/固化后，将样板放在水平位置，通过在漆膜上推动硬度逐渐增加的铅笔来测定漆膜的铅笔硬度。试验时，铅笔固定，这样铅笔能在750g的负重下以45°角向下压在漆膜表面上，逐渐增加铅笔的硬度直到漆膜表面出现上述各种缺陷。

用具有规定尺寸、形状和硬度铅笔芯的铅笔推过漆膜表面时，漆膜表面耐划痕或耐产生其他缺陷的性能，并以铅笔的硬度标号标定涂膜硬度的方法。

铅笔硬度计是由一个两边各装有一个轮子的金属块组成。在金属块的中间，有一个圆柱形的、以45°角倾斜的孔。借助固紧螺钉，铅笔能固定在仪器上并始终保持在相同的位置(如图 1-11-1)。为确保仪器在试验时处于水平位置，可以在仪器上放置一个水平仪。铅笔尖端施加在漆膜表面上的负载应为 (750±10)g。

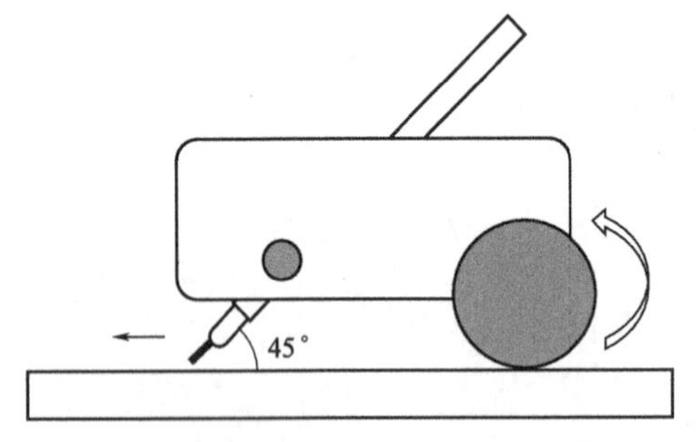

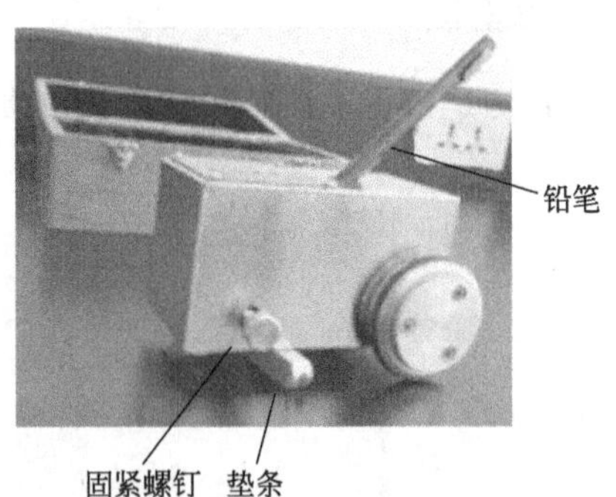

图 1-11-1　铅笔硬度计装置图

一套具有下列硬度的木质绘图铅笔：9B、8B、7B、6B、5B、4B、3B、2B、B、HG、F、H、2H、3H、4H、5H、6H、7H、8H、9H。上述标号的铅笔由软到硬逐渐增加。国内常用的中华牌高级绘图铅笔可从全国涂料和颜料标准化技术委员会秘书处购得。能给出相同的相对等级评定结果的不同厂商制造的铅笔均可使用。对于对比实验，建议使用同一生产厂家的铅笔。不同生产厂或者同一生产厂不同批次的铅笔都可能引起测定结果的不同。

要求只削去铅笔的木头部分，留下完整的无损伤的有一定长度的圆柱形铅笔芯（如图 1-11-2)。

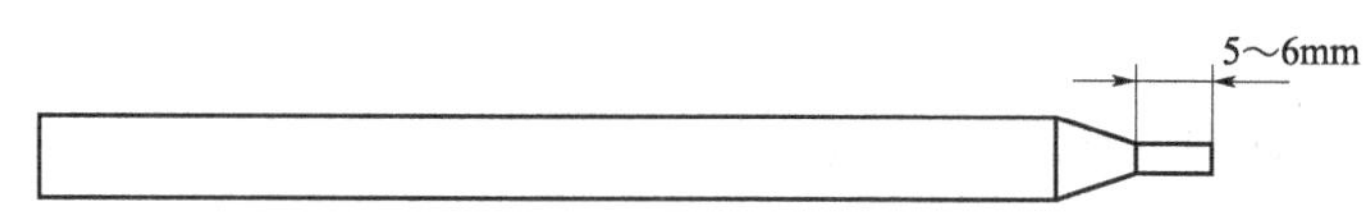

图 1-11-2　铅笔削好后的示意图

三、铅笔硬度检测仪的操作

以上海现代环境工程技术有限公司 PPH-1 型铅笔硬度计为例。

1. 试样准备

(1) 按 GB/T 1727—1992《漆膜一般制备法》制备试样三块，一般为平滑马口铁板 120mm×50mm×(0.2～0.3)mm，或产品另行规定的底材和尺寸。

(2) 待测试样应在室温下放置 24h，记录室温及湿度。

(3) 除非另外商定，在温度 (23±2)℃和相对湿度 (50±5)%条件下进行试验。

2. 铅笔准备

(1) 用削笔刀将铅笔削至漏出笔芯长度 5～6mm（不可松动或削伤笔尖）。

(2) 握住铅笔使其与 400＃砂纸垂直，在砂纸上磨划，直至获得端面平整，边缘锋利的笔端为止（边缘不得有破碎与缺口）。

(3) 铅笔使用一次后要旋转 180°再用或重磨后再用。每次使用铅笔都要重复上述步骤。

(4) 400＃砂纸，即沙粒粒度为 400 号。

(5) 棉布或脱脂棉擦，试验结束后，用它和与涂层不起作用的溶剂来擦净样板。对于不易擦净的样板表面，可以使用绘图橡皮。

3. 仪器安装及测试

(1) 将仪器放在待测表面，安放垫条使仪器处于水平位置。

(2) 插入磨好的铅笔，使铅笔刚好接触待测表面，旋入紧固螺钉，从较软的铅笔开始测试。

(3) 抽出垫条，如图 1-11-1 所示，水平推/拉仪器或推动试样板朝远离试验者的方向以约 0.5～1mm/s 的速度移动至少 7mm，用棉布或脱脂棉加上惰性溶剂或者橡皮擦去铅笔粉后，肉眼判断涂膜破裂情况（也可借助放大镜观察）。

(4) 如果没有出现划痕，在未进行试验的区域重复试验，更换较高硬度的铅笔直到出现至少 3mm 长度的划痕为止；如果已经出现 3mm 长的划痕，则使用较低硬度的铅笔重复试验，直到超过 3mm 的划痕不再出现为止。以没有使涂层出现 3mm 及以上划痕的最硬的铅笔的硬度表示涂层的铅笔硬度。

(5) 平行测定两次，如果两次测定结果不一致，应重新试验。

(6) 精密度，根据 ASTM D 3363-92a，用下列准则判断结果（置信水平 95%）的可接受性。重复性：由同一实验室的两个不同操作者使用相同的铅笔和试样板获得的两个结果的差别大于一个铅笔硬度单位，则认为结果可疑。再现性：不同实验室的不同操作者使用相同的铅笔和试样板，或者不同的铅笔和相同的试样板获得的两个结果之差大于一个铅笔硬度单位，则认为结果可疑。

四、操作实训

测定漆膜的铅笔硬度。

实验 1-12　漆膜耐冲击测定仪

一、漆膜耐冲击测定仪的用途

漆膜耐冲击测定仪是用于测定漆膜的耐冲击性，操作相对简便，也很有实用价值，是漆膜物理性能的一种颇具代表性的表征方法。

二、漆膜耐冲击测定仪的测定原理

漆膜耐冲击性，是指漆膜在重锤冲击下发生快速形变而不出现开裂或从金属底材上脱落的能力。GB/T 1732—1993 漆膜耐冲击测试标准规定了以固定质量的重锤落于试板上而不引起漆膜破坏的最大高度（cm）表示的漆膜耐冲击性试验方法，适用于漆膜耐冲击性能的测定。

三、漆膜耐冲击测定仪的操作

以现代环境 QCJ 0.5m 漆膜冲击试验器为例。

1. 仪器及设备

（1）放大镜：4 倍放大镜。

（2）冲击试验仪：冲击试验器主要由铁砧、冲头、滑筒、重锤及重锤控制器等组成。

冲击试验器各部件的规格：滑筒上的刻度应等于（50±0.1)cm，分度为 1cm。重锤质量为（1000±1)g，应能在滑筒中自由移动。冲头上的钢球，应符合 GB 308 8IV 的要求，冲击中心与铁砧凹槽中心对准，冲头进入凹槽的深度为（2±0.1)mm。铁砧凹槽应光滑平整，其直径为（15±0.3)mm，凹槽边缘曲率半径为 2.5～3.0mm。

（3）校正冲击试验器用的金属环及金属片：

金属环：外径 30mm，内径 10mm，厚（3±0.05)mm。

金属片：30mm×50mm，厚（1±0.05)mm。

（4）冲击试验器的校正：把滑筒旋下来，将 3mm 厚的金属环套在冲头上端，在铁砧表面上平放一块（1±0.05)mm 厚的金属片，用一底部平滑的物体从冲头的上部按下去，调整压紧螺帽使冲头的上端与金属环相平，而下端钢球与金属片刚好接触，则冲头进入铁砧凹槽的深度为（2±0.1)mm。钢球表面必须光洁平滑，如发现有不光洁不平滑现象时，应更换钢球。

2. 试板

（1）材料和尺寸除另有规定或商定外，试板为马口铁板。应符合 GB 9271—2008 的技术要求，尺寸为 50mm×120mm×0.3mm；薄钢板应符合 GB/T 708—2006 的技术要求，尺寸为：65mm×150mm×0.45～0.55mm（供测腻子耐冲击性用）。

（2）除另有规定外，试验样板的处理及涂装应按 GB 1727—1992 的规定制备试板。

（3）试板的干燥和状态调节试板应按产品标准规定的条件和时间进行干燥。除另有规定外，应将干燥试板在温度（23±2)℃和相对湿度（50±5)%环境条件下至少调节 16h。

（4）漆膜厚度按 GB/T 13452.2—2008 规定测定漆膜厚度。

3. 测试步骤

（1）测试条件除另有规定外，应在（23±2)℃和相对湿度 50%±5%的条件下进行测试。

（2）冲击试验步骤将涂漆试板漆膜朝上平放在铁贴上，试板受冲击部分距边缘不少于15mm，每个冲击点的边缘相距不得少于15mm。重锤借控制装置固定在滑筒的某一高度（其高度由产品标准规定或商定），按压控制钮，重锤即自由地落于冲头上。提起重锤，取出试板。记录重锤落于试板上的高度。同一试板进行三次冲击试验。

（3）试板的检查用4倍放大镜观察，判断漆膜有无裂纹、皱纹及剥落等现象。

四、操作实训

测定漆膜的耐冲击性能。

实验 1-13 漆膜附着力测试仪

一、漆膜附着力测试仪的用途

漆膜附着力测试仪可用于测定漆膜、涂层等对基材的附着牢度，是涂料工业中常用的一种检测仪器。

二、漆膜附着力测试仪的测试原理

漆膜附着力是指漆膜与被涂物件表面结合在一起的坚固程度。附着力是涂料物理机械性能的重要指标之一，通过此项的检查，可以检验涂料组成，特别是树脂的使用是否合理。漆膜的附着力除了取决于所选用的涂料基料外，还与底材的表面预处理、施工方式以及漆膜的保养有十分重要的关系，例如：在潮湿、有锈蚀、有油脂的金属表面涂装，附着力就差。

测定附着力的方法有：划圈法、划格法、拉开法、扭开法及美国 ASTM 中的划 X 法等数种，国家标准标准 GB/T 1720—1979 规定了划圈法测定漆膜附着力的方法，而 GB/T 9286—1998 规定了采用划格法测定附着力，GB/T 5210—2006 规定了采用拉开法测定涂层附着力的方法。其中应用最简便的是划圈法测定漆膜附着力，现场最为常用的是划格法。

1. 划圈法测定附着力

划圈法所采用的附着力测定仪是按照划痕范围内的漆膜完整程度进行评定，以级表示。将制备好的马口铁板固定在测定仪上，为确保划透漆膜，酌情添加砝码，按顺时针方向，以 80～100r/min 均匀摇动摇柄，以圆滚线划痕，标准圆长 7.5cm，取出样板，评级。实验中需要注意以下几点：

(1) 测定仪的针头必须保持锐利，否则无法分清 1、2 级的分别，应在测定前先用手指触摸感觉是否锋利，或在测定若干块试板后酌情更换。

(2) 先试着刻划几圈，划痕应刚好划透漆膜，若未露底板，酌情添加砝码，但不要加得过多，以免加大阻力，磨损针头。

(3) 评级时可以 7 级（最内层）开始评定，也可以 1 级（最外圈）评级，按顺序检查各部位的漆膜完整程度，如某一部位的格子有 70%以上完好，则认为该部位是完好的，否则认为坏损。例如：部位 1 漆膜完好，附着力最佳，定为 1 级；部位 1 漆膜坏损而部位 2 完好的，附着力次之定为 2 级。依据类推，7 级附着力最差。通常要求比较好的底漆附着力应达到 1 级，面漆的附着力可在 2 级左右。

2. 划格法测定附着力

划格法附着力测试标准主要有 ASTMD3359、ISO-2409 和 GB/T 9286—1998。其测试方法和描述基本相同，只是对于附着力级别的说明次序刚好相反。ASTMD3359 是 5～0B 级由好到坏，而 ISO-2409 是 0～5 为由好到坏。实验工具是划格测试器，它是具有 6 个切割面的多刀片切割器，切刀间隙 1mm、2mm 和 3mm（刀头可以更换）。将试样涂于样板上，干燥 16h 后，用划格器平行拉动 3～4cm，有六道切痕，应切穿漆膜至底材；然后用同样的方法与前者垂直，切痕同样六道；这样形成许多小方格。对于软底材，用软毛刷沿网格图形成每一条对角线，轻轻向前和后各扫几次，即可评定等级；而对于硬质底材，先清扫，之后贴上胶带（一般使用 3M 胶带），且要保证胶带与实验区全面接触，可以用手指来回摩擦使之接触良好，然后迅速拉开，使用目视或者放大镜对照标准与说明附图进行对比定级。其分级的标准描述如下：

1 级：切割边缘完全平滑，无一格脱落。

2 级：交叉处有少许涂层脱落，受影响面积不能明显大于 5%。

3 级：在切口交叉处或沿切口边缘有涂层脱落，影响面积为 5%～15%。

4 级：涂层沿切割边缘部分或全部以大面积脱落受影响的交叉切割面积在 15%～35%。

5 级：沿边缘整条脱落，有些格子部分或全部脱落，受影响面积 35%～65%。

6 级：剥落的程度超过 5 级。

在划格法测定附着力时，可以最高测定 250μm 厚度的涂膜。根据涂层厚度大小，可以选择不同的划格间距，一般为涂层小于 60μm，硬质底材间距 1mm，软质底材间距为 2mm；涂层厚度为 60～120μm，软硬质底材间距均为 2mm；涂层厚度大于 120μm，软硬质底材间距选择 3mm。在 ISO 12944 中规定，附着力需要达到 1 级才能认定为合格；在国际中，附着力达到 1～2 级时认定为合格。

划圈法与划格法不同之处在于，划圈交叉所形成部位的面积是递增的，评级考察的是不受损区域所处的位置，而划格法每一个划格面积是固定的，评级采用受损面积比率。

3. 拉开法测定附着力

拉开法测定的附着力是指在规定的速率下，在试样的胶结面上施加垂直、均匀的拉力，以测定涂层或涂层与底材间的附着破坏时所需的力，以 MPa 表示。此方法不仅可检验涂层与底材的粘接程度，也可检测涂层之间的层间附着力；考察涂料的配套性是否合理，全面评价涂层的整体附着效果。拉开法测试的相关标准有 ISO 4624-2004（最新版标准）、ASTMD-4514、GB 5210—2006 等。

国外常用测定拉开法的仪器是 Elcometer 附着力测试仪。此仪器较小，可用于现场检测。但有些时候，类似 Elcometer-106 手动拉开测试仪，由于手工操作的不稳定性而影响测试结果准确性，在有些国家的行业内不再使用。Elcometer 试验是将一铝制试验拉头粘在涂层上，采用有刻度的机械拉力试验机将拉头拉脱，从标尺刻度读出拉去铝头的拉力。一般在金属基体上进行拉开试验可能发现三种失效类型。

(1) 粘接失效，即受拉力后，胶层从涂层或试验拉头上拉断或其自身内部拉断，认为是胶黏剂的失效。涂层与基材或涂层与涂层之间的附着力均超过胶层强度或黏结强度。

(2) 附着力失效，即涂层与基体在拉力下分离，此值为涂层与基体的附着力。

(3) 内聚力破坏，即涂层本身被拉断，此值作为层间附着力的数值，涂层与底材的附着力超过这一数值。对每一种涂料都有规定拉开法测定数值，一般要求大于 2MPa，环氧双组分涂料大于 4MPa。

值得注意的是，采用 Elcometer 试验仪测定的拉开法附着力数据与国标规定的拉力实验机测定的数值有一定的差距。多次实验的经验，Elcometer 试验仪数据乘以 3～3.5 倍与拉力机测定的数值相近。因此，每种测试方法的试验数据，只能同类比较，具有一定的准确度。在填写检测报告时，也要注明使用的检测仪器和方法。

对于以上涂层检测时，根据 ISO 规定，样板制作完毕一般要保养 21 天后进行测试，其结果更为准确。

三、漆膜附着力测试仪的操作步骤

以天津市精科材料试验机厂 QFZ 型漆膜附着力试验仪为例，如图 1-13-1 所示。

漆膜附着力试验仪实验步骤如下。

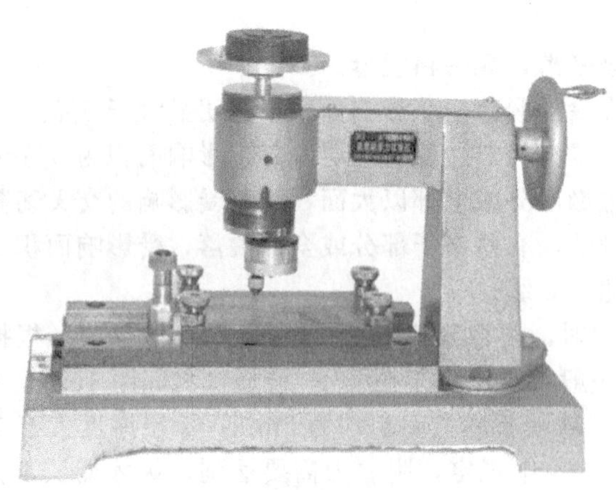

图 1-13-1　漆膜附着力测试仪

1. 按规定要求准备样板。

2. 检查钢针，最好一开始使用就换上新钢针，针尖距工作台面约 3mm。

3. 将针尖的偏心位置按所要求的描绘直径调节好，然后用螺钉紧固。

4. 将准备好的样板的涂膜面朝上安装在工作台上用压板压紧。

5. 按规定要求在砝码盘上加放砝码。

6. 移动升降棒，使转针的尖端接触到漆膜。检查划痕是否露出底板，否则应酌加砝码。

7. 按顺时针方向，均匀摇动摇柄，使圆滚线划痕图长为 (7.5±0.5)cm。

8. 向前移动升降棒，使卡针盘提起，松开固定样板的有关螺栓，取出样板，用漆刷除去划痕上的漆屑，以 4 倍放大镜检查划痕并评级。

9. 以样板上划痕的上侧为检查目标，被划痕所划分的区域从上向下依次标出 1～7 等七个部位（区域面积依次增大）。

10. 按顺序检查各部位的漆膜完整程度，如某一部位的格子有 70%以上完好，则定为该部位是完好的，否则应认为坏损。如部位 1 漆膜完好，附着力最好，定为 1 级；部位 1 漆膜坏损而部位 2 完好，附着力次之，定为 2 级。依次类推，7 级为附着力最差。

11. 结果以至少有两块样板的级别一致为准。

四、漆膜附着力测试仪的操作实训

测定涂料样板的附着力。

实验 1-14　涂料快速分散试验机

一、涂料快速分散试验机的用途

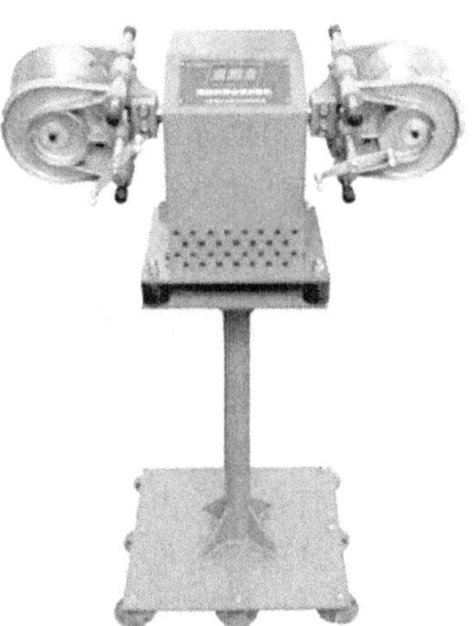

图 1-14-1　典型“快手”分散试验机

涂料快速分散试验机（俗称“快手”）是在一个可以连续振动的主机上装载多个夹罐，物料在夹罐中和陶瓷珠、玻璃珠或不锈钢珠连续高速震荡分散。快手分散机可用于涂料、染料、油墨等的实验室制备，可同时进行多种物料的对比分散试验。“快手”分散效率是砂磨、三辊、球磨等设备的 2～3 倍，大大缩短了试验时间。作为分散设备，还可用于制成冲淡色的涂料来比较颜色着色力的大小。

典型“快手”分散试验机的外观如图 1-14-1 所示。

二、“快手”的工作原理

该设备水平夹臂能够依循三个方向不断变换动作，振荡速度快而且振荡幅度大，使容器内的试样上、下、左、右剧烈翻动，在高频率的振动条件下，试样与研磨介质（玻璃珠）产生强烈的撞击和剪切，使聚集物体破坏，从而达到分散与均匀混合的目的。

三、“快手”的操作步骤

以上海现代环境工程技术有限公司 KS-370 涂料“快手”分散机为例。

1. 将要分散的物料和研磨介质（研磨珠）装入罐（或瓶）内。料-珠质量比可参考表 1-14-1。

表 1-14-1　料-珠质量比参考值

研磨介质	玻璃珠	钢珠
料-珠质量比	1∶(2～3)	1∶(3～4)

2. 将密闭的料罐（或瓶）放入夹持装置中，转动摇手夹紧。夹持力要适当，避免用力过度而损坏罐（或瓶），或导致夹持装置损坏。

3. 尽量避免单侧装罐（或瓶）使用。如果确实需要单侧使用，请在另一侧夹持装水的配重罐（或瓶）。

4. 如果是在夹罐配置上使用小玻璃瓶，为提高分散效率，可在单侧夹持板靠近外侧对称位置一次夹持两个小玻璃瓶。同样要注意夹持装置两侧的平衡。

5. 依据所要求的研磨时间，设定定时器，启动机器。

6. 分散完毕，请务必确认机器已完全静止，方可转动摇手松开夹持装置，取出料罐（或瓶）。

7. 工作完成后，请断开电源，并及时做好清洁养护工作。

四、“快手”仪器实训

分散碳酸钙、钛白粉于聚丙烯酸酯乳液中。

实验 1-15 显微图像颗粒分析仪

一、显微图像颗粒分析仪的用途

显微图像颗粒分析仪是用于颗粒大小与颗粒形貌分析的专用仪器。该仪器使用计算机图像分析技术进行分析处理，测定颗粒大小分布与颗粒形貌特征。支持多种粒径，多种平均值和多种形状系数的计算，测试颗粒范围广（0.8～1000μm）。

二、图像法进行颗粒分析的工作原理

颗粒测试一般有“激光法”“筛分法”“沉降法”“库尔特法”和“图像法”等几种方法，由于原理不同，每种方法进行颗粒测试所得出的数据一般都不会完全相同。图像颗粒分析仪的原理简单而直观，由数字摄像机把显微镜下的样品形貌直接反映到电脑显示屏上，使用软件将显示结果保存为图片，再将图片转化为电脑可识别的黑白二值化图，再经标准比例尺的转换后进行颗粒的各项数据计算，即可得到所需要的颗粒数据。颗粒图像仪是一种最直观的颗粒分析方法，对颗粒的形貌描述是其他颗粒分析方法均无法实现的，而且其又具有一定的颗粒分布描述功能，并且价格低廉，是实验室进行颗粒分析的必备常规设备。

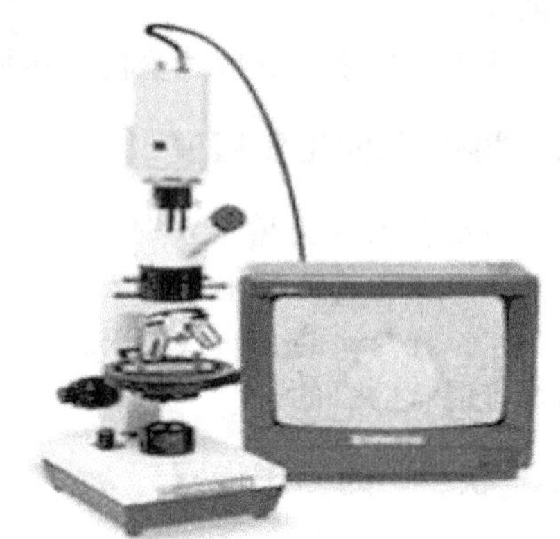

图 1-15-1 Winner99 显微图像颗粒分析仪

显微图像颗粒分析仪包括三目显微镜、CCD 图像采集系统、计算机图像处理软件三大部分。外观如图 1-15-1 所示。

主要技术参数：测试颗粒范围＞0.8μm；准确性误差＜3%；重复性误差＜3%；最大放大倍数：1600 倍；最大分辨率：0.1 微米/像素；输出：颗粒直径、等效面积径、等效周长径、切线径、马丁径；粒度分布类型：个数分布、长度分布、面积分布、体积分布、累积分布；特征粒径：D_{10}、D_{25}、D_{50}、D_{75}、D_{90}；D_{100}、D_P、S/V 比表面积；形状分析：颗粒球形度、颗粒长宽比、颗粒庞大率、表面率、比表面积。

CCD 摄像头：752（H）×582（V）像素；CCD 电源：220～240V，50Hz；图像采集卡：PAL 制，768×576×24 位；标准刻度尺：每小格间距 10μm；软件工作环境：Windows98、windows2000、win7。

三、显微图像颗粒分析仪的基本操作

以济南微纳颗粒仪器有限公司 Winner99 显微图像颗粒分析仪为例。

1. 样品制备：把少量样品用相应的分散介质（如丙三醇），在载玻片上进行样品分散，用牙签进行搅拌后用盖玻片以较小角度压住，尽量把气泡排出（也可超声波分散制样）。

2. 参数设置：进行各项参数设置，选择物镜所对应的标尺。

3. 样品观测：先打开 IMAGELY99 软件以便观测。将制备好的样品放在载物台上平移到合适的位置，后调整高度对焦，直到样品能够清晰显示在 IMAGELY99 的观测窗口。颗粒图像分析主界面，如图 1-15-2 所示。

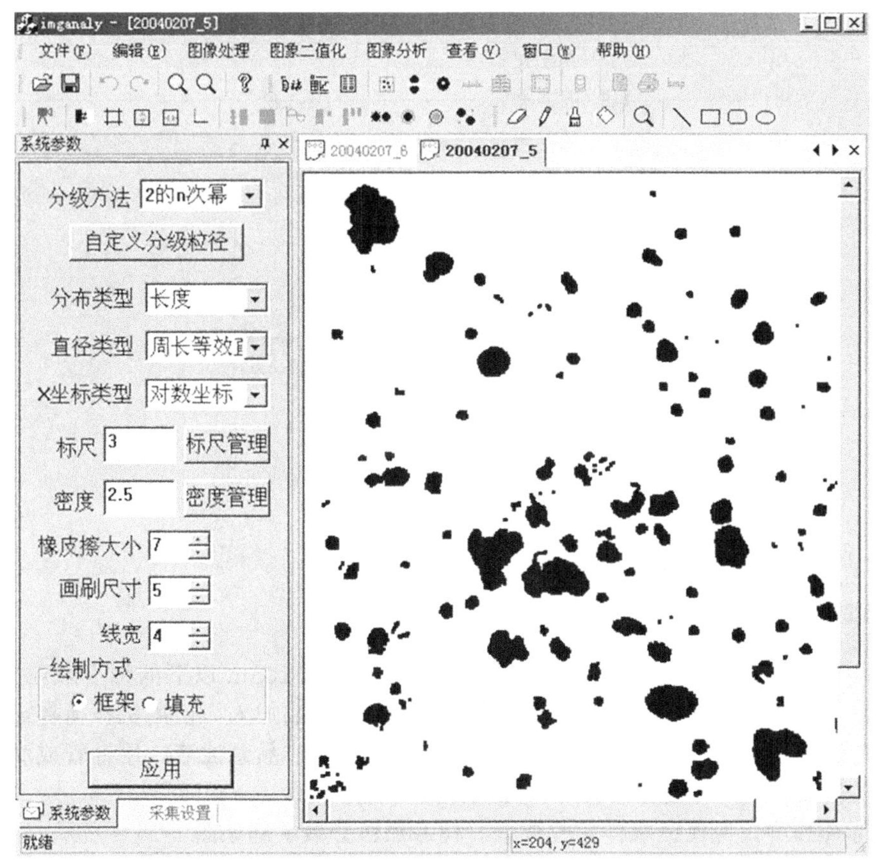

图 1-15-2　颗粒图像分析主界面

4. 图像采集：在主界面中，点击“文件”菜单，则出现图 1-15-3 所示的下拉菜单，点击“数据采集”，也可点击相应工具栏图标。

屏幕主界面上动态显示摄像结果，调节显微镜的亮度以及焦距，直至颗粒在屏幕显示清楚（由于视觉的关系，颗粒在显微镜的目视镜内显示清楚与在显示器内显示清楚，显微镜亮度及焦距会有一些差别）。用鼠标单击观测窗口即采集到一幅图像，关闭采集窗口才可以继续下一步图像处理。

5. 图像处理：使用软件的各项功能，将彩色图片转变为二值化图像。为尽量减少误差，可打开图片保存的文件夹，打开相应图片后对照着进行操作。

6. 图像保存：当采集到一个图像后，软件会自动保存到“DATA”文件夹中，当进行完图像处理的操作时，如点击“保存”将覆盖原文件。如点击“另存为”可自主选择保存路径。

7. 颗粒分析：使用“颗粒分析”功能，软件会提示保存“mdb”文件（此文件即是保存数据的文件），保存好后，即显示出当前二值化图像的颗粒分布数据报告的预览图。

8. 输入表头：进行过颗粒分析后，可将“样品名称”“测试单位”等基本信息手工输入，然后点击“打印预览”即可预览到完整的测试报告。

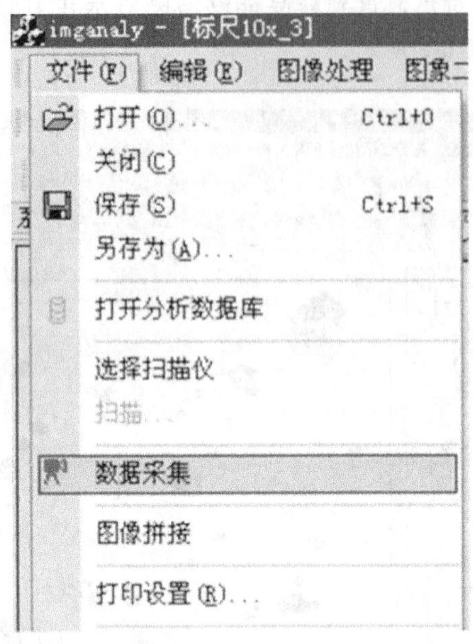

图 1-15-3 数据采集

四、注意事项

1. 任何颗粒测试仪器，样品分散都是至关重要，针对 10μm 以下的细小颗粒样品制备，可以采用如下方法：取一定量纯净水放入烧杯，取少量样品加入，使用机械搅拌或使用超声波使样品充分分散（必要时再加入一定量的丙三醇）得到样品悬浊液，用针管或滴管取少量液体，滴在载玻片上，再盖上盖玻片，完成样品制备过程。

2. 实际操作中，应保证取样颗粒数量。样品颗粒分散示例如图 1-15-4 所示。

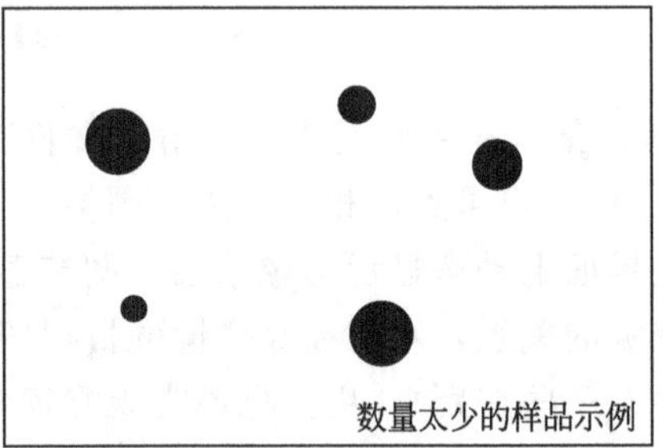

图 1-15-4 样品颗粒分散示例

五、Winner99 显微图像颗粒分析仪的操作实训

使用显微图像颗粒分析仪分别测定微纳米 $CaCO_3$、TiO_2 等粒径及其分布。

实验 1-16　激光粒度仪

一、激光粒度仪的用途

激光粒度仪是通过颗粒的衍射或散射光的空间分布（散射谱）来分析颗粒大小的仪器，可用来测量各种固态颗粒、雾滴、气泡及任何两相悬浮颗粒状物质的粒度分布，测量运动颗粒群的粒径分布，不受颗粒物理化学性质的限制。该类仪器因具有超声、搅拌、循环的样品分散系统，所以测量范围广（测量范围 0.02～2000μm，有的甚至更宽）；自动化程度高；操作方便；测试速度快；测量结果准确、可靠、重复性好。可广泛用于陶瓷、染料、水泥、煤粉、研磨材料、金属粉末、泥沙、矿石、雾滴、乳浊液等粒度的测定。

二、激光粒度仪的工作原理

激光照射在颗粒上时会产生光散射，光散射的角度与颗粒的直径成反比，而散射光的强度随散射角的增加呈对数衰减。散射光强度的计算应用瑞利散射公式。

$$I=\frac{24\pi^3 NV^2(n_1^2-n_2^2)}{\lambda^4(n_1^2+n_2^2)}I_0$$

式中，N 为单位体积粒子数；V 为单个粒子体积；λ 为波长；n_1 和 n_2 分别为分散相（固体颗粒）和分散介质的折射率；I_0 为入射光强度。根据瑞利散射定律 $I\propto D^6/\lambda^4$，测定了散射光的强度 I，即可求得颗粒的直径 D。工作原理如图 1-16-1 所示。

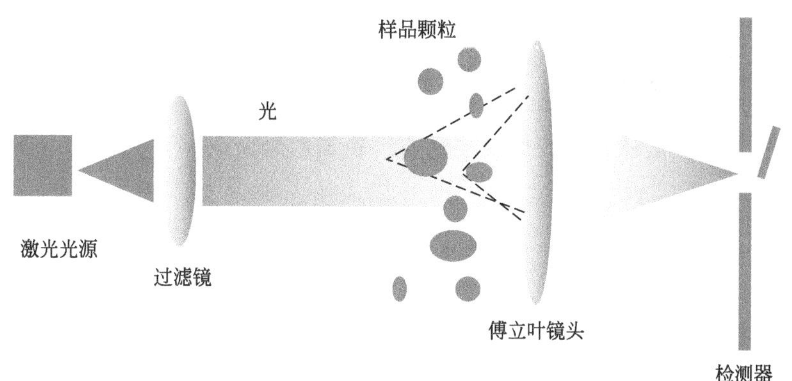

图 1-16-1　激光粒度仪工作原理

英国马尔文公司 MS2000 型激光粒度仪主要技术参数：

特点：粒度测试范围：0.02～2000μm；扫描速度：1000 次/s。

功能：超细粉体的粒度分布测定。

三、激光粒度仪的操作

以英国马尔文公司 MS2000 型激光粒度仪为例，如图 1-16-2。

1. 打开仪器的主电源开关，预热 15～20min 后，开启计算机的设备程序。
2. 打开泵机和超声波振动仪开关，检查仪器设备是否运行正常。
3. 根据样品的不同性质，设置不同的泵机速度。

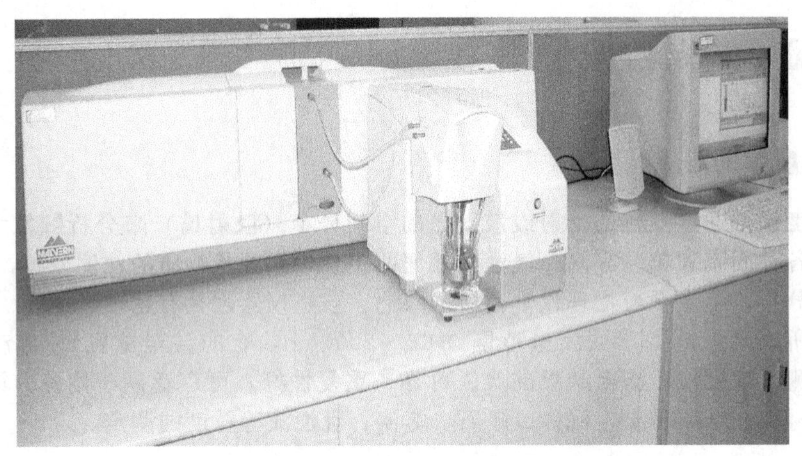

图 1-16-2　英国马尔文公司 MS2000 型激光粒度仪

4. 根据样品的需要，确定是否开启超声波仪。如需开启，确定超声波振动仪的强度。

5. 设定测试样品的光学参数，样品编号，然后采用二次水测定样品背景。

6. 背景测定后，加入分散好的样品，控制其浓度在测试范围内，当分散体系的浓度稳定后开始测定。

7. 收集数据并对数据进行必要的处理。

8. 测试结束后，将管道和样品槽中的溶液全部排出，同时用二次水对样品槽、管道进行清洗，以便下次测量。

9. 测试结束后，关闭电源，并将搅拌器用二次水浸泡。

10. 结果分析。

四、激光粒度仪的操作实训

分别测定二氧化硅微球、聚丙烯酸酯乳液、聚苯乙烯白球。

实验 1-17　偏光显微镜

一、偏光显微镜的用途

偏光显微镜是利用光的偏振特性对具有双折射性物质进行研究鉴定的必备仪器，可做单偏光观察、正交偏光观察、锥光观察。将普通光改变为偏振光进行镜检的方法，以鉴别某一物质是单折射（各向同性）或双折射性（各向异性）。双折射性是晶体的基本特征。因此，偏光显微镜被广泛地应用在矿物、化学、结晶材料等领域。

二、偏光显微镜的工作原理

1. 单折射性与双折射性：光线通过某一物质时，如光的性质和进路不因照射方向而改变，这种物质在光学上就具有“各向同性”，又称单折射体，如普通气体、液体以及非结晶性固体；若光线通过另一物质时，光的速度、折射率、吸收性和偏振、振幅等因照射方向而有不同，这种物质在光学上则具有“各向异性”，又称双折射体，如晶体、纤维等。

2. 光的偏振现象：光波根据振动的特点，可分为自然光与偏振光。自然光的振动特点是在垂直光波传导轴上具有许多振动面，各平面上振动的振幅分布相同；自然光经过反射、折射、双折射及吸收等作用，可得到只在一个方向上振动的光波，这种光波则称为“偏光”或“偏振光”。

3. 偏光的产生及其作用：偏光显微镜最重要的部件是偏光装置——起偏器和检偏器。过去两者均为尼科尔（Nicola）棱镜组成，它是由天然的方解石制作而成，但由于受到晶体体积较大的限制，难以取得较大面积的偏振，偏光显微镜则采用人造偏振镜来代替尼科尔棱镜。人造偏振镜是以硫酸喹啉又名 Herapathite 的晶体制作而成，呈绿橄榄色。当普通光通过它后，就能获得只在一直线上振动的直线偏振光。偏光显微镜有两个偏振镜，一个装置在光源与被检物体之间的叫“起偏镜”；另一个装置在物镜与目镜之间的叫“检偏镜”，有手柄伸缩镜筒或中间附件以便操作，其上有旋转角的刻度。从光源射出的光线通过两个偏振镜时，如果起偏镜与检偏镜的振动方向互相平行，即处于“平行检偏位”的情况下，则视场最为明亮。反之，若两者互相垂直，即处于“正交检偏位”的情况下，则视场完全黑暗，如果两者倾斜，则视场表明出中等程度的亮度。由此可知，起偏镜所形成的直线偏振光，如其振动方向与检偏镜的振动方向平行，则能完全通过；如果偏斜，则只通过一部分；如若垂直，则完全不能通过。因此，在采用偏光显微镜检时，原则上要使起偏镜与检偏镜处于正交检偏位的状态下进行。

4. 正交检偏位下的双折射体：在正交的情况下，视场是黑暗的，如果被检物体在光学上表现为各向同性（单折射体），无论怎样旋转载物台，视场仍为黑暗，这是因为起偏镜所形成的线偏振光的振动方向不发生变化，仍然与检偏镜的振动方向互相垂直的缘故。若被检物体具有双折射特性或含有具双折射特性的物质，则具双折射特性的地方视场变亮，这是因为从起偏镜射出的直线偏振光进入双折射体后，产生振动方向不同的两种直线偏振光，当这两种光通过检偏镜时，由于另一束光并不与检偏镜偏振方向正交，可透过检偏镜，就能使人眼看到明亮的象。光线通过双折射体时，所形成两种偏振光的振动方向，依物体的种类而有不同。

双折射体在正交情况下，旋转载物台时，双折射体的象在 360°的旋转中有四次明暗变化，每隔 90°变暗一次。变暗的位置是双折射体的两个振动方向与两个偏振镜的振动方向相一致的位置，称为“消光位置”，从消光位置旋转 45°，被检物体变为最亮，这就是“对角位置”，这是因为偏离 45°时，偏振光到达该物体时，分解出部分光线可以通过检偏镜，故而明亮。根据上述基本原理，利用偏光显微技术就可能判断各向同性（单折射体）和各向异性（双折射体）物质。偏光显微镜如图 1-17-1 所示。

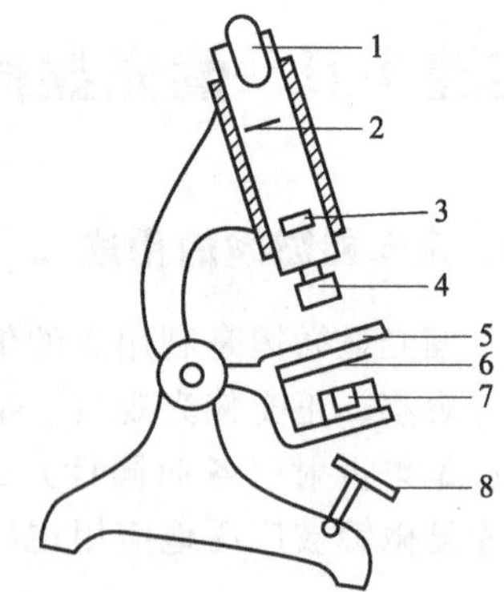

图 1-17-1　偏光显微镜示意图

1—目镜；2—透镜；3—检偏镜；4—物镜；5—载物台；6—聚光镜；7—起偏镜；8—反光镜

ZPM-203 型偏光显微镜性能参数：

无应力消色差物镜：4×/0.1，10×/0.25，25×/0.40，40×/0.65 弹簧，63×/0.85 弹簧。

目镜：10×十字目镜，10×分划目镜。

试片：石膏 1λ 试片，云母 1/4λ 试片，石英楔子试片。

测微尺：0.01mm。

滤色片：蓝色。

带座目镜网络尺。

移动尺：移动范围 30mm×40mm。

镜筒：双目镜筒。

总放大倍数：MC006-ZPM-203 型偏光显微镜：40×～630×。

三、偏光显微镜的操作

以上海宙山精密光学仪器有限公司 ZPM-203 型偏光显微镜为例。

1. 先接通 ZPM-203 偏光显微镜的电源，打开显微镜右后方的电源开关。

2. 将载玻片上待观察的样品放在载物台上，必须在物镜的正下方，旋转物镜，选择镜头（不同镜头的放大倍数不同）。

3. 由低到高缓慢调节显微镜底座左侧的旋钮，选择合适的光强度。

4. 点击电脑桌面上的图标“3.0M Digital Camera”，点击左上角的“device”，点击“conncet”。

5. 控制载物台上的旋钮，使得样品在电脑屏幕上出现，拖动屏幕下方的滚动条，使得图像处于合适位置，调节显微镜底座左侧的旋钮，使得图像亮度合适。

6. 前后左右观察样品，选择合适的拍照区域。

7. 拍照前，点击左上角第一个的标尺，此时在图片上出现了一个标尺，然后在电脑屏幕右下方，出现了“class ruler save”。根据你选择的镜头的放大倍数，点击第二排的“Load ruler”右侧的“▼”，选择物镜的放大倍数，此时在屏幕上跳出了标尺。

8. 点击软件上方的“line”按钮（从左往右数，第 8 个），测量球晶尺寸。

9. 测量完后，点击左上方的“file”，选择“save as”，将图片存为 .bmp 格式。

10. 数据上传至邮箱或通过 U 盘保存数据。

四、偏光显微镜的操作实训

观察聚丙烯的结晶形态与性能。

实验 1-18　电化学测量系统

电化学测量系统的简称是电化学工作站（electrochemical workstation），是电化学研究和教学常用的测量设备。CHI660C 系列电化学工作站为通用电化学测量系统，集成了几乎所有常用的电化学测量技术，包括恒电位、恒电流、电位扫描、电位阶跃、电流阶跃、脉冲、方波、交流伏安法、库仑法、电位法及交流阻抗等。可进行各种电化学常数的测量。以下以循环伏安法和极化曲线为例，阐述其工作原理与方法。

一、循环伏安法

1. 循环伏安法工作原理

该法控制电极电势以不同的速率，随时间以三角波形一次或多次反复扫描，电势范围是使电极上能交替发生不同的还原和氧化反应，并记录电流-电势曲线。属于线性扫描伏安法的一种，循环伏安法的原理与线性扫描伏安法相同，只是比线性扫描伏安法多了一个回扫。

如以等腰三角形的脉冲电压加在工作电极上，得到的电流电压曲线包括两个分支，如果前半部分电位向阴极方向扫描，电活性物质在电极上还原，产生还原波；那么后半部分电位向阳极方向扫描时，还原产物又会重新在电极上氧化，产生氧化波。因此一次三角波扫描，完成一个还原和氧化过程的循环（图 1-18-1），故该法称为循环伏安法，其电流-电压曲线称为循环伏安图（图 1-18-2）。如果电活性物质可逆性差，则氧化波与还原波的高度就不同，对称性也较差。工作电极可用甘汞电极，或铂、玻碳、石墨等固体电极。

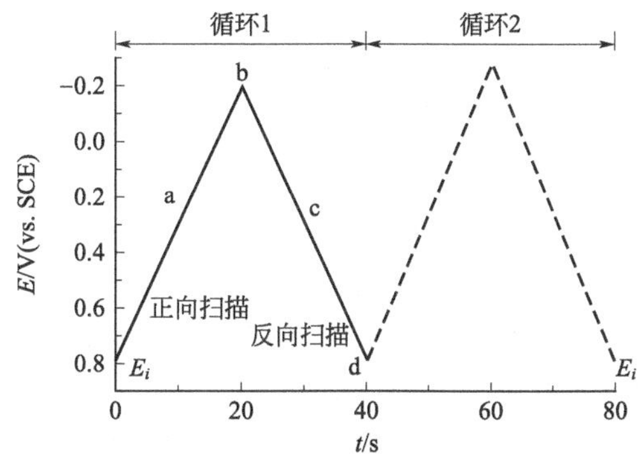

图 1-18-1　循环伏安的典型激发信号

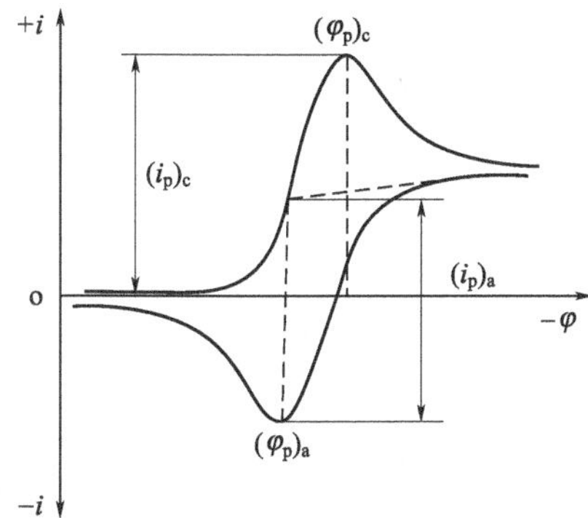

图 1-18-2　可逆循环伏安曲线

2. 循环伏安法操作步骤

以上海辰华仪器有限公司 CHI800D 系列电化学分析仪为例。

（1）仪器组成

整机由电化学工作站、计算机、三电极系统组成。

（2）操作程序

① 使用前先将电源线和电极连接，红夹线接辅助电极；绿夹线接工作电极；白夹线接参比电极。

② 电源线和电极连接好后，将三电极系统插入电解池。

③ 打开工作站开关。

④ 双击桌面“CHI”快捷方式图标，打开CHI工作站控制界面。

⑤ 在控制界面中点击 T 图标，选择“Cyclic Voltammetry”，点击“OK”。

⑥ 在控制界面中点击 图标，在弹出对话框中设置参数。

Init E (V)：起始电位；

High E (V)：最高电位；

Low E (V)：最低电位；

Initial Scan：起始扫描方向，Positive（阳极）或者 Negative（阴极）；

Scan Rate (V/s)：扫描速度；

Sweep Swgments：扫描圈数；

Sample Interval (V)：样品间隔；

Quiet Time (sec)：静置时间；

Sensitivity (A/V)：灵敏度。

⑦ 在控制界面中点击 ▶ 图标，开始运行程序。

⑧ 实验结束后，请将仪器关闭并将电极洗净收好。

3. 循环伏安法操作实训

将玻碳电极在 1×10^{-3}mol/L 铁氰化钾 $+1\times10^{-3}$mol/L 亚铁氰化钾 $+0.1$mol/L 氯化钾溶液中进行循环伏安扫描，得到循环伏安图。

二、极化曲线

1. 极化曲线测定实验原理

研究电极过程的基本方法是测定极化曲线。电极上电势随电流密度变化的关系曲线称为极化曲线。通常用恒电位法测定金属钝化的阳极极化曲线。将被研究金属例如铁、镍等或其合金至于硫酸或硫酸盐中，或者将涂料等材料均匀涂覆在铁片上都可作为工作电极，它与辅助电极（铂电极）组成一个电解池，同时它又与参比电极组成原电池，即三电极两回路。一是研究电极和辅助电极形成的极化回路，由电流表测量极化电流的大小；二是参比电极与研究电极形成的电位测量回路，参比电极与研究电极组成原电池，可确定研究电极的电位；辅助电极与研究电极组成电解池，使研究电极处于极化状态（图 1-18-3）。

研究可逆电池的电动势和电池反应时，电极上几乎没有电流通过，每个电极反应都是在接近于平衡状态下进行的，因此电极反应是可逆的。但当有电流明显地通过电池时，电极的平衡状态被破坏，电极电势偏离平衡值，电极反应处于不可逆状态，而且随着电极上电流密度的增加，电极反应的不可逆程度也随之增大。由于电流通过电极而导致电极电势偏离平衡值的现象称为电极的极化，描述电流密度与电极电势之间关系的曲线称作极化曲线，如图 1-18-4 所示。

2. 极化曲线实验方法（以碳钢极化为例）

(1) 接通电化学工作站电源，指示灯亮，打开计算机电源，计算机进入 Windows 系统中的 CHI660C 程序。

(2) 设置实验技术：在 Setup 菜单中点击“Technique”命令，系统出现一系列实验技术，点击“线性扫描技术”(Linear sweep voltammetry)。

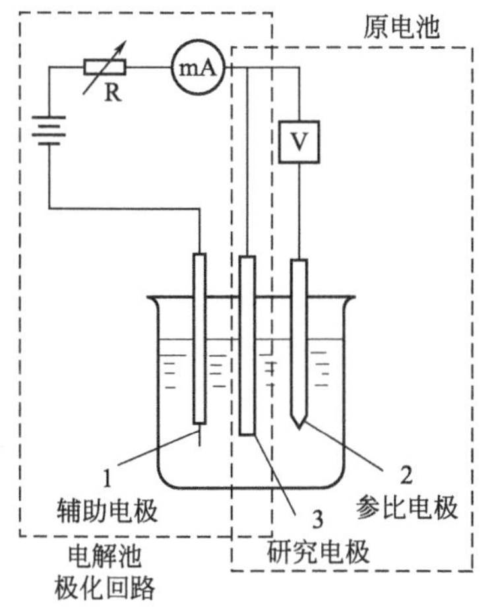

图 1-18-3　恒电位法测定金属钝化曲线原理图

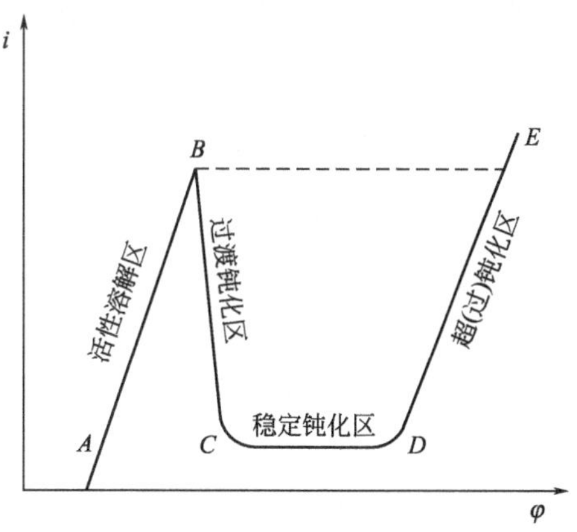

图 1-18-4　极化曲线

（3）扫描线性电位范围设定为－0.2～1.0V，Scan rate＝0.01V/s、0.004V/s；Sample interval(V)＝0.001，Quiet time(s)＝2，Sensitivity(A/V)＝$1.0\times e^{-5}$（或者设置为自动精度，保证数据不溢出）。

（4）运行试验：在 Control 菜单中点击“Run experiment”命令（注：在实验过程中如需要暂停实验或停止实验，在菜单中点击“Pause”或“Stop”，再进行其他操作，不能直接关闭程序或进行其他操作），仪器自动记录电流-电势曲线。

（5）数据保存：在实验完成后，在 File 菜单中点击“Save as”命令，设置路径及输入文件名，点击“确定”后计算机则保存实验数据。

（6）实验完毕，退出 CHI660C 应用程序。在确定所有应用程序都退出后，关闭 CHI660C 电化学工作站电源，然后关闭计算机，切断电源。依次拆除电极，洗净电解池和各个电极。将仪器中记录的电流-电极电势曲线转化成文本格式后导出，用于进行数据处理。

3. 极化曲线操作实训

测定碳钢及涂有醇酸树脂涂层的碳钢极化曲线。

实验 1-19　紫外-可见分光光度计

一、紫外-可见分光光度计的用途

紫外-可见分光光度计是指根据物质分子对波长为 200～760nm 的电磁波的吸收特性所建立起来的一种进行定性、定量和结构分析的仪器，是最常见的分析仪器之一。具有操作简单、准确度高和重现性好等特点。紫外-可见分光光度计主要用于化合物的鉴定、纯度检查、异构物的确定、位阻作用的测定、氢键强度的测定以及其他相关的定量分析。最常用的测量方式是溶液法。

二、紫外-可见分光光度计的工作原理

1. 吸收光谱的产生

许多无色透明的有机化合物，虽不吸收可见光，但往往能吸收紫外光。如果用一束具有连续波长的紫外光照射有机化合物，这时紫外光中某些波长的光辐射就可以被该化合物的分子所吸收，若将不同波长的吸收光度记录下来，就可获得该化合物的紫外吸收光谱。

2. 紫外光谱的表示方法

通常以波长 λ 为横轴、吸光度 A（百分透光率 $T\%$）为纵轴作图，就可获得该化合物的紫外吸收光谱图。

（1）吸光度 A：表示单色光通过某一样品时被吸收的程度，$A=\log(I_0/I_1)$，I_0为入射光强度，I_1为透过光强度。

（2）透光率：也称透射率 T，为透过光强度 I_1与入射光强度 I_0之比值，$T=I_1/I$。透光率 T 与吸光度 A 的关系为 $A=\log(1/T)$。

根据朗伯-比尔定律，吸光度 A 与溶液浓度 c 成正比，$A=\varepsilon bc$，ε 为摩尔吸光系数，它是浓度为 1mol/L 的溶液在 1cm 的吸收池中，在一定波长下测得的吸光度，它表示物质对光能的吸收强度，是各种物质在一定波长下的特征常数，因而是检定化合物的重要数据；c 为物质的浓度，单位为 mol/L；b 为液层厚度，单位为 cm。

在紫外吸收光谱中常以吸收带最大吸收处波长 λ_{max}和该波长下的摩尔吸收系数 ε_{max}来表征化合物吸收特征。吸收光谱反映了物质分子对不同波长紫外光的吸收能力。吸收带的形状、λ_{max}和 ε_{max}与吸光分子的结构有密切的关系。

紫外吸收光谱是由分子中价电子能级跃迁所产生的。由于电子能级跃迁往往要引起分子中核的运动状态的变化，因此在电子跃迁的同时，总是伴随着分子的振动能级和转动能级的跃迁。考虑跃迁前的基态分子并不全是处于最低振动和转动能级，而是分布在若干不同的振动和转动能级上；而且电子跃迁后的分子也不全处于激发态的最低振动和转动能级，而是可达到较高的振动和转动能，因此电子能级跃迁所产生的吸收线由于附加上振动能级和转动能级的跃迁而变成宽的吸收带。此外，进行紫外光谱测定时，大多数采用液体或溶液试样。液体中较强的分子间作用力，或溶液中的溶剂化作用都导致振动、转动精细结构的消失。但是在一定的条件下，如非极性溶剂的稀溶液或气体状态，仍可观察到紫外吸收光谱的振动及转动精细结构。

三、紫外-可见分光光度计的操作

以岛津 UV-2450 紫外-可见分光光度计为例。

1. 开机：打开电脑、光度计，在计算机中打开控制光度计的软件，连接光度计，首先进行光度计的自检，待自检结束且顺利通过后，点击“OK”。此时仪器已处于可工作状态。

2. 调零：首先在参比池中放装有蒸馏水的比色皿、调零。然后在样品池中放装有蒸馏水的比色皿，然后再次调零。

3. 实验条件设置：设定波长范围、扫描步长、时间间隔、Y 轴坐标（透过率或吸光度等)。

4. 测试：首先用待测样品润洗比色皿两到三次，然后倒入样品。点击“测试”或“开始”，仪器即开始测试，即得该样品在以上波长范围内的吸收光谱。取出前一样品，进行下一样品的测试。

5. 保存光谱与数据转换：将光谱数据保存于硬盘某文件夹中（一般为该软件默认文件夹)，随后将光谱文件转换为 .csv 等数据格式文件，以便后期数据处理。

6. 结束实验：点击“unconnention”，计算机结束与光谱仪的通讯。随后依次关闭光度计、电脑、电源，清洗比色皿。把实验台上整理干净，登记实验记录本。

四、注意事项

1. 应从普通玻璃方向拿取比色皿，避免污染石英玻璃两侧。

2. 比色皿清洗液的配比如下：浓盐酸∶甲醇∶水＝1∶4∶3。

3. 由于日光或灯光会对 UV-Vis 吸收产生严重干扰，在调试、测试过程中，样品仓应保持关闭。

五、紫外-可见分光光度计操作实训

测定甲基紫溶液及聚苯乙烯薄膜的紫外吸收光谱。

实验 1-20　红外光谱仪

一、红外光谱仪的用途

红外光谱仪是利用物质的共价键/氢键等的不同运动方式产生的能量吸收，而这个能量范围对应电磁波的红外范围，因此红外光谱又称分子吸收光谱。通过与微型计算机联用，傅里叶变换红外光谱仪（Fourier-transform infrared spectrometer，FTIR）可实现高速、微量化、高精密分析，数据具有良好再现性。测试样品形式多样，包括常见的固体粉末、液体、糊状物等。如果结合某些附件，还可以测试气体的红外吸收。结合功能齐全的化学计量学软件，FTIR 具有非常高的普适性。不仅可用于表征样品的结构，也可跟踪反应过程，进行动力学研究等。

二、红外光谱仪的工作原理

1. 仪器的基本构成

光源：光源能发射出稳定、高强度、连续波长的红外光，通常使用能斯特（Nernst）灯、碳化硅或涂有稀土化合物的镍铬旋状灯丝。

干涉仪：迈克耳孙（Michelson）干涉仪的作用是将复色光变为干涉光。中红外干涉仪中的分束器主要是由溴化钾材料制成的；近红外分束器一般以石英和 CaF_2 为材料；远红外分束器一般由 Mylar 膜和网格固体材料制成。

检测器：检测器一般分为热检测器和光检测器两大类。热检测器是把某些热电材料的晶体放在两块金属板中，当光照射到晶体上时，晶体表面电荷分布变化，由此可以测量红外辐射的功率。热检测器有氘代硫酸三甘肽（DTGS）、钽酸锂（$LiTaO_3$）等类型。光检测器是利用材料受光照射后，由于导电性能的变化而产生信号，最常用的光检测器有锑化铟、汞镉碲等类型。

2. 工作原理

用一定频率的红外光聚焦照射被分析的样品时，如果分子中某个基团的振动频率与照射红外线频率相同便会产生共振，从而吸收一定频率的红外线，把分子吸收红外线的这种情况用仪器记录下来，便能得到全面反映样品成分特征的光谱，进而推测化合物的类型和结构。

三、红外光谱仪的操作步骤

以 Thermo-Fischer Nicolet Avatar-370 为例。

1. 开机前准备：开机前检查实验室电源、温度和湿度等环境条件，当电压稳定，室温为（21±5)℃左右，湿度≤65%才能开机。

2. 开机：开机时，首先打开仪器电源，稳定 30min，使得仪器能量达到最佳状态。开启电脑，并打开仪器操作平台（比如 OMNIC 软件等），首先运行 Diagnostic 菜单，仪器自检，只有自检合格后设备才进入可工作状态。

3. 设定实验条件：设定具体实验条件，包括扫描波数范围、步长、次数、背景参数、Y 轴坐标（能量、吸光度、透过率）等。一般而言，样品浓度高则扫描遍数可以稍低。

4. 选择、调节实验附件：根据样品特点，选择实验附件（透过式红外附件或衰减全反射红外附件等)。调节附件位置，使光斑可通过样品。

5. 制样：根据样品特性以及状态，制定相应的测试方法、制样方法并制样。对于透过式红外附件，如样品为固体粉末，则先取少量分散入 KBr 等低吸收窗体材料，在玛瑙研钵中研磨均匀，然后用专用模具压制称薄片；如为液体，则可直接涂覆少量样品于空白窗体材料薄片表面；若为溶液，则先涂覆后用红外等烘烤脱除溶剂；如为薄膜，则可直接测试。对于胶皮、硬块等无法研磨的较厚样品，则可采用衰减全反射红外附件。

6. 扫描和输出红外光谱图：测试红外光谱图时，先扫描空光路背景信号（Collect→Background），再扫描样品文件信号（Collect→Sample），经傅立叶变换得到样品红外光谱图。

7. 样品图谱分析：根据不同软件的设定和用户需要，可对样品图谱进行标峰、差峰等处理，还可以同数据库中图谱进行对比，以便识别该测试样品的主要成分。

8. 光谱保存与数据转换：将光谱数据保存于硬盘某文件夹中，随后将光谱文件转换为 .csv 等数据格式文件，以便后期数据处理。

9. 关机：先关闭控制软件，再关闭仪器电源，最后关闭计算机并盖上仪器防尘罩，并填写实验记录。

四、注意事项

1. 测定时实验室的温度应在 15～30℃，所用的电源应配备有稳压装置。

2. 为防止仪器受潮而影响使用寿命，红外实验室应保持干燥（相对湿度应在 65％以下）。

3. 样品的研磨要在红外灯下进行，防止样品吸水。

4. 压片用的模具用后应立即把各部分擦干净，置于环己烷中保存，以免锈蚀。

5. OMNI 采样器使用过程中必须注意以下几点：

（1）样品与 Ge 晶体间必须紧密接触，不留缝隙。否则红外光射到空气层就发生衰减全反射，不进入样品层。

（2）对于热、烫、冰冷、强腐蚀性的样品不能直接置于晶体上进行测定，以免 Ge 晶体裂痕和腐蚀。

（3）尖、硬且表面粗糙的样品不适合用 OMNI 采样器采样，因为这些样品极易刮伤晶片，甚至使其碎裂。

五、操作实训

分别测定聚乙烯、聚酯及环氧树脂等的红外光谱。

实验 1-21 荧光光谱仪

一、荧光光谱仪的用途

荧光光谱仪，又称荧光分光光度计，是一种定性、定量分析的仪器。通过荧光光谱的测试可以获得物质的激发光谱、发射光谱、荧光寿命以及液体样品浓度等方面的信息。常被用于科研、教学和基础研究。

二、荧光光谱仪的工作原理

由高压汞灯或氙灯发出的光经滤光片照射到样品池中，激发样品中的荧光物质发出荧光，荧光经过滤过和反射后，被光电倍增管所接受，然后以图或数字的形式显示出来。物质荧光的产生是由在通常状况下处于基态的物质分子吸收激发光后变为激发态，这些处于激发态的分子是不稳定的，在返回基态的过程中将一部分的能量又以光的形式放出，从而产生荧光。

不同物质由于分子结构的不同，其激发态能级的分布具有各自不同的特征，这种特征反映在荧光上表现为各种物质都有其特征荧光激发和发射光谱，因此可以用荧光激发和发射光谱的不同来定性地进行物质的鉴定。

三、LS-45 荧光光谱仪的操作步骤

以 PerkinElmer 公司的 LS-45 型荧光光谱仪为例。

1. 打开荧光光谱仪预热 30min。
2. 打开测试软件“FL WinLab”。
3. 连接设备：点击左上角的图标“Status”，直到显示“online”，如图 1-21-1。再将对话框最小化。

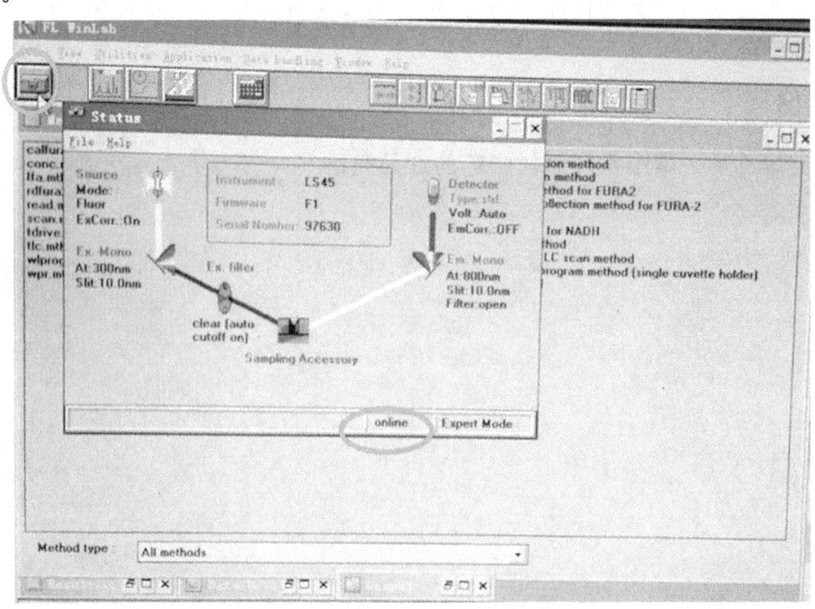

图 1-21-1 设备连接操作图

4. 修改保存路径：在E盘DATA文件夹中新建文件夹→Utilities→Configuration→在对话框Data中粘贴需要保存的文件夹地址→OK。

5. 将样品放入样品池。

6. 测试：双击“Scan. mth”，调出对话框，输入开始、结束以及激发波长，并修改样品名字，点击左上角图标，该图标红色时为测试中，绿色为测试结束。如图1-21-2所示。

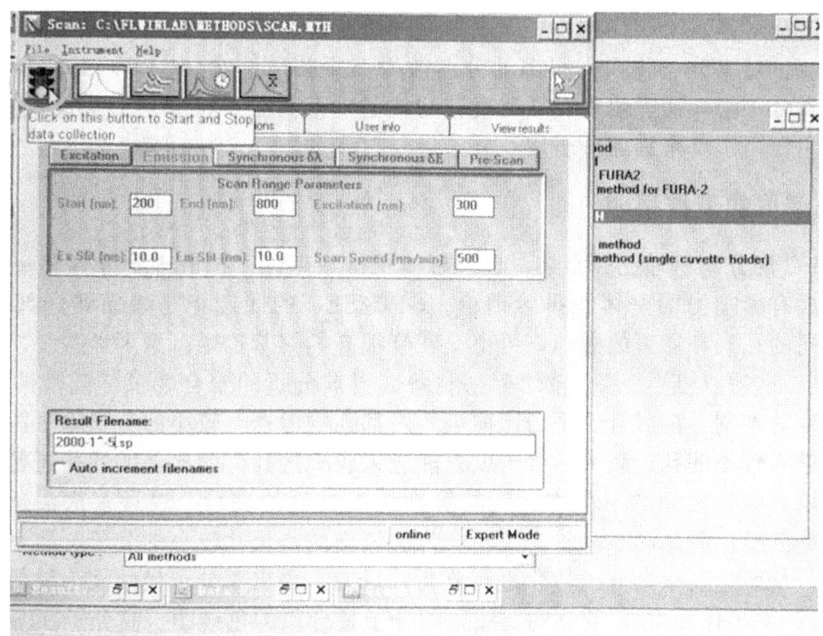

图1-21-2　测试操作

7. 保存数据：点击“FL WinLab”窗口，打开下方的“Data Region”窗口，双击要保存的数据，打开谱图界面，单击谱图下方的样品名字→File→Save As→确认保存名字和保存位置→OK。

四、LS-45荧光光谱仪的操作实训

测定聚芴甲苯溶液的荧光光谱。

实验 1-22 凝胶色谱仪

一、凝胶色谱仪的用途

凝胶色谱技术是六十年代初发展起来的一种快速而又简单的分离分析技术，由于设备简单、操作方便，对高分子物质有很高的分离效果。凝胶色谱法（GPC）又称分子排阻色谱法，是利用高分子溶液通过填充有微孔凝胶的柱子，把高分子按分子大小进行分离的方法。凝胶色谱法主要用于高聚物的分子量及分子量分布测试。

二、凝胶色谱仪的工作原理

GPC/SEC 的分离机理比较复杂，目前有体积排除理论、扩散理论和构象熵理论等几种解释，其中最有影响力的是体积排除理论。GPC/SEC 的固定相是表面和内部有着各种各样、大小不同的孔洞和通道的微球，可由交联度很高的聚苯乙烯、聚丙烯酰胺、葡萄糖和琼脂糖的凝胶以及多孔硅胶、多孔玻璃等来制备。当被分析的聚合物试样随着溶剂引入柱子后，由于浓度的差别，溶质分子都力图向填料内部孔洞渗透。较小的分子除了能进入较大的孔外，还能进入较小的孔；较大的分子就只能进入较大的孔；而比最大的孔还要大的分子就只能停留在填料颗粒之间的空隙中。随着溶剂洗提过程的进行，经过多次渗透-扩散平衡，最大的聚合物分子从载体的粒间首先流出，依次流出的是尺寸较小的分子，最小的分子最后被洗提出来，从而达到依高分子体积进行分离的目的，得出高分子尺寸大小随保留时间（或保留体积 V_R、淋出体积 V_e）变化的曲线，即分子量分布的色谱图。高分子在溶液中的体积决定于相对分子量、高分子链的柔顺性、支化、溶剂和温度，当高分子链的结构、溶剂和温度确定后，高分子的体积主要依赖于相对分子量。基于上述理论，通过做已知分子量的高分子聚合物的标准曲线，就能分析未知待测高分子化合物的分子量。

三、凝胶色谱仪的操作步骤

以 WATERS 公司 WATERS1515 型凝胶渗透色谱仪为例。

1. 样品的配制

（1）称取聚合物样品约 0.025g，加入溶剂四氢呋喃 5mL，使聚合物浓度为 0.5%左右，充分溶解。

（2）将聚合物样品溶液用 0.45μm 过滤头过滤，备用。

2. GPC 操作步骤

（1）待仪器基线平稳后，打开 ASTRA 软件。

（2）选择测试模板：左键双击“Experiments”，点击“New”，选择“Form templat”，在“My Template”窗口下选择“SEC METHOD-THF21”，点击“Create”。

（3）开始：左键双击“Procedures”，选择“Basic collection”，选择“Experiment”窗口，点开始“Run”。

（4）进样：进样针用 THF 反复清洗 3 次以上，再用样品洗 3 次，抽取 30μL 样品（排空进样针内空气），将样品注入仪器进样口，迅速扳下（从 LOAD 到 INJECT），不要将进样针拔出，扳上（从 INJECT 到 LOAD），再扳出进样针，如图 1-22-1 所示。仪器自动采集数据。

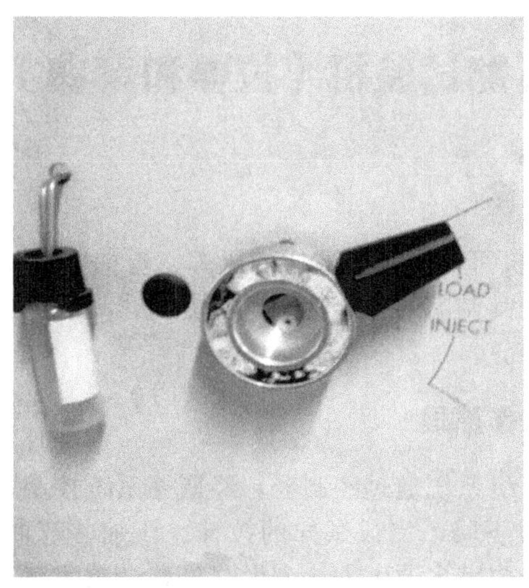

图 1-22-1　进样口

(5) 数据处理：待数据采集结束后，左键双击“Baselines”，确定基线，点击“Apply”；再左键双击“peaks”，确定峰位置，点击“Apply”；再左键双击“Results”；选择 Report 查看数据。

(6) 数据保存：原文件（. Vaf）格式，选中 Experiment 1 右击，选择 Save as，命名文件，选择保存位置保存。Report（. PDF）格式：Report 界面右击，选择“Print”，再点击“Print”，命名文件，选择保存位置保存。数据（. xls）格式：左键双击 EASI Graph，点击“Display”，选择 molar mass；点击“Distribution Type”，选择 differential weight fraction，点击“Apply”；右击界面，点击“Edit”，再点击“Export”，命名文件，选择保存位置保存。

四、GPC 的操作实训

测定聚苯乙烯的分子量及分子量分布。

实验 1-23 电子万能试验机（拉伸和弯曲）

一、电子万能试验机的用途

WDT30 电子万能试验机可用来测量试样的压缩、弯曲、剪切、剥离、撕裂等性能，在金属、非金属、复合材料及其制品的力学性能试验方面，具有非常广的应用，是监测和控制高分子产品质量的精密仪器。

二、电子万能试验机的工作原理

电子万能试验机的计算机系统通过控制器，经调速系统控制伺服电机转动，经减速系统减速后带动移动横梁上升、下降，完成试样的拉伸、压缩、弯曲、剪切等多种力学性能试验。电子万能试验机具有全数字多通道力、变形、位移全数字三闭环控制系统，含拉伸、压缩、弯曲等多种试验方法和 N、kN、g、kgf、lb、mm、in 等多种单位的转换功能，可实现载荷、应力、位移等多种加载-卸载控制。图 1-23-1 是仪器的外观图。

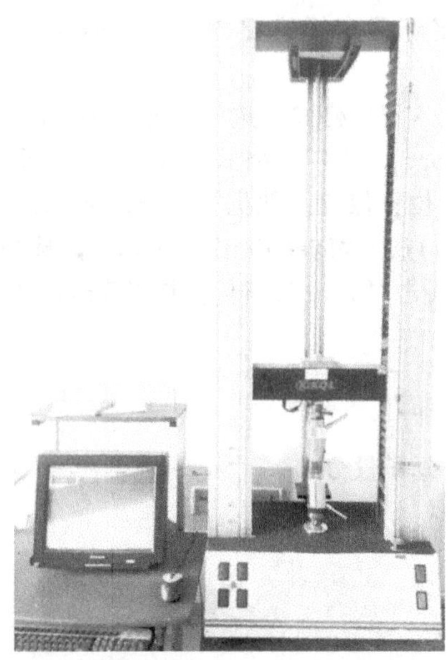

图 1-23-1 电子万能试验机

主要技术参数：

(1) 控制方式：手动外部电位器调速、定位移距离外部限位调节。

(2) 精度等级：0.5 级。

(3) 最大荷重：0.5t、1t、3t、5t。

(4) 力量分解度：1/200000。

(5) 测力范围：满量程 0.2%～100%。

(6) 测力分档：内部自动七档放大×1、×2、×5、×10、×20、×50、×100。

(7) 荷重测量精度：误差小于示值的±0.5%。

(8) 变形测量精度：误差小于示值的±0.5%。

(9) 测试台位移测量精度：误差小于示值的±0.5%。

(10) 试验速度范围：测试速度 50～500mm/in、50～250mm/in。

(11) 速度精度：误差小于示值的±0.5%。

(12) 单位：kg、lb、N、kN。

(13) 数据采样频率：200 次/s。

(14) 马达：直流调速马达。

三、电子万能试验机的操作

以深圳市凯强利试验仪器有限公司 WDT-5/WDT-30 万能试验机为例。

1. 首先接通电源，开启电源开关后，电源指示灯亮。

2. 需要待机 15min，等万能试验机预热稳定后方可与电脑联机。

3. 安装夹具，选择符合检测规格的试样夹，安装在电子万能试验机上。

4. 试样的制备，在待检产品上截取标准尺寸的试样。样条不得有破损和明显的弯折。

5. 试样的测量，测量试样的长度、宽度、厚度。取各参数的平均值，记录数据。

6. 编辑程序，设定操作方案。检查试验仪器的工作是否正常。输入以测量的试样尺寸，选择检测方案。

7. 试样的安装，调整好夹具，夹好试样上端。再将上夹具下移，距下端夹具 1cm 左右时，将位移值、力值、大变形值“清零”。夹好下端夹具，力值清零。运行试验程序。

8. 每个样条需在 3～5min 内完成，若在规定的时间内样条没有完成测试，则测试失败，重新进行检测。

9. 重复试验 5～10 次，计算结果，生成检测报告。

10. 测试完毕，清理测试用过的试样，将上下夹具取下，做好日常维护。

11. 清理完毕，退出程序，关掉电源开关，切断电源。注意：样条在进行检测前，需进行温湿度状态调节。

四、注意事项

1. 注意防水、防潮，中横梁及工作台应经常涂抹防锈油，以防止生锈。

2. 使用电子万能试验机时，要认真阅读技术说明书，熟悉技术指标、工作性能、使用方法、注意事项，严格遵照仪器使用说明书的规定步骤进行操作。

3. 初次使用电子万能试验机人员，必须在熟练人员指导下进行操作，熟练掌握后方可进行独立操作。

4. 注意对易锈件或长期不使用的配件，如夹具、插销等涂上防锈油。对于夹具的钳口或夹具相对滑动的表面应保持干净，避免磕碰。在做一批试样后应及时清理留在钳口中的碎渣碎片，如果钳口齿形部分被堵塞，请用钢刷蘸汽油清洗，忌用尖硬的工具进行清理。

5. 试验时使用的电子万能试验机，要布局合理，摆放整齐，便于操作、观察及记录等。

五、电子万能试验机的操作实训

分别测定 PP、PS 等高分子材料的拉伸性能、弯曲性能。

实验 1-24 冲击试验机

一、冲击试验机的用途

冲击试验机是指对试样施加冲击试验力，进行冲击试验的材料试验机。冲击试验机分为手动摆锤式冲击试验机、半自动冲击试验机、数显冲击试验机、计算机控制冲击试验机、落锤冲击试验机以及非金属冲击试验机等。可以通过更换摆锤和试样底座，可实现简支梁和悬臂梁两种形式的试验。

悬臂梁冲击试验机：完全符合 GB/T 1843—2008《塑料悬臂梁冲击试验方法》以及 ISO180、GB/T 2611—2007、GB/T 21189—2007 标准的要求。适用于材料冲击韧性的测定。是一种结构简单、造型美观、操作方便、数据准确的检测仪器。

落镖冲击试验机（塑料薄膜或薄片冲击试验机）：用于测定塑料、橡胶等非金属材料的冲击韧性。本试验机可供科研单位，非金属材料制造企业及质检部门等使用。该试验机是一种结构简单、操作方便、测试精度高的仪器。该机符合 GB/T 8809—2015《塑料薄膜抗摆锤冲击试验方法》的要求。

简支梁冲击试验机：用于测定硬质塑料、纤维增强复合材料、陶瓷等非金属材料的冲击韧性。

落球冲击试验机：对试验样本施加瞬间冲击力，求取破坏该材料所需要的冲击能量的仪器。同时，使用该仪器还可以对同种材料，同种规格的试样进行冲击对比试验以鉴定材料质量的优劣。

二、冲击试验机的工作原理

冲击试验机的原理就是能量守恒定律，按照摆锤打断冲击试样后损失多少计算冲击功。测量出来的结果是冲击功，单位是焦耳，能量的公式是：$W=FS$ 即冲击功=力×位移。

冲击试验机被冲击的试样在受锤冲击的瞬间，分为手动冲击试验机、半自动冲击试验机、非金属冲击试验机、数显半自动冲击试验机、计算机控制冲击试验机。数显全自动冲击试验机通过高速负荷测量传感器产生信号，经高速放大器放大后，由 A/D 快速转换成数字信号送给计算机进行数据处理，同时通过检测角位移信号送给计算机进行数据处理，精确度高。加装高速角位移监控系统和力检测传感器和放大器，经计算机高速采样，数据处理，可显示 N-T 和 J-T 曲线，数据存盘，数据报告打印等，能瞬时测定和记录材料在受冲击过程中的特性曲线，通过更换摆锤和试样底座，可实现简支梁和悬臂梁两种形式的试验。图 1-24-1 是 XBL-22 数显悬臂梁冲击试验机的外观图。

主要技术参数：

冲击速度：3.5m/s。

摆锤能量：5.5J、11J、22J。

摆锤扬角：160°。

打击中心距：0.322m。

摆锤力矩：pd5.5=2.8354N·m、pd11=5.6708N·m 和 pd22=11.3417N·m。

角盘分度：0～5.5J 最小分度 0.05J（内圈），0～11J 最小分度 0.1J（内圈），0～22J 最小分度 0.2J（内圈）。

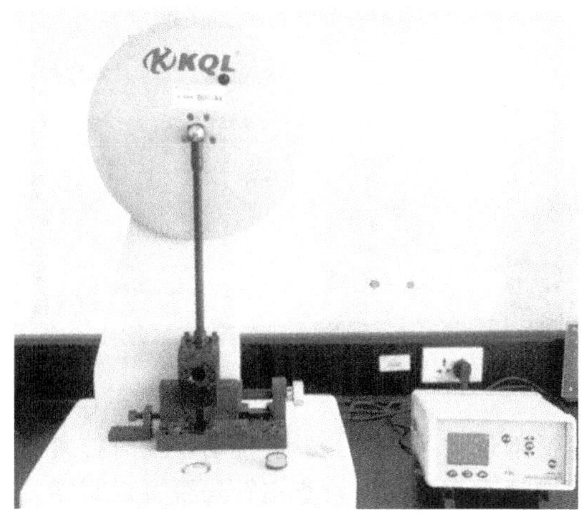

图 1-24-1　XBL-22 数显悬臂梁冲击试验机

冲击刀刃至钳口上面距离：(22±0.2)mm。
刀刃圆角半径：R=(0.8±0.2)mm。
能量损失：5.5J<0.03J，11J<0.05J，22J<0.01J。
使用温度：15～35℃。
电源：220V/50Hz。
外形尺寸（长×宽×高）：420mm×320mm×705mm。
重量：60kg。

三、冲击试验机的操作

以深圳市凯强利试验仪器有限公司悬臂梁冲击试验机 XBL-22 为例。

1. 操作前确认机台是否水平。若机台没有处于水平，应通过调水平脚钉，检视水平仪使机台水平。

2. 根据试样的冲击韧性，选用适当能量的冲击摆锤，并使试样所吸收的能量在冲击摆锤总能量的 10%～80%范围内。试验前在不知试样冲击强度的条件下，应选择最大冲击能量的冲击摆锤做冲击试验，得出数值后再根据上述原则选择合适的冲击摆锤。

3. 试样的尺寸测量。

4. 接通电源，如图 1-24-2 操作面板中，蓝色显示屏中的三个数值都显示为“0”，将摆锤顺逆时针摆至 160°位置，按动冲击按钮（“Go”或“Run”），观察冲击能是否为“0”，若不为“0”需进行调零。

5. 测量样品尺寸并夹持试样。

6. 将冲锤升高至 160°，固定于固定钩上。

7. 按下冲击按钮（“Go”或“Run”），释放摆锤，直接读取冲击能，并记录数据。

四、注意事项

1. 本仪器适用于常温环境下使用。

2. 仪器必须在指定频率和电压允许范围内测定，否则会影响测量精度。

3. 尽可能利用支架固定仪器测定。如手持操作则应保持仪器稳定和水平。

4. 摆锤空击回零采用目测检测，回零差的最大允许值为摆锤最大能量的±0.1%。

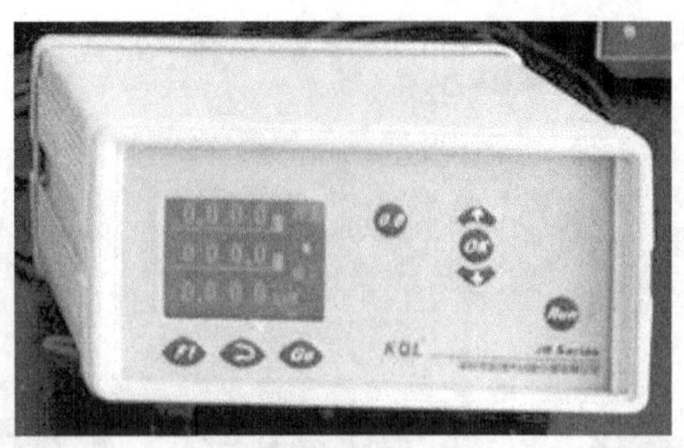

图 1-24-2　操作面板

5. 定期检查夹具、摆锤部位的螺钉，如发现松动，及时拧紧。
6. 每次试验完成前后摆锤垂直静止时检查主针是否可以归零。
7. 长时间不做试验时，注意关断主机电源。
8. 定期检查控制器后面板的连接线是否接触良好，如松动，应及时紧固。

五、冲击性能的操作实训

分别测定 PP、PS 等高分子材料的冲击性能。

实验 1-25　高阻计

一、高阻计的用途

高阻计是一种直读式的超高电阻和微电流两用仪器，可用于测量高阻值（兆欧）电阻和绝缘材料的表面电阻和体积电阻，亦可对微电流进行测量。

二、高阻计的工作原理

1. 名词术语

（1）绝缘电阻：施加在与试样相接触的二电极之间的直流电压除以通过两电极的总电流所得的商。它取决于体积电阻和表面电阻。

（2）体积电阻：在试样的相对两表面放置的两电极间所加直流电压与流过两个电极之间到稳态的电流之商，该电流不包括沿材料表面的电流。在两电极间可能形成的极化忽略不计。

（3）体积电阻率：绝缘材料里面的直流电场强度与稳态电流密度之商，即单位体积内的体积电阻。

（4）表面电阻：在试样的某一表面上两电极间所加电压与经过一定时间后流过两电极间的电流之商，该电流主要为流过试样表层的电流，也包括一部分流过试样体积的电流成分。两电极间可能形成的极化忽略不计。

（5）表面电阻率：在绝缘材料表面上的两电极间的直流电压与现通过两电极间的电流之比。

2. 测量原理

根据上述定义，绝缘体的电阻测量基本上与导体的电阻测量相同，其电阻一般都用电压与电流之比得到。现有的方法可分为三大类：直接法、比较法、时间常数法。

这里介绍直接法中的直接放大法，也称为高阻计法。该方法采用直流放大器，对通过试样的微弱电流经过放大后，推动指示仪表，测量出绝缘电阻，基本原理见图 1-25-1。

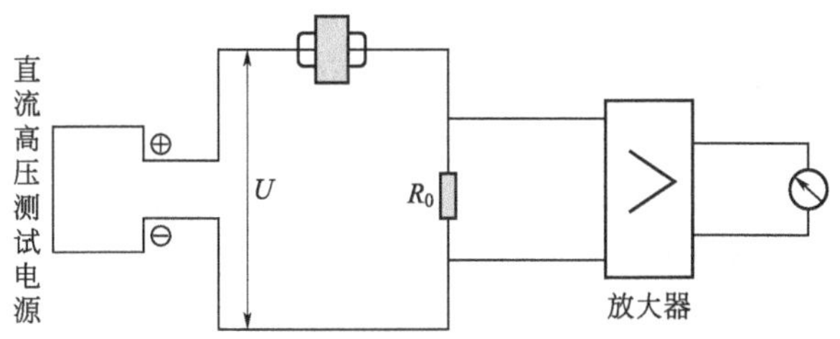

图 1-25-1　超高电阻测试仪测试原理图

U—测试电压（V）；R_0—被测试试样的绝缘电阻（Ω）

当 R_0 远小于 R_x 时，则

$$R_x=(U/U_0)R_0 \tag{1-25-1}$$

式中，R_x为试样电阻，Ω；U 为试验电压，V；U_0为标准电阻 R_0两端电压，V；R_0为标准电阻，Ω。

测量仪器中有数个不同数量级的标准电阻，以适应测不同数量级 R_x 的需要，被测电阻可以直接读出。高阻计法一般可测 $10^{17}\Omega$ 以下的绝缘电阻。

从 R_x 的计算公式看到 R_x 的测量误差决定于测量电压 U、标准电阻 R_0 以及标准电阻两端的电压 U_0 的误差。

3. 测量技术

绝缘材料通常用于电气系统的各部件相互绝缘和对地绝缘，固体绝缘材料还起机械支撑作用。一般希望材料有尽可能高的绝缘电阻，并具有合适的机械、化学和耐热性能。绝缘材料的电阻率一般都很高，如果不注意外界因素的干扰和漏电流的影响，测试结果就会发生很大的误差，同时绝缘材料本身吸湿性和环境条件的变化对测量结果有很大影响。

影响体积电阻率和表面电阻率测试的主要因素是温度和湿度、电场强度、充电时间及残余电荷等。体积电阻率可作为选择绝缘材料的一个参数，电阻率随温度和湿度的变化而显著变化。体积电阻率的测量常常用来检查绝缘材料是否均匀，或者用来测验那些能影响材料质量而不能用其他方法检测到的导电杂质。

温度和湿度：固体绝缘材料的绝缘电阻率随温度和湿度升高而降低，特别是体积电阻率随温度改变而变化非常大。因此，此材料不但要测定常温下的体积电阻率，而且还要测定高温下的体积电阻率。由于水的电导大，测定时应严格地按照规定的试样处理要求和测试的环境条件下进行。

电场强度：当电场强度比较高时，离子的迁移率随电场强度增高而增大，而且在接近击穿时还会出现大量的电子迁移，这使体积电阻率大大地降低。因此在测定时，施加的电压应不超过规定的值。

残余电荷：试样在加工和测试等过程中，可能产生静电，影响测量的准确性。因此，在测量时，试样要彻底放电，即可将几个电极连在一起短路。

条件处理和测试条件的规定：固体绝缘材料的电阻随温度、湿度的增加而下降。试样的预处理条件取决于被测材料，这些条件在材料规范中规定，推荐使用 GB/T 10580—2015 中规定的预处理方法。可使用甘油-水溶液潮湿箱进行湿度预处理。

电化时间的规定：当直流电压加到与试样接触的两电极间时，通过试样的电流会指数式的衰减到一个稳定值。电流随时间的见效可能是由于电介质极化和可动离子位移到电极所致。对于体积电阻率小于 $10^{10}\Omega \cdot m$ 的材料，其稳定状态通常在 1min 内达到。测量表面电阻通常都规定 1min 的电化时间。

本实验选用 4339B 型高阻计，如图 1-25-2。该仪器工作原理属于直流放大法，测量范围为 $10^3 \sim 10^{18}\Omega$，误差≤10%。

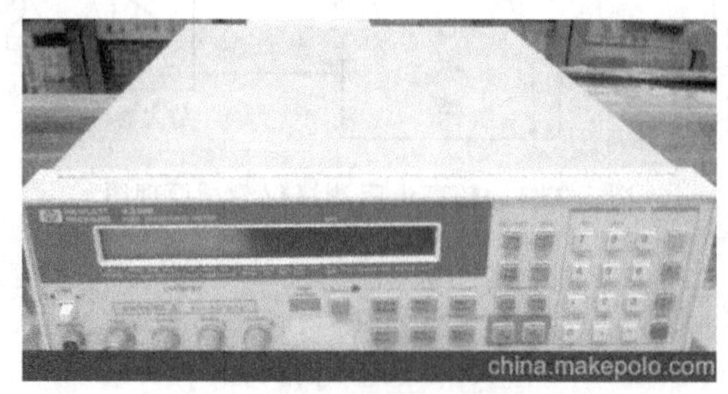

图 1-25-2　高阻计外形图

为准确测量体积电阻和表面电阻，一般采用三电极系统，圆板状三电极系统见图 1-25-3，

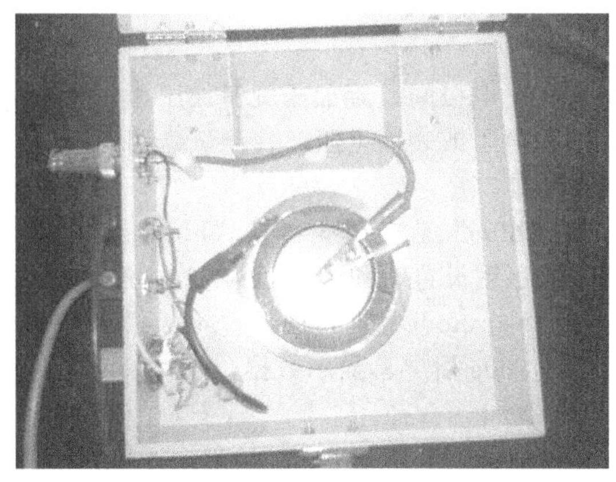

图 1-25-3　三电极电阻测量系统

测量体积电阻 R_v 时保护电阻的作用是使表面电流不通过测量仪表，并使测量电极下的电场分布均匀。此时保护电极的正确接法见图 1-25-4。测量表面电阻 R_s 时，保护电极的作用是使体积电流减少到不影响表面电阻的测量。

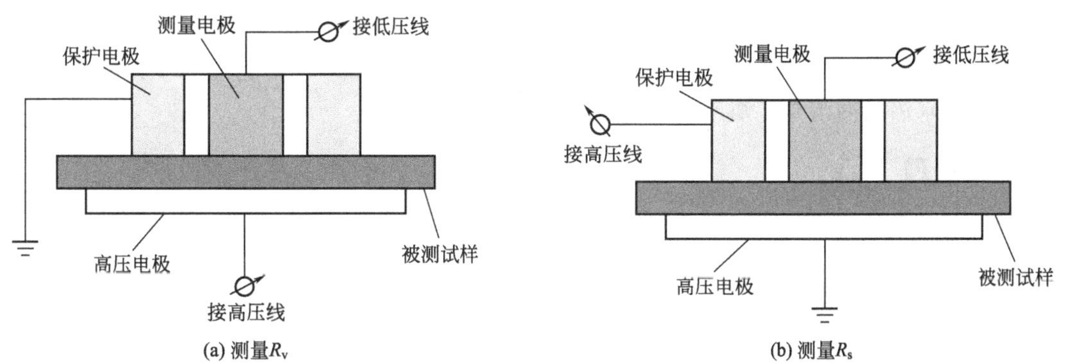

图 1-25-4　体积电阻 R_v 和表面电阻 R_s 测量示意图

三、高阻计的操作步骤

以安捷伦公司 4339B 型高阻计为例。

1. 试样及其预处理

试样：不同比例的聚丙烯与碳酸钙共混物样片（ϕ100 圆板或方片，厚 2mm，表面平整）5 片。

预处理：试样应平整、均匀、无裂纹和机械杂质等缺陷。用蘸有溶剂（此溶剂应不腐蚀试样）的绸布擦拭；把擦净的试样放在温度（23±2)℃和相对湿度（65±5)%的条件下处理 24h。测量表面电阻时，一般不清洗及处理表面，也不要用手或其他任何东西触及。

2. 实验准备

(1) 接通电源预热 30min，调节测试参数。

(2) 设置测试电压：按“source voltage”键进入设置电压菜单，用数字键盘设置测试电压，按“Enter”键确认，塑料测试一般选用 500V。

(3) 设置限制电流：按“blue”蓝色键，再按“source voltage”键进入设置限制电流菜单，用数字键设置限制电流，并按“enter”键确认，测试一般选用 0.5mA。

3. 测试

(1) 将样品放入测试盒上下电极间，旋加压旋钮加压，一般 3～5kgf，盖上测试盒。

(2) 选择测量项目，体积电阻或表面电阻，将测试盒调到对应旋钮，按“meas prmtr”，通过上下键选择对应的测试功能（R、I、R_s/R_v）。

(3) 设置充电时间：按“blue”蓝色键，再按“blue”蓝色键，再按“seq mode”键，选择 chrg 并按“ENTER”数字键设置时间，一般为 60s，然后按“enter”。

(4) 选择单次测量：按“seq mode”键，选择“single”，按“enter”。

(5) 按“trig”进行测试，60s 后屏幕显示数据。

四、注意事项

1. 试样与电极应加以屏蔽（将屏蔽箱合上盖子），否则，由于外来电磁干扰而产生误差，甚至因指针不稳定而无法读数。

2. 测试时，人体不可接触红色接线柱，不可取试样，因为此时“放电-测试”开关处在“测试位置”，该接线柱与电极上都有测试电压，危险！

3. 在进行体积电阻和表面电阻测量时，应先测体积电阻再测表面电阻，反之由于材料被极化而影响体积电阻。当材料连续多次测量后容易产生极化，会使测量工作无法进行下去，出现指针反偏等异常现象，这时须停止对这种材料的测试，置于净处 8～10h 后再测量或者放在无水酒精内清洗、烘干、冷却后再进行测量。

五、数据处理

体积电阻率

$$\rho_v = R_v(A/h)$$

$$A = (\pi/4)(d_1+g)^2 \qquad (1\text{-}25\text{-}2)$$

式中，ρ_v为体积电阻率，Ω·m；R_v为测得的试样体积电阻，Ω；A 为测量电极的有效面积，m^2；d_1为测量电极直径，m；h 为绝缘材料试样的厚度，m；g 为测量电极与保护电机间隙宽度，m。

表面电阻率 ρ_s

$$\rho_s = R_s(P/g) \qquad (1\text{-}25\text{-}3)$$

$$P = \pi(d_1+g) \qquad (1\text{-}25\text{-}4)$$

式中，ρ_s为表面电阻率，Ω；R_s为试样的表面电阻，Ω；P 为特定使用电极装置中被保护电极的有效周长，m；g 为两电极间的距离，m；d_1为测量电极直径，m。

六、高阻计的操作实训

测量聚酯、聚氯乙烯、聚乙烯及聚丙烯薄膜的表面电阻。

实验 1-26　氧指数测定仪

一、氧指数测定仪的用途

物质燃烧时，需要消耗大量的氧气，不同的可燃物燃烧时需要消耗的氧气量不同，通过对物质燃烧过程中消耗最低氧气量的测定，计算出物质的氧指数值，可以评价物质的燃烧性能。所谓氧指数（oxygen index，OI），是指在规定的试验条件下，试样在氧氮混合气流中，维持平稳燃烧（即进行有焰燃烧）所需的最低氧气浓度，以氧所占的体积分数的数值表示(即在该物质引燃后，能保持燃烧 50mm 长或燃烧时间 3min 时所需要的氧、氮混合气体中最低氧的体积百分比浓度)。一般认为，OI＜22 的属易燃材料，22≤OI＜27 的属可燃材料，OI≥27 的属难燃材料。氧指数测定仪就是用来测定物质燃烧过程中所需氧的体积百分比。

二、氧指数测定仪的工作原理

氧指数的测试方法，就是把一定尺寸的试样用试样夹垂直夹持于透明燃烧筒内，其中有按一定比例混合的向上流动的氧氮气流。点着试样的上端，观察随后的燃烧现象，记录持续燃烧时间或燃烧过的距离，试样的燃烧时间超过 3min 或火焰前沿超过 50mm 标线时，就降低氧浓度；试样的燃烧时间不足 3min 或火焰前沿不到标线时，就增加氧浓度，如此反复操作，从上下两侧逐渐接近规定值，至两者的浓度差小于 0.5%。

氧指数仪（如图 1-26-1），燃烧筒为一耐热玻璃管，高 450mm，内径 75～80mm，筒的下端插在基座上，基座内填充直径为 3～5mm 的玻璃珠，填充高度 100mm，玻璃珠上放置一金属网，用于遮挡燃烧滴落物。试样夹为金属样夹，对于薄膜、纺织材料，应使用 140mm×38mm 的 U 型试样夹。流量控制系统由压力表、稳压阀、调节阀、转子流量计及管路组成。流量计最小刻度为 0.1L/min。点火器是一内径为 1～3mm 的喷嘴，火焰长度可调，试验时火焰长度为 10mm。

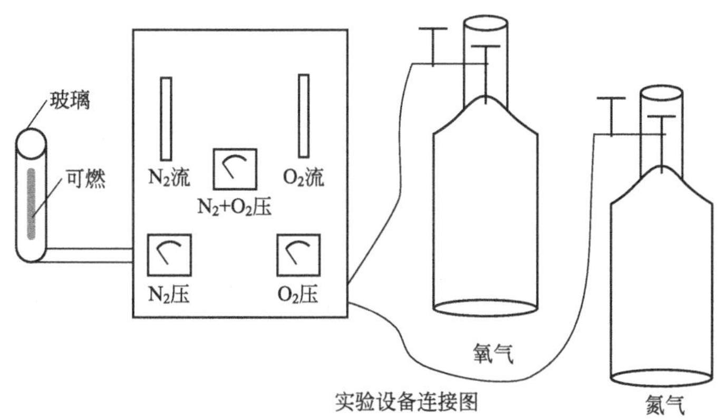

图 1-26-1　氧指数测定仪设备连接图

三、氧指数测定仪的操作

以南京江宁区分析仪器厂 HC-2 型氧指数测定仪为例。

1. 检查气路：确定各部分连接无误，无漏气现象。

2. 确定实验开始时的氧浓度：根据经验或试样在空气中点燃的情况，估计开始实验时的氧浓度。如试样在空气中迅速燃烧，则开始实验时的氧浓度为18%左右；如在空气中缓慢燃烧或时断时续，则为21%左右；在空气中离开点火源即马上熄灭，则至少为25%。根据经验，确定该样品氧指数测定实验初始氧浓度为26%。氧浓度确定后，在混合气体的总流量为10L/min的条件下，便可确定氧气、氮气的流量。例如，若氧浓度为26%，则氧气、氮气的流量分别为2.5L/min和7.5L/min。

3. 安装试样：将试样夹在夹具上，垂直地安装在燃烧筒的中心位置上（注意要划50mm标线），保证试样顶端低于燃烧筒顶端至少100mm，罩上燃烧筒（注意燃烧筒要轻拿轻放）。

4. 通气并调节流量：开启氧、氮气钢瓶阀门，调节减压阀压力为0.2～0.3MPa（由教员完成），然后开启氮气和氧气管道阀门（在仪器后面标注有红线的管路为氧气，另一路为氮气，应注意：先开氮气，后开氧气，且阀门不宜开得过大），然后调节稳压阀，仪器压力表指示压力为（0.1±0.01）MPa，并保持该压力（禁止使用过高气压）。调节流量调节阀，通过转子流量计读取数据（应读取浮子上沿所对应的刻度），得到稳定流速的氧、氮气流。应注意：在调节氧气、氮气浓度后，必须用调节好流量的氧氮混合气流冲洗燃烧筒至少30s（排出燃烧筒内空气）。

5. 点燃试样：用点火器从试样的顶部中间点燃，勿使火焰碰到试样的棱边和侧表面。在确认试样顶端全部着火后，立即移去点火器，开始计时或观察试样烧掉的长度。点燃试样时，火焰作用的时间最长为30s，若在30s内不能点燃，则应增大氧浓度，继续点燃，直至30s内点燃为止。

6. 确定临界氧浓度的大致范围：点燃试样后，立即开始计时，观察试样的燃烧长度及燃烧行为。若燃烧终止，但在1s内又自发再燃，则继续观察和计时。如果试样的燃烧时间超过3min，或燃烧长度超过50mm（满足其中之一），说明氧的浓度太高，必须降低，此时记录实验现象记“×”；如试样燃烧在3min和50mm之前熄灭，说明氧的浓度太低，需提高氧浓度，此时记录实验现象记“O”。如此在氧的体积百分浓度的整数位上寻找这样相邻的四个点，要求这四个点处的燃烧现象为“OO××”。例如，若氧浓度为26%时，烧过50mm的刻度线，则氧过量，记为“×”，下一步调低氧浓度，在25%做第二次，判断是否为氧过量，直到找到相邻的四个点为氧不足、氧不足、氧过量、氧过量，此范围即为所确定的临界氧浓度的大致范围。

7. 在上述测试范围内，缩小步长，从低到高，氧浓度每升高0.4%重复一次以上测试，观察现象，并记录。

8. 根据上述测试结果确定氧指数OI，并记录在表1-26-1。

表1-26-1　实验数据记录表

实验次数										
氧浓度/%										
氮浓度/%										
燃烧时间/s										
燃烧长度/mm										
燃烧结果										

四、氧指数测定仪的操作实训

测定长条状聚丙烯材料的氧指数。

实验 1-27　热导率测定仪

一、热导率测定仪的用途

热导率测定仪检测各种匀质板状绝热保温材料及非良导热材料的热导率。热导率是用来衡量材料的导热特性和保温性能的重要指标。材料的热导率和材料的性能、成分、含湿率、时间、平均温度、温差以及所经历的热状态等一系列因素有关。热导率的精确测定对工业生产、科研等各个领域都有重要意义。

二、热导率测定仪的工作原理

试验设备是根据在一维稳态情况下通过平板的热流量 Q 和平板两面的温差 Δt 成正比，和平板的厚度 δ 成反比，以及和热导率 λ 成正比的关系来设计的。

我们知道，通过薄壁平板（壁厚小于十分之一壁长和壁宽）的稳定热流量为：

$$Q=\frac{\lambda}{\delta}\Delta tF \quad [\mathrm{W}] \tag{1-27-1}$$

测定时，如果将平板两面的温差 $\Delta t=t_{\mathrm{R}}-t_{\mathrm{L}}$ 平板厚度 δ、垂直热流方向的导热面积 F 和通过平板的热流量 Q 测定，就可以根据下式得出热导率：

$$\lambda=\frac{Q\delta}{\Delta tF}[\mathrm{W/(m \cdot ℃)}] \tag{1-27-2}$$

需要指出，上式所得的热导率是在当时的平均温度下材料的热导率值，此平均温度为：

$$t=\frac{1}{2}(t_{\mathrm{R}}+t_{\mathrm{L}}) \quad [℃] \tag{1-27-3}$$

在不同的温度和温差条件下测出相应的 λ 值，然后将 λ 值标在 λ-$\bar{t}$ 坐标图内，就可以得出 $\lambda=f(\bar{t})$ 的关系曲线。图 1-27-1 是仪器的外观图。

TC 3000E 热导率测定仪主要技术参数：

测量原理：瞬态热线法。

测量范围：0.001～10.0W/(m·K)。

分辨率：0.0005W/(m·K)。

准确度：±3%。

重复性：±3%。

温度范围：室温。

测量时间：1～20s。

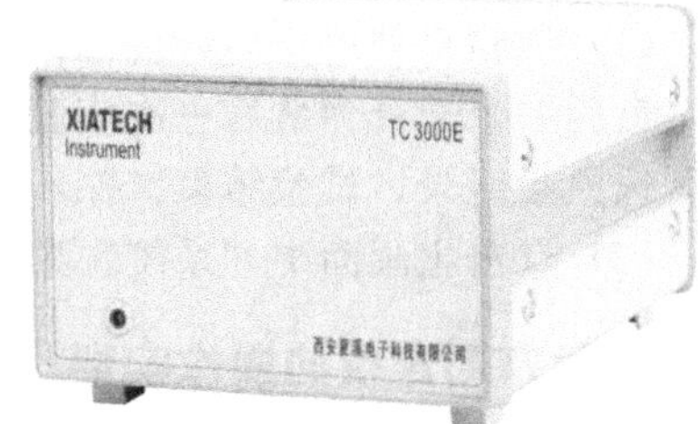

图 1-27-1　TC 3000E 热导率测定仪

样品形状：块状、片状、膏状、粉末、颗粒、胶体、液体均可（圆形、方形、不规则形状均可，对形状无限制）。

样品尺寸：厚度≥0.3mm，边长≥25mm，无需将尺寸带入计算。

数据传输：USB。

外形尺寸：350mm×250mm×150mm。

三、热导率测定仪的操作

以西安夏溪电子科技有限公司 TC 3000E 热导率测定仪为例。

1. 检测准备

（1）试件的数量：按设备装置结构要求采用双试件进行检测。

（2）试件尺寸：长×宽×厚应符合相关规范及设备装置结构要求。

（3）含水试样应干燥后，再进行检测。

2. 试验操作

设备操作：接通电源，按下控制柜上“电源”按钮，电源指示灯亮，打开气泵直至开关装置能打开为止。然后点动“左开”、“左关”、“右开”、“右关”按钮即可打开或关闭试件装夹装置，以便实验人员安装和拆卸试件。

3. 软件操作

（1）连接好计算机系统，接通电源，启动计算机进入操作系统，双击“热导率”图标进入自动控制系统。

（2）点击“退出”按钮退出操作系统，点击“测试”进入主画面。

（3）点击“测试”菜单下“数据设定”即可进行数据设定。

（4）点击数据设定窗口中“系统”菜单下“退出”回到主画面。

（5）点击“测试”菜单下“开始”即可进入实验状态。

4. 试验开始

（1）点击“系统”菜单下“手动”即可打开手动控制画面。

（2）按下主画面中“温度曲线”按钮进入温度曲线画面，在此界面中可以查看各路温度值，及其变化趋势。

（3）按下主画面中“功率曲线”按钮进入功率曲线画面，在此界面中可以查看功率值，及其变化趋势。

（4）点击主画面“测试”菜单下“采样值”即可进入测试记录画面。

（5）点击主画面“测试”菜单下“测试结果”下“测试记录”即可进入测试记录画面。

5. 试验结束

（1）试验自动停止后，在测试记录画面中点击“记录选择”，可以选择各次实验原始记录，最后一个记录为最后一次实验原始记录。按下画面中“系统”菜单下“打印”即可打印出所选原始记录，试验结束。

（2）点击主画面中“系统”菜单下“退出”即退出主画面。

四、热导率测定仪的操作实训

测量环氧树脂、聚苯乙烯泡沫及无纺布的热导率。

实验 1-28 透气度测试仪

一、透气度测试仪的用途

Gurley 透气度仪是多种材料孔隙性、透气性和气阻的标准测试方法，可用于造纸、纺织、无纺布和塑料膜等生产的质量控制和研究开发。4110 型是测量透气性最常用的设备。

二、透气度测试仪的工作原理

透气度测试仪的工作原理是在稳定的压力下，测定一定体积的气体（25～300mL）流过特定面积的试样所需的时间。仪器主要由一个具有标准直径和标准质量的内层气缸、装有密封油的外层气缸标准垫片［垫片中间带有 1in^2（1in＝2.54cm）的小孔］、旋转手柄、支架等组成。外层气缸的内筒中有一个管型的气体流道，内层气缸在装有密封油的外层气缸中自由滑动，利用内层气缸的自重提供一定的压力，滑动的过程中两个气缸之间的压缩空气通过垫片中间的小孔排出，内层气缸上有刻度显示压缩空气的体积。图 1-28-1 是仪器的外观图。

主要技术参数：

气体体积：25～300mL。

测试面积：1in^2。

图 1-28-1 Gurley4110 透气度测试仪

三、透气度测试仪的操作

以美国特洛伊公司 4110 透气度测试仪为例。

1. 测试之前必须保证样品无褶皱、无油污、无杂质及灰尘等。

2. 在样品的不同位置取三块样品，大小大于中心孔的直径，最好能覆盖垫片，使仪器与样品的密封性能良好，防止气体泄漏。

3. 将内层气缸放置到最高位置，用支架支撑。

4. 旋转手柄逆时针旋转，使标准垫片的下台面部分向下运动，将取号的样品放在台面上，顺时针旋转手柄，使台面上升，使下台面、样品及上台面密切贴合。

5. 将内层气缸放下缓慢运动，当气缸移动到某一刻度开始计时，当气缸下降到另一刻度停止计时（两个刻度之间可以是 25mL、50mL 或者 100mL)，将所记录的时间换算成 100mL 的时间即为该标准样片的透气时间（为了减少误差，每次读数的两个刻度固定）。

6. 一只手扶着内层气缸，另一只手旋转手柄，将内层气缸慢慢放下，并取出测试的样品（不可只旋转手柄放气体而使内层气缸自然下落，这样有可能使密封油溅落，并且会损伤仪器的使用寿命）。

四、透气度测试仪操作使用注意事项

1. 仪器停止使用时，应将内层气缸放置到最高位置，用支撑架支撑（若放置到最低位太久，有可能使密封油液位上升，将油流入外层气缸内筒的空气流道中）。

2. 仪器停止使用时，必须用防护罩将仪器覆盖，避免灰尘或杂质落入标准垫片之间。

3. 仪器在使用一段时间之后，必须清理落入标准垫片之间的灰尘或杂质，先用洗耳球吹拭样品台面，然后用细棉花蘸酒精擦拭，自然晾干（切不可用粗糙或者磨砂的布、手指去擦拭样品台）。

4. 仪器在使用半年之后，将内层气缸拿下，检查密封油的液位，若液位明显低于刻度线时要增加密封油至刻度线附近。

5. 仪器表面有灰尘或者脏东西要用干净的布擦拭，特别是注意内层气缸的表面，若不清洁杂质可能带入密封油中，影响内外层气缸的润滑。

五、透气度测试仪的操作实训

分别测定 PP、PE 微孔膜的空气透过时间。

实验 1-29 雾度透光率仪

一、雾度透光率仪的用途

聚合物薄膜材料在包装、电子电气、分离提纯、医药医疗等领域已得到广泛应用。常见的聚合物膜材料包括：聚乙烯（PE）膜、聚对苯二甲酸乙二醇酯（PET）膜、聚氯乙烯（PVC）膜、聚偏二氟乙烯（PVDF）膜等。薄膜的光学性能、摩擦系数以及电性能等直接影响到聚合物膜材料的使用，如电子仪器塑料面罩材料的透光率、包装塑料薄膜光学性能以及包装物的易开启性等对这些性能都有具体要求，这些性能的测试涉及高分子物理的理论和相关知识。本实验对几种常用聚合物膜材料进行透光率、雾度测试。对已工业化生产的一些聚合物膜材料的光学性能有一定了解。

二、雾度透光率仪的实验原理

透光率和雾度是透明塑料薄膜的两项十分重要的光学指标，如有的食品包装薄膜就要求透光率大于90%，雾度小于2%。一般来说，塑料薄膜透光率越高，雾度会越低。但也有少数聚合物薄膜相反，如类似毛玻璃等的薄膜，透光率很高，雾度也很高。

$$透光率=T_1/T\times100\% \tag{1-29-1}$$

$$雾度=T_2/T_1\times100\% \tag{1-29-2}$$

透光率指透过薄膜的光通量（T_1）与入射的光通量（T）之比的百分数，见图1-29-1。雾度（浊度）指不清晰的程度，是材料因为光散射造成的云雾状或混浊的外观，以透过薄膜后所有散射（偏离入射角2.5°以上）光通量合计（T_2）与透过薄膜的光通量（T_1）之比的百分数表示，可参考GB/T 2410—2008《透明塑料透光率和雾度的测定》。

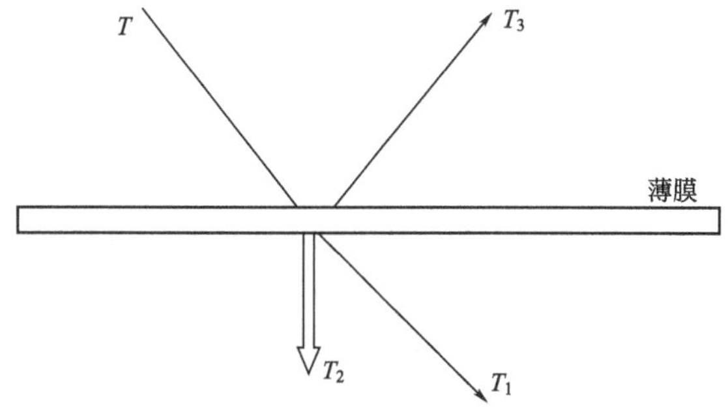

图1-29-1 聚合物膜材料的光路图

检测透光率比较容易。而雾度检测因为涉及到各个方向的光通量，把所有偏离2.5°以上的光线收集起来，然后再用传感器进行感应，才能把T_2计算出来，这就需要一种设备，把各个方向的光线收集起来，这就需要利用积分球技术。该设备是通过一个球形的反射内面，把来自各个方向的光线反射到同一点。从而达到收集光通量（T_2）的目的。

三、雾度透光率仪的操作

以上海精科有限公司WGT-S雾度透光率仪为例，见图1-29-2。

图 1-29-2　透过率/雾度测试仪

1. 样品制备

聚合物膜材料表面容易产生静电，因此容易吸附灰尘等杂质，这对测试结果会产生很大影响。样品需经净化处理：每种市售和自制聚合物薄膜（PET 薄膜、LDPE 薄膜和 PMMA 薄膜）均裁取 20cm×8cm 样品 6 片，分别利用水，丙酮做试剂，在超声波条件下洗涤 5min，干燥备用。注意保持试样平整、无皱纹和伤痕，边缘圆滑。所处理的聚合物膜样品先用于光学性能测试后无需再处理可直接进行摩擦系数测定。

2. 聚合物膜光学性能测试

（1）仪器准备

将透光率/雾度测试仪接好电源插头，旋下镜头保护盖，检查物镜。将薄膜磁性夹具安装于测试仪器上。打开控制箱的电源开关，机器预热，准备指示灯（ready）显示黄光，不久“ready”灯显示绿色。左边读数窗出现“P”，右边出现“H”并发出声音。在空白样品下按“测试”开关，仪器将显示“P100.00”和“H0.00”，在此条件下仪器预热稳定 10min。如非此表示，说明光源预热不够，可重新关电源后再开机。

（2）测试

① 装上样品，注意需利用薄膜磁性夹具将薄膜拉平，薄膜一面紧贴积分球。

② 按测试钮，指示灯转为红光，不久在显示屏上显示透光率和雾度数值，前者显示单位为 0.1%，后者为 0.01%。待指示灯转为绿光，记录数据。重按测试按钮进行重复测试 3 次。

③ 更换样品前，先按“测试”按钮测空白样，然后重复上述步骤进行测试。

④ 关闭仪器，清洁实验操作台面。

四、雾度透光率仪的操作实训

分别测定聚丙烯、聚乙烯、聚酯薄膜及聚甲基丙烯酸甲酯片的雾度透光率。

实验 1-30　摩擦系数测试仪

一、摩擦系数测试仪的用途

摩擦系数仪适用于测量塑料薄膜和薄片、橡胶、纸张、纸板、编织袋、织物、通信电缆光缆用金属材料复合带、输送带、木材、涂层、刹车片、雨刷、鞋材、轮胎等材料滑动时的静摩擦系数和动摩擦系数。

二、摩擦系数测试仪的工作原理

摩擦系数是各种材料的基本性质之一。当两个相互接触的物体之间有相对运动或相对运动趋势时，其接触表面上产生的阻碍相对运动的机械作用力就是摩擦力。某种材料的摩擦性能可以通过材料的动静摩擦系数来表征。静摩擦力是两接触表面在相对移动开始时的最大阻力 F_s，其与法向力（垂直施加于两个接触表面的力 F_p）之比就是静摩擦系数 U_s。

$$U_s=F_s/F_p \tag{1-30-1}$$

动摩擦力是两接触表面以一定速度相对移动时的阻力 F_d，其与法向力 F_p之比就是动摩擦系数 U_d。

$$U_d=F_d/F_p \tag{1-30-2}$$

摩擦系数的检测方法相对来讲比较统一：使用一个试验板（安置在水平操作台上），将一个试样用两面胶或其他方式固定在试验板上，另一试样裁切合适后固定在专用滑块上，然后将滑块按照具体操作说明放置在试验板上第一个试样的中央，并使两试样的试验方向与滑动方向平行且测力系统恰好不受力。通常采用图 1-30-1 形式的检测结构。测试力的第一个峰值为静摩擦力 F_s，两试样相对移动 6cm 内的力的平均值为动摩擦力 F_d。

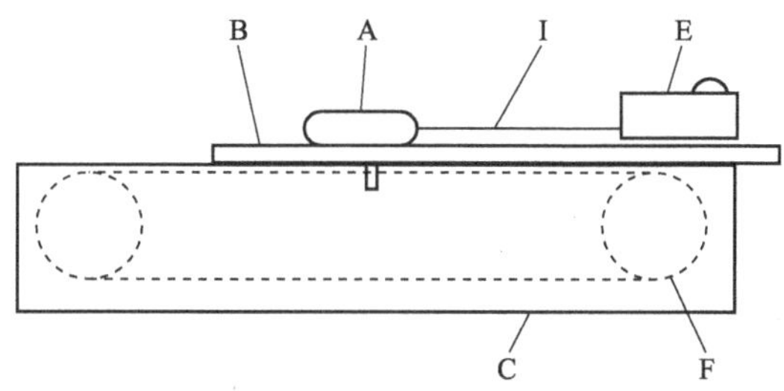

图 1-30-1　聚合物摩擦系数检测装置示意

A—滑块；B—实验板；C—支持底座；E—测力系统；
F—恒速驱动系统；I—钢丝绳或弹簧

三、摩擦系数测试仪的操作步骤

以济南兰光机电技术有限公司 MXD-02 摩擦系数测试仪为例，如图 1-30-2。

1. 仪器准备

(1) 接通电源，开启仪器。

(2) 装夹平台试样：轻轻提起“试样夹持块”将平台试样置于其下方，放下夹持块，注意试样不平整需用胶带固定。

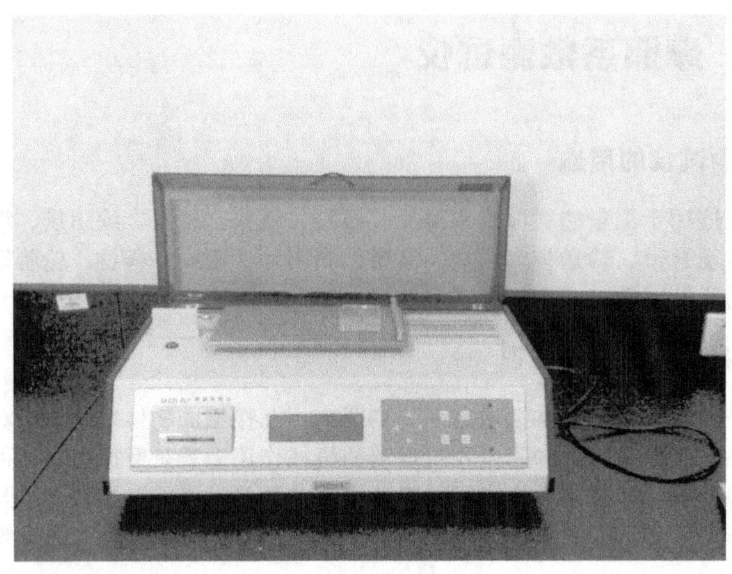

图 1-30-2　摩擦系数测试仪

（3）装夹滑块试样：用试样包住滑块，用胶带在滑块前沿和上表面固定试样。

2. 测试

（1）将固定有试样的滑块轻放于平台试样中央，要求钢丝绳或弹簧接近拉直。

（2）进入仪器测试界面，按“测试”键开始实验，试验界面中的 T 开始计数。“结束”指示灯亮表明实验结束，记录数据。

（3）更换样品再重复操作。

（4）实验结束，关闭仪器电源。清洁实验操作台面。

四、摩擦系数测试仪的操作实训

分别测定各种聚乙烯、聚丙烯、聚氯乙烯薄膜及有机玻璃等的摩擦系数。

实验 1-31　熔体指数测试仪

一、熔体指数测试仪的用途

熔体指数测试仪，也叫熔体指数仪，用于测定各种树脂在黏流状态时熔体指数，熔体指数是指在一定的温度和压力下，聚合物熔体在 10min 内流过一个规定直径和长度的标准毛细管的质量，单位为 g/10min。熔体指数是一个选择塑料加工材料和牌号的重要参考依据，能使选用的原材料更好地适应加工工艺的要求，使制品在成型的可靠性和质量方面有所提高。另一方面，在塑料加工中，熔体指数是用来衡量塑料熔体流动性的一个重要指标。通过测定塑料的熔体指数，可以研究聚合物的结构因素。

熔体指数测试仪既适用于熔融温度较高的聚碳酸酯、聚芳砜、氟塑料、尼龙等工程塑料，也适用于聚乙烯（PE）、聚苯乙烯（PS）、聚丙烯（PP）、ABS 树脂、聚甲醛（POM）树脂等熔融温度较低的塑料测试，广泛地应用于塑料生产、塑料制品、石油化工等行业以及相关院校、科研单位和商检部门。

二、熔体指数测试仪工作原理

熔体指数测试仪适用质量法熔体指数的测定，其数值可以表征热塑性塑料在熔融状态时的黏流特性。

仪器构造：主要由加热炉和控温系统两部分组成，仪器下部的控制箱内为控温系统部分，它采用单片机调功率控温方式，抗干扰能力强、控温精度高、控制稳定。上部是加热炉，炉内加热丝按一定规律缠绕在铜棒上，使温度梯度为最小，以满足标准要求。操作控制箱上的控制面板，对加热炉的试验温度进行设定。图 1-31-1 是 KRZ450 型熔体指数仪的外观。

图 1-31-1　KRZ450 型熔体指数仪

产品技术参数：

1. 温度控制范围：100～450℃。
2. 温度误差：±0.5℃。
3. 波动：±0.5℃。
4. 4h 漂移：≤0.5℃。
5. 温度分布：≤0.5℃。
6. 分辨率：0.1℃。
7. 加料后料筒温度恢复时间：≤4min。
8. 计时钟范围：0～6000s。
9. 分辨率：0.1s。
10. 切割装置：自动定时切割（2～1000s），任意切割、具备点动切割、手动切割功能。
11. 口模内径：ϕ2.095mm±0.005mm，料筒内径：ϕ9.550mm±0.025mm。
12. 负荷：精度：≤±0.5%国家标准样品（PE）试验，重复精度≤2%，准确度：≤5%。
13. 测定范围：0.1～100g/10min。

14. 电源：交流单相220±10%，50Hz，3A。

15. 外形尺寸：长×宽×高=550mm×430mm×730mm。

16. 主机质量：约65kg。

三、熔体指数测试仪的操作

以深圳市科比试验设备有限公司KRZ450型熔体指数仪为例。

1. 调整机身底部的地脚螺钉，将仪器调至水平。清洁仪器、工作台和工具（注：在调整水平时，炉体不许通电加热，以免烧坏水平仪）。

2. 试样准备，试样形状：颗粒、小块、薄片等形状。

3. 把联接口模挡板的推拉杆向内推进，将口模及压料杆放入炉体中。

4. 插上电源插头，打开控制面板上的电源开关，电源指示灯亮。

5. 在试验参数设定页设定恒定温度点、取样时间间隔、取样次数、加载负荷。

6. 在进入试验主页后，按“启动”键，仪器开始升温，当温度稳定到设定值后(至少15min)。

7. 恒温15min后，带上准备好的隔热手套（防止烫伤）取出压料杆，将事先准备好的试样用装料斗和压料杆逐次装入并压实在料筒中，然后将压料杆重新放入料筒中，4min后，即可把标准规定的试验负荷加到活塞上，将压料杆下降到其上的下环行标记与导套的上表面相平。

8. 试样的切取，将取样盘放在出料口下方，刮料按所设定次数及取样时间间隔自动刮料（注：取样应在压料杆上的上下环形标记之间进行）。

9. 结果计算。选取5～7个无气泡样条，冷却后，置于天平上，分别称其质量（准确至0.01g），取其平均值（样条最大值最小值不能超过平均值的10%）。

10. 试验后，应进行清理工作，步骤如下。

(1) 待料筒内的料全部挤出后，带上准备好的手套（防止烫伤）取下砝码和压料杆，并把压料杆清洗干净。

(2) 把联接口模挡板的推拉杆向外拉出，用清料杆顶出口模，用口模清理棒清理口模孔里的试验料，再用纱布条在小孔内往复擦拭，直到干净为止。同时把清料杆清洗干净。

(3) 用洁净的白纱布，绕在料筒清料杆上，趁热擦拭料筒，擦干净为止。[注：以上操作都要趁热进行，对一些难清洗的试样可适当加些润滑物（如硅油、石蜡或其他化学试剂）辅助清洗。]

11. 关闭仪器电源，拔下电源插头。

四、KRZ450型熔体指数测试仪操作使用注意事项

1. 液晶显示器上若出现异常显示时，应按“复位”按钮后，重新设定试验温度，并启动工作。

2. 异常现象发生，如不能控温，不能显示等，应关机，进行检修。

3. 清洗活塞杆时，不能用硬物刮削，以避免刮伤活塞杆。

4. 试验一次后要用白纱布将料筒里面的残物清洗干净后再测试，测试完毕后，将仪器清洗干净，台面整理干净。

五、熔体指数测试仪的操作实训

测定四个温度下（210℃、220℃、230℃、240℃）聚丙烯（PP）的熔体指数。

实验 1-32　毛细管流变仪

一、毛细管流变仪的用途

毛细管流变仪主要用于高聚物材料熔体流变行为的测试。毛细管流变仪可用于测量高分子熔体在毛细管中的剪切应力和剪切速率的关系，直接观察挤出物的外型，通过改变长径比来研究熔体的弹性和不稳定性，测定聚合物的状态变化等。对聚合物流变性能的研究，不仅可为加工提供最佳的工艺条件，为塑料机械设计参数提供数据，而且可在材料选择、原料改性方面获得有关结构和分子参数等有用的数据。也可用于测定热固性材料的流动性和固化速度，可绘制热塑性材料的应力应变曲线、塑化曲线，测定软化点、熔融点、流动点的温度。测定高聚物熔体的黏度及黏流活化性，还能研究熔融纺丝的工艺条件。

二、毛细管流变仪的工作原理

常用的流变测量仪器可分以下几种类型。毛细管流变仪主要用于高聚物材料熔体流变行为的测试。根据测量原理不同又可分为恒速型（测压力）和恒压力型（测流速）两种。通常的高压毛细管流变仪多为恒速型，塑料工业中常用的熔融指数仪属恒压力型毛细管流变仪的一种。转子型流变仪可根据转子几何构造的不同又分为锥-板型、平行板型（板-板型）、同轴圆筒型等。橡胶工业中常用的门尼黏度计可归为一种改造的转子型流变仪。混炼机型转矩流变仪实际上是一种组合式转矩测量仪。除主机外，带有一种小型密炼器和小型螺杆挤出机及各种口模。优点在于其测量过程与实际加工过程相仿，测量结果更具工程意义。

毛细管流变仪为目前发展得最成熟，典型的流变测量仪。其主要优点在于操作简单、测量准确、测量范围广（$\dot{\gamma}$：$10^{-1}/s \sim 10^{7}/s$）。使用毛细管流变仪不仅能测量物料的剪切黏度，还可通过对挤出行为的研究，讨论物料的弹性行为。

毛细管流变仪的基本构造如图 1-32-1 所示。其核心部分为一套精致的毛细管，具有不同的长径比（L/D）。料筒周围为恒温加热套，内有电热丝；料筒内物料的上部为液压驱动的柱塞。物料经加热变为熔体后，在柱塞高压作用下，强迫从毛细管中挤出，由此测量物料的黏弹性。

此外，仪器还配有高档的调速机构，测力机构，控温机构，自动记录和数据处理系统，有定型的或自行设计的计算机控制、运算和绘图软件，操作运用十分便捷。

三、毛细管流变仪的操作

以英国马尔文仪器有限公司 RH2000 毛细管流变仪为例。

1. 打开毛细管流变仪主机（右旋），然后打开电脑桌面上的“RheoWin”。

2. 打开“new test”，选择测试模式（或打开已有的模式）。

3. 设定测试所需的温度，点击页面下方的“manual control”，出现一对话框，选择温度计，在“temperature”对话框中输入实验温度后点击温度计标志，“ok”键确认。

4. 待设定温度已达到后，清洗料筒（左右两个，可用卫生纸），安装口模及毛细管（两个，一长一短）。长毛细管从料筒上用钢杆夹持下放，装料（过程中压实两次），温度稳定约 5min 后，点击“manual control”，校零（0.0 标志点击 80%）；然后下压（↓，速度：50），待两口模均有料被压出，停止下压。

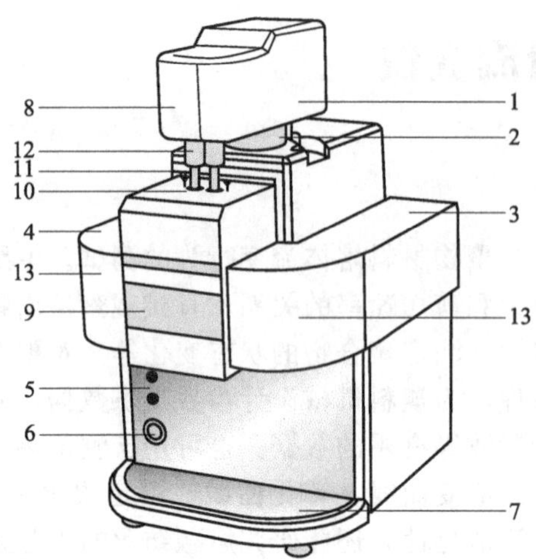

图 1-32-1 毛细管流变仪 RH2000 主机

1—横梁；2—导柱；3—压力传感器罩；4—急停按钮；5—控制按钮；6—急停按钮；7—盛料托盘；8—力传感器；9—贮料孔；10—加料孔；11—活塞；12—活塞连接罩；13—压力传感器

5. 定义实验条件，选择页面中的“define test”，设定试验温度，选择口模大小后，进行试验条件的选择，确认无误后按“ok”键确认。

6. “run test”开始实验。

7. 实验结束后，点击“save results”，出现保存对话框，选择保存路径后，在下方输入文件名点击保存。

8. 将多余的料压下（manual control，速度：50)，将活塞杆上升到最高位置（速度：−100)，取下活塞杆，口模及毛细管，清洗料筒。

9. 整个实验结束，导出数据，关电脑，关流变仪电源开关（左旋)。

四、毛细管流变仪的操作实训

分别测定聚丙烯（T30S）在 210℃、230℃和 250℃时剪切黏度与剪切速率的关系。

实验 1-33　旋转流变仪

一、旋转流变仪的用途

流变仪是用于测定流变性质的仪器。分为旋转流变仪、毛细管流变仪、转矩流变仪和界面流变仪。旋转流变仪易于清洗，加热快，可用于测试在相对较低剪切速率下聚合物熔体、浓溶液、悬浮液、乳胶等的流动曲线，还能测试流体的法向应力差。

二、旋转流变仪的工作原理

旋转流变仪主要有同轴圆筒式、锥板-平板式、平行板式和环板式等，其中前三种较为常见。

在平行平板测量系统中，一般下板固定，上板旋转，扭转流动发生在两个平行的圆盘之间（图 1-33-1）。当物料在平行平板间剪切流动时，物料对转子施加反作用力，这个力由测力传感器测量。其转矩值反映了物料黏度的变化。通过电机控制转子的转速，可以得到不同剪切速率下的剪切应力和黏度，作图得到流变曲线。

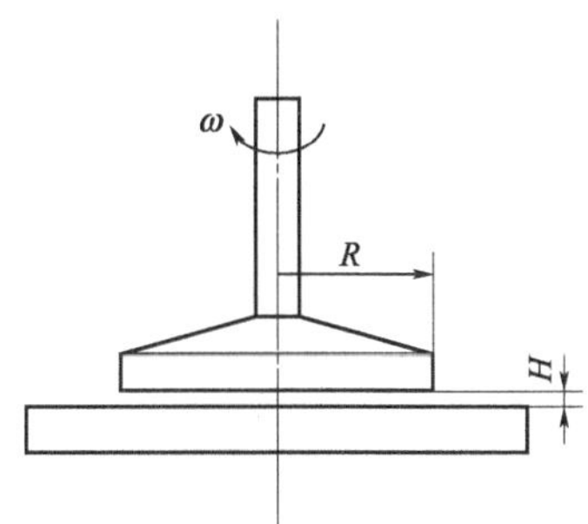

图 1-33-1　平行板测量系统

对扭转流动采用柱面坐标进行分析。非零剪切应力分量为 $\sigma_{Z\theta}$，作用在 z 面上，方向为 θ 方向，即切线方向。在扭转流动中，只有 θ 方向的流动，平板转子边缘的剪切速率为：

$$\frac{\mathrm{d}\gamma}{\mathrm{d}h}=\frac{R\omega}{H} \tag{1-33-1}$$

剪切应力为：

$$\sigma=\frac{2M}{\pi R^3} \tag{1-33-2}$$

式中，R 为平板转子的半径，H 为两板之间的距离，ω 为平板角速度，M 为施加的扭矩。得到测量黏度的基本公式为：

$$\eta=\frac{\sigma}{\mathrm{d}\gamma/\mathrm{d}h}=\frac{2MH}{\pi R^4\omega} \tag{1-33-3}$$

Physica MCR301 旋转流变仪如图 1-33-2 所示。其工作原理如图 1-33-3 所示，由以下几部分组成。

(1) 主机：电机、空气轴承、转矩传感器、位移传感器。

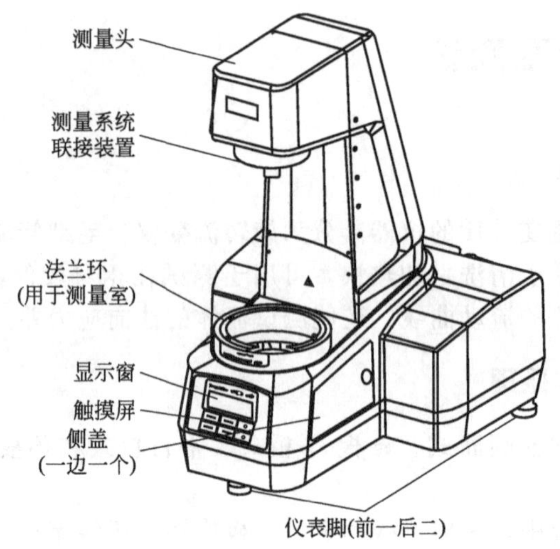

图 1-33-2　Physica MCR301 旋转流变仪结构示意

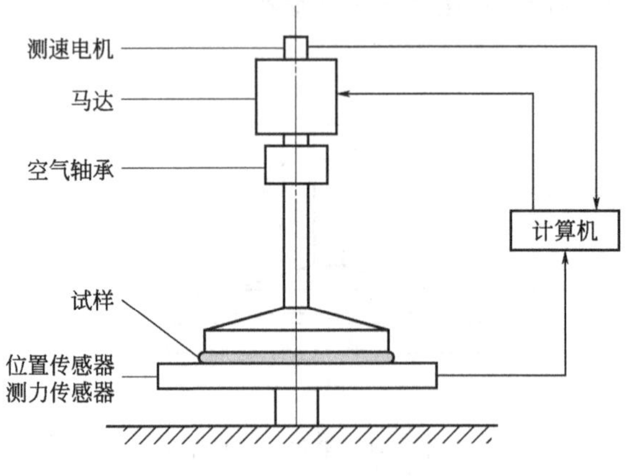

图 1-33-3　流变仪测量原理

(2) 测量系统：平行平板测量系统、同轴圆筒、固体 DMTA 测试夹。

(3) 控温装置：对流加热炉、帕尔贴（Peltier）加热系统、控温仪 CTD600。

(4) 性能指标：扭矩范围 0.02μN·m～200mN·m；转矩范围 10^{-7}～3×10^{3} r/min；频率范围 10^{-5}～10^{2} Hz；法向应力范围 0.01～50N；温度范围－150～600℃。

Physica MCR301 旋转流变仪控制方式有两种，既可以控制速率也可以控制应力。当进行流动曲线实验测试时，计算机将设定的应力信号输给电机，电机和平板转子之间有空气轴承传动，以保证平行平板位置的恒定和传动摩擦力趋于零。电机使平板转子旋转，使试样的剪切应力等于设定值，并将试样的应变值传给计算机。

三、旋转流变仪的操作

以奥地利 Anton Paar 公司 Physica MCR301 旋转流变仪为例。

1. 检查氮气是否足够，检查空压机、冷却液循环泵是否正常。正常后，将计算机开机。

2. 打开空压机开关，等待其工作压力达到预定值（没有响声）后，打开空压机的排污阀排水，结束后关闭阀门，再次等待空压机工作压力达到预定值。

3. 打开旋转流变仪主机和温控仪 TC30，耐心等待，直到流变仪主机面板显示“status：OK”，再进行下一步。

4. 打开流变仪软件（推荐在电脑硬盘找到需要的测试模板），在“Control”界面点击“Initialize”图标（暂不加载转子），等待“OK”出现（初始化完成），点击“lift position”等待“OK”出现，再加载转子，合上炉子。在同一界面“temperature”框中点击“set”设置测试温度，开始升温，观察温控仪 TC30 是否升温正常，打开冷却液循环泵（开冷却，开循环，屏幕显示“CEN”和“OUT1”），开氮气瓶的主阀至最大，减压阀 1 小格(0.1MPa)，观察流变仪气体流量计，“Heating”浮子在 1/2 位置，“Shafting cooling”浮子在 1/3 位置。

5. 温度达到设定值，点击“调节零间距”“Set zero Gap”，耐心等待“OK”出现。

6. 点击“lift position”使转子升起，等待“OK”出现，在两平行平板间加载好样品，合上炉子，等待样品熔融。点击“Measure position”，上板开始下降，观察流变仪“Normal force”值和“Gap”值。当“Gap”达到 1.05mm 时，开始打开炉子，刮样（动作要迅速），完成后合上炉子，点击“Continue”，转子继续下降，直至“Gap”值达到 1mm，点击“OK”。

7. 设置实验参数。在“Measurement Window”中选择实验参数（如剪切速率、温度、时间等）。点击工具栏最右测试按钮，设置文件名称，选择文件保存路径。点击“Start”，开始测试。

8. 测试结束，打开测试界面，将转子卡扣轻轻上推，点击“lift position”使转子升起，清理转子和载物台。

9. 重新设置实验条件（如有必要），进行下一个实验。

10. 整个实验完成，点击“temperature”中的“switch off”，关闭氮气瓶阀门，清理转子和载物台。等温度降低至 100℃，关闭流变仪和温控仪 TC30，再关闭冷却液循环泵和空压机，最后关闭计算机等所有设备电源。将转子放入盒中，旋上主机保护壳（不要太紧）。

四、注意事项

1. 测试中，氮气瓶主表压力小于 2MPa 时，请随时准备更换氮气瓶（关闭旧氮气瓶的主阀）。

2. 若流变仪炉子外壁过热，立即检查循环水是否正常（温度和制冷状态）。

五、旋转流变仪的操作实训

分别测定聚乙烯或聚丙烯等材料的流动曲线。材料一般热压成片，厚度 2mm，直径 25mm。原料应干燥，不含强腐蚀、强耐磨性组分，材质、粒度均匀。

实验 1-34　实验室密炼机

一、密炼机的用途

密闭式炼胶机简称密炼机，又称捏炼机，主要用于橡胶的塑炼和混炼。相比实验室开炼机，密闭式炼胶机是利用内部设计好的桨叶相对运动时产生的空间规律性收缩来产生剪切力，无需人工操作，节省劳动力，可以用来处理难塑化的材料。如 EVA 发泡鞋底、橡胶鞋底、TPR、鞋底、橡胶滚轮、橡胶海绵、轮胎、运动球类、橡皮圈、橡皮管、橡皮带、瓶塞、油封、防震橡胶、黏性胶带、松紧带、色母、油墨、电气橡胶零件、各类汽车橡胶制品及低烟无卤料、工程料等化学工业原料都可以通过密炼机进行混炼。

二、密炼机的工作原理

密炼机工作时，两转子相对回转，将来自加料口的物料夹住带入辊缝，物料受到转子的挤压和剪切，穿过辊缝后碰到下顶栓尖棱被分成两部分，分别沿前后室壁与转子之间缝隙再回到辊隙上方。在绕转子流动的一周中，物料处处受到剪切和摩擦作用，使炼的温度急剧上升，黏度降低，增加了橡胶在配合剂表面的湿润性，使橡胶与配合剂表面充分接触。配合剂团块随炼一起通过转子与转子间隙、转子与上、下顶栓、密炼室内壁的间隙，受到剪切而破碎，被拉伸变形的橡胶包围，稳定在破碎状态。同时，转子上的凸棱使胶料沿转子的轴向运动，起到搅拌混合作用，使配合剂在胶料中混合均匀。配合剂如此反复剪切破碎，胶料反复产生变形和恢复变形，转子凸棱的不断搅拌，使配合剂在胶料中分散均匀，并达到一定的分散度。由于密炼机混炼时胶料受到的剪切作用比开炼机大得多，炼胶温度高，使得密炼机炼胶的效率大大高于开炼机。

三、实验室密炼机操作方法

以常州苏研科技有限公司 SU-70B 实验室密炼机为例，见图 1-34-1。

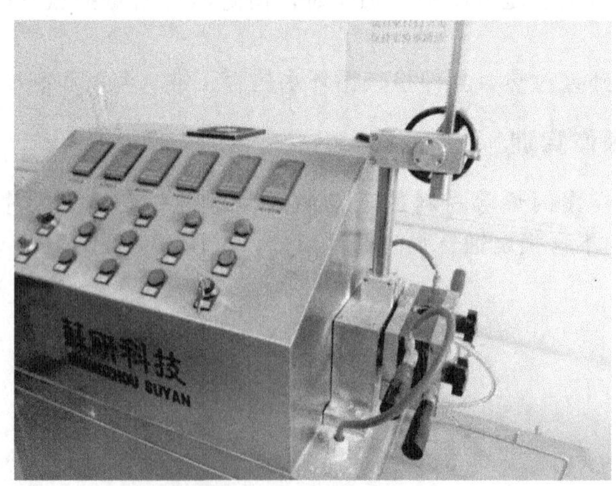

图 1-34-1　实验室密炼机

1. 按照密炼机密炼室的容量和合适的填充系数（0.6～0.7），计算一次炼胶量和实际配方。

2. 根据实际配方，准确称量配方中各种原材料的用量并分别放置，在置物架上按顺序排好（粉料可以先与基体树脂混合）。

3. 打开密炼机电源开关及加热开关，给密炼机预热，同时检查风压、水压、电压是否符合工艺要求，检查测温系统、计时装置、功率系统指示和记录是否正常。

4. 密炼机预热好后，稳定一段时间，准备炼胶。

5. 提起上顶栓，将原料依次从加料口投入密炼机，落下上顶栓，炼胶 3～5min。

6. 排料，将密炼室内的样品取出并清理干净。

7. 用洗料清洗密炼室内剩余样品，重复步骤 5～6。

四、密炼机操作使用注意事项

1. 定期检测密闭式练胶机各线路的绝缘效果，时刻注意机器警示牌上的警告内容。

2. 活动部位及密炼室堵塞时，切勿用手或铁棍伸入里面，而是用塑料棍去小心处理。

3. 接触密闭式练胶机高温部位时，请小心不要被烫伤。

4. 密闭式练胶机出现故障时第一时间内停止机器的动作，无关人员不得擅自做任何动作，通知并等待机修人员检查维修。

五、实验室密炼机的操作实训

三元乙丙橡胶混炼硫化。

实验 1-35 实验室开炼机

一、开炼机的用途

开放式炼胶机简称开炼机，又称双辊开炼机。橡胶工厂用来制备塑炼胶、混炼胶或进行热炼、出型的一种辊筒外露的炼胶机械。开炼机结构简单，制造比较容易，操作也容易掌握，维修拆卸方便，所以，在塑料制品企业广泛应用。不足之处是工人操作体力消耗很大，在较高温度环境中需要用手工混炼翻动混炼料，而手工翻转混炼塑料片的次数多少对原料混炼的质量影响较大。主要适用于硅橡胶制品、塑胶制品等。

二、开炼机的工作原理

主要工作部件是两异向向内旋转的中空辊筒或钻孔辊筒，装置在操作者一面的称作前辊，可通过手动或电动作水平前后移动，借以调节辊距，适应操作要求；后辊则是固定的，不能作前后移动。两辊筒大小一般相同，各以不同速度相对回转，生胶或胶料随着辊筒的转动被卷入两辊间隙，受强烈剪切作用而达到塑炼或混炼的目的。开炼机也用于塑料加工等部门中。图 1-35-1 为实验室开炼机外观图。

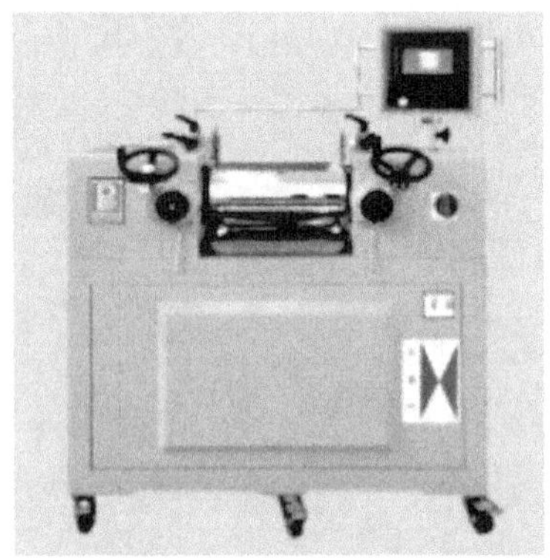

图 1-35-1 实验室开炼机

三、开炼机的操作

以东莞市宝轮精密检测仪器有限公司 BL-6175A 双辊开炼机为例。

1. 按照开炼机操作规程，利用加热、控温装置将辊筒预热（后辊约低 5～10℃），恒温 5min 后，开动辊筒机，调节辊间距为 4～6mm。将保护架装在仪器上（向右旋入装上，向左旋出卸下）。

2. 在辊隙上部加上初混物料，操作开始后从两辊间隙掉下来的物料应立即再加到辊隙上去，不要让其在底盘内停留时间过长，且注意经常保持一定的辊隙存料。待混合料已黏结成包辊的连续状料带后，适当松宽辊隙以控制料温和料带的厚度。

3. 塑炼过程中，用切割装置或铜刀不断地将料带从辊筒上拉下来折叠辊压，或者把物料翻过来沿辊筒轴向不同的位置重叠交叉再送入辊隙中，使各组分充分地分散，塑化均匀。当指针所指的数值过高或过低时，可变换转子和转速，务必使读数约在 30～90 格之间。

4. 辊压数分钟后，再将辊距调至 2～3mm 进行薄通 1～2 次，若观察物料色泽已均匀，截面上不显毛粒，表面已光泽且有一定强度时，辊压过程结束。迅速将塑炼好的料带成整片剥下，平整放置并剪裁成一定尺寸的片坯。

四、开炼机操作使用注意事项

1. 作业前准备工作。

2. 加料炼胶作业过程中密切注意操作安全。

3. 工作完毕后，关闭运转和加温的开关，然后切断电源，关闭水、气阀门并清理胶料。

4. 接触高温部位时，请小心不要被烫伤。

5. 活动部位及周边堵塞时，切勿用手或铁棍伸入里面，而是用塑料棍去小心处理。

6. 机器出现故障时第一时间内停止机器的动作，不得自作主张，通知并等待机修人员检查维修。

7. 防止一切导致机器损坏和工伤事故发生的因素。

五、实验室开炼机的操作实训

PVC 开炼塑化。

实验 1-36　压制成型实验机

一、压制成型实验机的用途

压制成型实验机是用于模压成型的设备，模压成型（又称压制成型或压缩成型）是先将粉状、粒状或纤维状的塑料放入成型温度下的模具型腔中，然后闭模加压而使其成型并固化的作业。模压成型可兼用于热固性塑料、热塑性塑料和橡胶材料，广泛应用于工业、农业、交通运输、电气、化工、建筑、机械等领域制造结构件、连接件、防护件和电气绝缘件等。由于模压制品质量可靠，在兵器、飞机、导弹、卫星上也都得到了应用。

二、压制成型实验机的原理

模压成型工艺是将一定量的模压料放入金属对模中，在一定的温度和压力作用下固化成型制品的一种方法。在模压成型过程中需加热和加压，使模压料塑化，流动充满模腔，并使树脂发生固化反应。在模压料充满模腔的流动过程中，不仅树脂流动而且增强材料也随之流动。模压成型工艺的成型压力要比其他工艺高，属于高压成型。因此它既需要有压力控制的液压机，又需要有高强度、高精度、耐高温的金属模具。

模压工艺是利用树脂固化反应中各阶段的特性来实现制品成型的过程。当模压料在模具内被加热到一定的温度时，其中树脂受热熔化成为黏流状态，在压力作用下黏裹纤维一起流动直至填满模腔，此时称为树脂的“黏流阶段”；继续提高温度，树脂发生化学交联，分子量增大，当分子交联形成网状结构时，流动性很快降低直至表现一定弹性，此时称为“凝胶阶段”；再继续受热，树脂交联反应继续进行，交联密度进一步增加最后失去流动性，树脂变为不溶不熔的体型结构，到达了“硬固阶段”。模压工艺中上述各阶段是连续出现的，其间无明显界限，并且整个反应是不可逆的。

模压成型的优点是生产效率高，制品尺寸精确表面光洁，一次成型。缺点是模具设计和制造较复杂，初次投资高，制件易受设备的限制，所以一般适用于大批量生产的小型复合材料制品。

不同的模压料品种其模压成型工艺参数各不相同。表 1-36-1 是不同模压料成型工艺参数。

表 1-36-1　不同模压料成型工艺参数

模压料品种	成型压力	成型温度与保温时间
酚醛模压料	30～50MPa	150～180℃;2～15min/mm
环氧酚醛类	5～30MPa	160～220℃;5～30min/mm
聚酯类	2～15MPa	引发剂的临界温度 40～70℃;0.5～1min/mm

为便于脱模，一般在模压时上模温度比下模温度高 5～10℃。模压制品在保温结束后，一般在压力下逐渐降温。除特殊要求外，采用冷却水强制冷却。

压制成型实验机的主要参数如下。

压力：60MPa。

行程：380mm。

功率：260kW。

工作层数：1 层。

三、压制成型实验机的操作

以宜兴市宜轻机械有限公司 QLB-D350×350×2 压制成型实验机为例，见图 1-36-1。

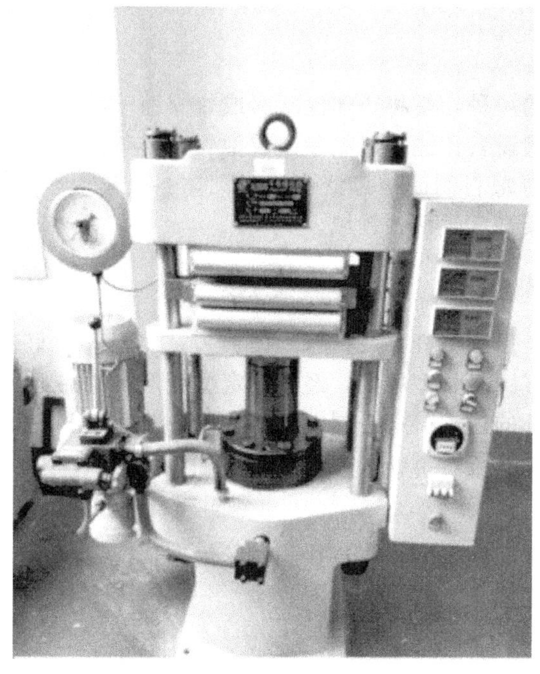

图 1-36-1　压制成型实验机

1. 模具清理，涂脱模剂，合模于压机平台上。

2. 制定模压参数，调试压机使上下平台面刚好与钢模接触，加温预热模具至所需温度（150℃）。

3. 按下式计算模压预浸料的用量：

$$G=(1+\gamma)\rho V \tag{1-36-1}$$

式中，γ 为损耗系数，取值 0.05；ρ 为模压成型后制品的密度，g/cm^3，材料密度 1.75～1.95；V 为模具型腔容积或制品实占空间体积，cm^3。

裁剪铺放时按模具面积的 70%～80%大小裁剪 SMC 片料，准确称取模压料，精确到 0.1g。模压料不应偏多或偏少，以免造成制品尺寸不能到位或缺陷。

4. 在 150℃下开模，迅速按片料铺放面积的整数倍正交叠合，剩余小料放中心位置。

5. 合模，加压至 5MPa，保温保压 5～8min 后降温至 60℃以下即可脱模。

6. 脱模，待样品充分冷却固化后，修边，去除毛边，称重，测量厚度，估算材料密度后将材料名称，模压参数，复材密度等写贴标签。

四、压制成型实验机的操作实训

模压一块尺寸：250mm×250mm×4.5mm 的 SMC 试样板。

实验 1-37 注塑机

一、注塑机的用途

注塑机是塑料机械的一种，是将热塑性塑料或热固性塑料利用塑料成型模具制成各种形状的塑料制品的主要成型设备。注塑机能一次成型外型复杂、尺寸精确或带有金属嵌件的质地密致的塑料制品，这些塑料制品被广泛应用于国防、机电、汽车、交通运输、建材、包装、农业、文教、卫生及日常生活各领域。

二、注塑机的工作原理

注塑机的工作原理是借助螺杆（或柱塞）的推力，将已塑化好的熔融状态（即黏流态）的塑料熔体注射入闭合好的模具型腔内，经固化定型后取得制品的工艺过程。

注射成型是一个循环的过程，每一周期主要包括：锁模-充模-保压-冷却-预塑化-开模取样。取出塑件后又再闭模，进行下一个循环。

1. 模具的闭合（锁模）

动模前移，快速闭合。在与定模将要接触时，依靠合模系统自动切换成低压，提供适合模压力、低速，最后切换成高压将模具合紧。

2. 充模（座进、射胶）

模具闭合后，注塑机机身前移使喷嘴与模具贴合。油压推动与油缸活塞杆相连接的螺杆前进，将螺杆头部前面已均匀塑化的物料以规定的压力和速度注射入模腔，直到熔体充满模腔为止。

螺杆作用于熔体的压力称为注射压力，螺杆移动的速度为注射速度。熔体充模顺利与否取决于注射压力和速度，熔体的温度和模具的温度等。这些参数决定了熔体的黏度和流动特性。注射压力是为了使熔体克服料筒、喷嘴、浇铸系统和模腔等处的阻力，以一定速度注射入模，一旦充满，模腔内压迅速到达最大值，充模速度则迅速下降。模腔内物料受压紧，密实，符合成型制品的要求。注射压力的过高或过低，造成充模的过量或不足，将影响制品的外观质量和材料的大分子取向程度。注射速度影响熔体填充模腔时的流动状态，速度快，充模时间短，熔体温差小，制品密度均匀，熔接强度高，尺寸稳定性好，外观质量好；反之，若速度慢，充模时间长，由于熔体流动过程的剪切作用使大分子取向程度大，制品各向异性。

3. 保压

熔体充模完全后，螺杆施加一定的压力、保持一定的时间，是为了模腔内熔体因冷却收缩而进行补料，使制品脱模时不致缺料，保压时螺杆将向前稍作移动。保压过程包括控制保压压力和保压时间的过程，它们均影响制品的质量。保压压力可等于或低于充模压力，其大小以达到补塑增密为宜。保压时间以压力保持到浇口凝封时为好。若保压时间不足，模腔内的物料会倒流，制品缺料；若时间过长或压力过大，充模量过多，将使制品的浇口附近的内应力增大，制品易开裂。

4. 冷却

保压时间到达后，模腔内熔体自由冷却到固化的过程，其间需要控制冷却的温度和时间。模具冷却温度的高低和塑料的结晶性、热性能、玻璃化温度、制品形状复杂与否及制品的使用要求等有关；此外，与其他的工艺条件也有关。模具的冷却温度不能高于高聚物的玻璃化温度或热变形温度。模温高，利于熔体在模腔内流动，于充模有利，而且能使塑料冷却速度均匀；模温高，利于大分子热运动，利于大分子的松弛，可以减少摩璧和形状复杂制品可能因为补塑不足、收缩不均和内应力大的缺陷；但模温高，生产周期长，脱模困难，是不适宜的。对于聚丙烯等结晶型塑料，模温直接影响结晶度和晶体的构型。采用适宜的模温，晶体生长良好，结晶速率也较大，可减少成型后的结晶现象，也能改善收缩不均、结晶不良的现象。

冷却时间的长短与塑料的结晶性、玻璃化转变温度、比热容、热导率和模具温度等有关，应以制品在开模顶出时既有足够的刚度而又不至于变形为宜。时间太长，生产率下降。

5. 塑料预塑化（熔胶）

制品冷却时，螺杆转动并后退，塑料则进入料筒进行塑化并计量，为下一次注射作准备，此为塑料的预塑化。

预塑化时，螺杆的后移速度决定于后移的各种阻力，如机械摩擦阻力及注射油缸内液压油的回泄阻力。塑料随螺杆旋转，塑化后向前堆积在料筒的前部，此时塑料熔体的压力称之为塑化压力。注射油缸内液压油回泄阻力，称为螺杆的背压。这两种压力的增大，塑料的塑化量都降低。

螺杆的背压影响预塑化效果，提高背压，物料受到剪切作用增加，熔体温度升高，塑化均匀佳好，但塑化量降低。螺杆转速低可延长预塑化时间。

螺杆在较低背压和转速下塑化需将螺杆输送计量的精确度提高。对于热稳定性差或熔融黏度高的塑料应选择转速低些；对于热稳定性差或熔体黏度低的则选择较低的背压。螺杆的背压一般为注射压力的 5%～20%。

塑料的预塑化与模具内制品的冷却定型同时进行，但预塑时间必定小于制品的冷却时间。

热塑性塑料的注射成型，主要是一个物理过程，但高聚物在热和力的作用下难免发生某些化学变化。注射成型应选择合理的设备和模具设计，制订合理的工艺条件，以使化学变化减少到最小的程度。

6. 取样（开模、顶进）

制品在模具内冷却后，装备开模并顶出制品。待开模至动模不动后，打开安全门，用顶针将制品顶出。

三、注塑机操作方法和步骤

以宁波海鹰塑料机械有限公司 HY600 注塑机为例。

1. 开机前的准备

在注塑机开机之前，必须做好充分的准备工作，以便及时发现异常和予以改正，防止开机时发生事故，必须做以下工作：

(1) 拆除合模部分的固定连接板（新机器在未使用时，装有固定连接板）。

(2) 检查各运动表面、拉杆、导轨、导杆，并保证清洁。

(3) 从外观检查各紧固件是否有松动现象，电路、水路、油路的连接是否可靠。

(4) 各电气元件和仪表是否有损坏。

(5) 各加热圈是否有松动现象，热电偶与料筒的接触是否良好。

(6) 检查油标的油液面位置是否满足要求。

(7) 按机器的操作要求加注润滑油。

2. 手动 CJ150 塑料注塑机操作步骤

(1) 开机，设定所需的温度，点击面板上的“电热”按钮，待温度稳定约需要 30min。

（2）待温度稳定在所设定温度后，点击面板上的“马达”按钮，赋予机器动力。

（3）关好安全门，点击面板上的“锁模”按钮，确认机器正常。

（4）如确认机器正常，则向料筒中加料，点击“熔胶”按钮，点击熔胶后机器螺杆开始旋转着向后退，同时喷嘴会有上一次残余的熔体流出（一般为黑色），待熔胶自动停止后，点击“座进”按钮。

（5）点“射胶”按钮，且一直不放，直到机器压力表上的压力降到0为止。

（6）点“熔胶”按钮，为下一次注射做准备，同时模具内塑件冷却，待冷却结束时，点击点“开模”按钮，然后点“顶进”按钮，取出制件，点“顶退”按钮。

（7）点“锁模”按钮，开始下一个循环。重复上述操作即可。

（8）注射成型结束后，将物料清空，并用聚乙烯注射至少四个样，确保机器干净，待料筒中无料后，点击马达，关闭机器，然后做好实验室清洁。

3. 半自动CJ150塑料注塑机操作步骤

（1）开机，设定所需的温度，点击面板上的“电热”按钮，待温度稳定约需要30min。

（2）待温度稳定在所设定温度后，点击面板上的“马达”按钮，赋予机器动力。

（3）关好安全门，点击面板上的“锁模”按钮，确认机器正常。

（4）如确认机器下常，则向料筒中加料，点击“熔胶”按钮，点击熔胶后机器螺杆开始旋转着向后退，同时喷嘴会有上一次残余的熔体流出（一般为黑色），待熔胶自动停止后，点击“座进”按钮。点“半自动”按钮，并手动开关一次安全门，然后机器会自动运行，每个周期只需开关一次安全门，并取出制件即可。

（5）注射成型结束后，将物料清空，并用聚乙烯注射至少四个样，确保机器干净，待料筒中无料后，点击马达，关闭机器，然后做好实验室清洁。

四、注塑机操作使用注意事项

1. 注意操作安全。每次操作开始，检查机器的安全装置一安全门可靠性。机器运转过程中，切记不可将手伸入锁模机构中，在取制品时一定要打开安全门。另外，在运转中，手亦不要伸入喷嘴和浇口之间，在清理或检修模具时，请关闭油泵电机。

2. 机器的液压系统压力已调试好，切不要随便改变液压元件的压力，以免发生危险。

3. 料筒从室温加热到所需要的温度大约需要30min，料桶内有残余冷料时，须再保温15min，才能启动螺杆进行加料，以保证残余料的充分熔融，避免损伤螺杆。

4. 塑化加料初期，螺杆和料筒内尚无料时，不可采用高的螺杆转速（应在50r/min以下），待原料充满螺杆槽（熔料由喷嘴口挤出）时，再将螺杆转速升高到需要的数值，以免因空转速度过高或时间过长而损伤螺杆和料筒。

5. 机器的润滑，需用机油润滑处应每天加一次，特别是锁模部分的连杆销和钢套，一旦长期缺油，就可能发生咬伤，而无法进行工作。

6. 机器运转过程中，注意液压系统工作油的温度，调节油冷却器的冷却水量，保持油温在50℃以下。

7. 注塑机模板的安装表面具有较高的加工精度，切不要用硬物或其他东西损伤模板表面。

8. 在加工中停顿或加工结束时，不要使模具长时间（一般不超过10min）处于锁模状态，以免造成连杆销和钢套断油，可能使模具无法打开。

9. 保持相互运动表面的清洁。

10. 检查电路时，要使用万用表，不得使用校灯。

五、注塑机的操作实训

用聚丙烯（T30S）手动注射10个以上样条。

实验 1-38　双螺杆挤出机

一、双螺杆挤出机的用途

双螺杆挤出机的两个主要应用领域是：热敏性材料的挤出成型，如 PVC 管材和型材；特种聚合物的加工，如共混、排气、化学反应等。用于型材挤出的双螺杆具有相互啮合的螺棱、螺槽，并在较低的转速下操作，约为 10r/min 以内。与单螺杆相比，双螺杆挤出机的进料和输送性能优越得多，尤其是那些难于喂入和容易打滑的，如纤维状、粉状和油脂类物料。物料滞留时间短且比较均一，具有较好的混合效果和较大的传热面积，料温控制良好，这对热敏性材料的加工尤为重要。

双螺杆挤出机组的辅机主要包括放线装置、预热装置、校直装置、冷却装置、牵引装置、火花试验机、计米器、收线装置。挤出机组的用途不同其选配用的辅助设备也不尽相同，如还有切断器、吹干器、印字装置等。

二、双螺杆挤出机的工作原理

从运动原理来看，双螺杆挤出机中同向啮合和异向啮合及非啮合型是不同的。

1. 同向啮合型双螺杆挤出机

这类挤出机有低速和高速两种，前者主要用于型材挤出，而后者用于特种聚合物加工操作。

（1）紧密啮合式挤出机（低速挤出机）：具有紧密啮合式螺杆几何形状，其中一根螺杆的螺棱外形与另一根螺杆的螺棱外形紧密配合，即共轭螺杆外形。

（2）自洁式挤出机（高速同向挤出机）：具有紧密匹配的螺棱外形，可将这种螺杆设计成具有相当小的螺杆间隙，使螺杆具有密闭式自洁作用，这种双螺杆挤出机称为紧密自洁同向旋转式双螺杆挤出机。

2. 异向啮合型双螺杆挤出机

紧密啮合异向旋转式双螺杆挤出机的两螺杆螺槽之间的空隙很小（比同向啮合型双螺杆挤出机中的空隙小很多），因此可达到正向的输送特性。

3. 非啮合型双螺杆挤出机

非啮合型双螺杆挤出机的两根螺杆之间的中心距大于两螺杆半径之和。

三、双螺杆挤出机的操作

以南京广达橡塑机械厂 SNJ-35 型双螺杆挤出机为例。

1. 开车前的准备

（1）检查电气配线是否准确及有无松动现象、整个机组地脚螺栓是否旋紧。

（2）检查水箱软水量，启动水泵，检查旋转方向是否正确。

（3）启动喂料机，检查喂料螺杆的旋转方向（面对主机出料机头，喂料螺杆为顺时针方向旋转）。

（4）对有真空排气要求的作业，启动真空泵，检查旋转方向是否正确。关闭真空管路及冷凝罐各阀门，检查排气室密封圈是否良好。

（5）清理储料仓及料斗，确认无杂质异物后，将物料加满储料仓。

（6）启动切粒机，检查刀具旋转方向是否正确。

2. 开机操作

（1）必须按工艺要求对各加热区温控仪表进行参数设定。各段加热温度达到设定值后，继续保温 30min，同时进一步确认各段温控仪表和电磁阀（或冷却风机）工作是否正常。

（2）必须先启动油泵再启动电机。

（3）在不加料的情况下空转转速不高于 20r/min，时间不大于 1min。

（4）以尽量低的转速开始喂料，并使喂料机与主机转速相匹配。

（5）待主机和主喂料系统运转正常，方可按工艺要求启动辅助喂料装置。

（6）对于排气操作一般应在主机进入稳定运转状态后，再启动真空泵。

（7）在料条出来之前不得站在口模正前方。

（8）经常检查机头挤出料条是否稳定均匀，有无断条、口模孔眼阻塞、塑化不良或过热变色等现象，机头料压指示是否正常稳定。

（9）每次操作均应有操作记录。

3. 停机

（1）正常停机顺序：停止喂料机；关闭真空管路阀门，打开真空室上盖；逐渐降低主螺杆转速；关停切粒机等辅助设备；关电机、油泵、各外接进水管阀。

（2）紧急停机：遇有紧急情况需要停主机时，可迅速按下电器控制柜红色紧急停机按钮，并将主机及各喂料调速旋钮旋回零位，然后将总电源开关切断。消除故障后，才能再次校正开机顺序重新开机。

4. 双螺杆挤出机的维护

为了确保双螺杆挤出机的安全稳定生产，延长其使用寿命，必须加强对双螺杆挤出机的维护保养工作，其基本内容如下：

（1）设备运行中的维护

物料中不允许夹带杂物，严禁金属和砂石等坚硬物质进入料斗和机筒内；打开抽气室盖时，亦应严防有异物掉入机筒；挤出机升温后应保持足够的保温时间，并在开机前盘动应轻快后才运转；螺杆只允许在低速下启动，空转时间不应超过 2min，喂料机应在采用饥饿方式喂料后，方可逐渐提高转速。

（2）日常维护主机

每运转 4000h 后应更换机油和润滑油一次，主电机若为直流电机时，每月应检查电机碳刷一次，并做好记录，必要时要更换碳刷；电控柜应每月吹扫一次，每季度检查螺杆和机筒的磨损情况，并做好记录；一年检查一次齿轮箱的齿轮、轴承和油封情况；长时间停机时，应对机器进行防锈蚀和防污的处理。

双螺杆挤出机出现故障后，应根据设备使用说明书所述步骤及方法进行维修。

四、双螺杆挤出机的操作实训

改性 PVC 的挤出操作。

实验 1-39　吹膜机组

一、吹膜机组的用途

吹膜机用于生产高分子薄膜，适用于各种高档包装用薄膜。这种膜由于其阻隔性好、保鲜、防湿、防霜冻、隔氧、耐油，可广泛用于包装，如各种鲜果、肉食品、酱菜、鲜牛奶、液体饮料、医药用品等。

二、吹膜机组的工作原理

原料树脂在吹膜机中通过螺杆旋转不断向前并不断被加热成熔融状态，到机头定量挤出，然后通过口模形成管坯，借助向管内吹入空气使其连续膨胀，再由风环吹风冷却，然后经过牵引机按一定速度牵引，通过调整宽度厚度吹制成符合要求的薄膜。

三、吹膜机组的操作

以江苏维达机械有限公司的 S1-45/25 吹膜机为例。

1. 配料工序

(1) 首先在放料间搬取需要用的原料放至原料暂存间。注意：一定要看清楚原料袋上注明的牌号，防止配错料。

(2) 将待配树脂放在原料暂存间，将外包装上的浮沉异物擦拭干净，避免配料时污染。

(3) 将擦拭干净的袋装料搬入配料间，用剪刀将树脂外包剪开，目视原料无异常（杂质、黑点、异物、变色等)，颗粒料均匀，进行配料，注意将原料倒入料罐过程中手不要抖动原料袋，避免浮点混入料罐将原料污染。

2. 吹膜工序

(1) 吹膜温度：吹膜温度因原料树脂配比不同有一定差别。LDPE 熔点 103～121℃，LLDPE 熔点 110℃～126℃，吹膜温度一般在原料熔点温度基础上高出 50℃左右。

(2) 升温顺序：首先将模头温度升至设定温度，一般不要太高，之后打开换网区温控开关开始升温，待温度达到设定温度后打开其余五区温控开关，升至设定温度，并保温 30min。一区温度即料筒处温度不要太高，防止交联。

(3) 开机前的准备与检查

① 检查是否更换过滤网，块换板是否到位。

② 检查空压工作是否正常，空气开关是否灵活完好。

③ 机头及冷却风环内是否有屑杂物，出风是否均匀。

④ 检查各牵引辊压力是否均匀，人字架夹角是否合适，是否与口模对中。

⑤ 收卷机是否正常。

⑥ 将模头清理干净，无炭化点。

⑦ 用洁净丝光毛巾将薄膜接触面彻底擦拭清理。

(4) 开机操作

简单工艺流程为：

料斗上料→物料塑化挤出→吹胀牵引→风环冷却→人字夹板→牵引辊牵引→收卷

具体如下：

① 打开冷却风机、上牵引、下牵引、收卷机，调整主机频率缓慢启动挤出电机，打开吸料机，拉开料斗筒插片使之进料。

② 开空压机打开充气阀，缓缓充气，充气太快无法牵膜。

③ 将挤出的熔融管坯缓慢提拉，成坯过上牵引及各牵引辊，再到收卷胶辊。

④ 膜泡正常后，根据薄膜的宽度和厚度要求，对充入的压缩过滤空气、冷却风量、主机牵引及收卷的速度进行调整，直至卷膜的宽度和厚度符合要求。

⑤ 上卷操作：将长短合适的收卷管穿到收卷轴上固定，用剪刀裁断膜，将膜平行上好，与膜走向卷正，开始收卷。调整上牵引至合适的速度。

(5) 关机操作

① 关主机，先将调速控制器指针调至零，然后关控制器开关，再按停机按钮。

② 关闭吸料机。

③ 关掉温控 1～6 开关按钮。

④ 关掉空气压缩机。

⑤ 关掉风机、牵引、收卷机、控制柜电源。

⑥ 关水排，松开各夹辊，以免长期压迫同一点变形。

四、吹膜过程的关键操作及异常处理

1. 关键操作

(1) 清模头：首先用铜棒将模头出料间隙内的熔融料清理干净（至少深度 5mm），然后用细砂纸进行打磨，主要是磨去附着在模头上的炭化点，要求打磨至模头表面锃亮，无黏料，目视模头间隙无炭化点。

(2) 更换过滤网：首先将头部带有螺纹的钢棒拧入换网区的螺纹孔，向上或向下用力压块换板将换网位压出，用铜棒将换网区清理干净，并将网取出，用铜棒头部将网位清理干净，检查分流板处是否有铁丝脱落。其次，选择合适尺寸的过滤网，要求无铁丝脱落现象。按规定，挤出机分流板前过滤网常用一层组合网外加两层细网。放入方法：用大拇指和食指分别夹住过滤网直径两端，稍加压力使其变形，凹的一侧向里，先将其中一边放入网位，然后用铜棒小心地将过滤网的边插入网位，之后用铜棒将中心部分压平，过滤网移动到网位中心位置即可，注意操作中发现铁丝脱落，及时更换清理。最后，将块换板回复原位。

(3) 吹膜过程中的调整：成坯后，继续缓缓充气，目测与要求吹制的尺寸相差不多时，停止充气，调偏是通过调节上牵引夹棍膜偏移一侧的螺栓，使膜泡与模头垂直；调宽是膜宽超出规定宽度 20mm 以上，用壁纸刀点破膜泡放气，继续测量，膜宽误差在 5mm 以内，通过增大或减小进风量（增大进风量膜宽变窄，反之则变宽）调节宽度至规定要求或是通过充气阀门充放气进行调整；调厚是通过调节上牵引电机的速度使膜达到规定厚度。

2. 吹膜异常情况及处理

(1) 膜面有晶点

① 检查模头及各区温度是否正常，有无不升温或温度过高现象，如有，及时上报或找电工及时修理。

② 适当提高吹膜机 2、3 区的温度，观察膜面有无改善。

③ 过滤网更换时间太长，有破损，更换过滤网。

(2) 膜面有划痕

① 如有整条样长划痕：a. 水排上粘有杂物，用湿丝光毛巾擦拭水排；b. 个别牵引辊不转，检查，对不转的牵引辊加润滑油。

② 短小划痕：a. 个别牵引辊转速慢，需加润滑油；b. 收卷快，致使膜卷与收卷辊发生相对滑动，产生短小划痕，所以要适当降低收卷速度；c. 要注意的是，对于膜卷较大时，收卷慢使得膜卷与收卷辊发生相对滑动也会产生划痕。

(3) 膜面厚度不均匀、松紧边

① 调整模头间隙，使挤出均匀。方法：找到最薄点和最厚点，停止模头旋转，用六角将薄点一侧两旋钮适当松开，厚点一侧适当紧固，千分尺量膜，不断调整至厚度均匀。

② 检查风环内是否有碎屑杂物，出风是否均匀。

(4) 膜面有黑点

① 过滤网使用时间长，已有破损，停机更换过滤网。

② 检查原料是否符合质量标准，是否合格。

③ 原料袋面不干净，配料时浮沉不慎落入料筒，所以，配料前一定要用毛巾将袋面擦干净。

(5) 膜面有褶

① 调整水排，根据膜宽，适当调整水排，一般随膜宽加大，适当增大水排间距。注意调整过程中，水排上端间距一般不动，通过调整下端来加大和减小水排夹角，正常情况下两端是关于中心轴对称的。

② 调整上牵引和下牵引的压力。

(6) 膜面有条纹

① 模头上有大量炭化点，需及时清理模头，将模头上的炭化点清理干净。

② 模芯长期使用附有大量炭化点，或过滤网破损或过滤网未换到位导致铁丝卡在模芯处，解决办法是拆模头，用砂纸打磨模芯，清除表面的炭化点或其他杂物。所以更换过滤网时一定要小心谨慎，认真检查，防止铁丝脱落现象的发生。

(7) 膜忽宽忽窄

① 膜泡太低，适当减小进风量，使膜泡上升。

② 模头温度过高，适当降低模头温度。

(8) 收卷不好

① 脱卷现象。原因是收卷慢，需适当提高收卷速度。

② 一边松一边紧现象。吹膜机长时间使用，由于震动，机子发生移动，需对吹膜机整体进行调平。

③ 上牵引或下牵引压力不均匀，适当调整两辊间距。

(9) 过上牵引两层膜间有气

① 减小上牵引辊间距。

② 长时间使用，上下牵引辊发生变形，需要重新磨平。

③ 吹膜间温度太低也有一定影响。

(10) 膜的韧性不够

① 原料性能影响。

② 吹胀比不合适。吹胀比是薄膜的直径同芯棒或环形口模直径之比，吹胀比愈大，薄膜的透明度和光泽性愈好，机械强度更好，但是吹胀比太大，则膜泡过大，薄膜过薄，厚度不均匀性增大，薄膜容易发皱，通常吹胀比在 2～3 为佳。吹胀比与薄膜的横向性能有关。

(11) 吸料机不吸料及断料处理

① 清理吸料机。

② 微动开关失灵，更换微动开关。

③ 原料问题，原料表面发涩，要求加强巡检，及时手动吸料。

④ 增大吹膜机料斗容量，延长缓冲时间，避免断料。

五、吹膜机组的操作实训

吹制低密度聚乙烯（LDPE）、高密度聚乙烯（HDPE）及线型低密度聚乙烯（LLDPE）等塑料薄膜。

实验 1-40　挤出流延拉伸实验机组

一、挤出流延拉伸实验机组的用途

单螺杆挤出流延拉伸实验机组主要由一台单螺杆挤出机、换网器、熔体泵、流延模头、小型精密纵向拉伸机组成，可实现挤出、流延、纵向拉伸等工艺。可进行高分子材料的流延拉伸成型实验、流延拉伸生产工艺研究与参数优化以及新材料流延拉伸性能测试。

二、挤出流延拉伸实验机组的工作原理

塑料薄膜采用流延法成型，其主要工作原理是：将高分子聚合物物料干燥后，与需要的添加填充料、增塑剂、热稳定剂及其他塑料助剂等按配比计重后混合，吸入料斗，进入料筒螺杆，料筒内的螺杆转动，将物料向前输送，由于采用料筒外电加热，物料温度上升和料筒内的螺杆转动，使物料在机筒内产生剪切、摩擦热而逐步塑化熔融，经过滤网、分配器，均匀从模具口挤出，成型薄片熔料流延至平稳转动的辊筒上，为提高冷却效果，在口模出口处附近配备一个 0.5mm 开口的气刀冷却装置以强制将空气吹到膜表面对膜进行冷却，薄片在流延辊、冷却辊上冷却成型，再经多级牵引、卷取成薄膜产品。图 1-40-1 是挤出流延拉伸实验机组外观图。

主要技术参数：

螺杆直径：30mm。

螺杆长径比：30∶1。

螺杆最高转速：123r/min。

最大扭矩：430N·m。

最高工作温度：400℃。

图 1-40-1　挤出流延拉伸实验机组

温度控制精度：±1℃。

料斗容量：10L。

模头宽度：200mm。

模头厚度调节：手动调节，调节范围：0.02～1.0mm。

辊面宽度：260mm。

流延辊：ϕ300mm，无级调速。

预热辊：ϕ200mm，无级调速。

固定拉伸辊：ϕ200mm，伺服无级调速。

移动拉伸辊：ϕ120mm，伺服无级调速。

退火辊：ϕ200mm，无级调速。

冷却辊：ϕ200mm，无级调速。

牵引辊：ϕ84mm，无级调速。

收卷辊：ϕ50mm，板式气胀轴。

最高线速度：20m/min。

收卷最大张力：5kg。

三、挤出流延拉伸实验机组的操作

以广州市普同实验分析仪器有限公司 PFC200 挤出流延拉伸实验机组为例，如图 1-40-1。

1. 开机

依次打开流延机开关、牵引机开关和模温机开关（泵浦开关、电热开关，设置油温，然后中间两阀打开 45°使油循环）。流延辊温度通过模温机加热油循环控制，通常温度稳定需要 2h 左右，流延辊加热过程中应使得流延辊低速转动以确保均匀加热，实际温度通过接触式测温仪测得。

2. 设置温度

依次设置料筒（料筒 1，2，3，4）、换网器区、熔体泵区、过渡体区和模头（模头 1，2，3）温度，其中熔体泵区和过渡体区温度上升较慢，整体温度达到预设需要 3～4h，温度达到设定值范围方可操作；保护参数如熔体温度、温控上限和温控下限等在设置界面中进行调整，一般升温时熔体温度会偏高，建议把保护参数中的熔体温度设置高些，以防及其过热保护造成停机。

3. 流延制膜

（1）温度达到预设后先开风机后开电机（顺时针），然后设置螺杆转速和熔体泵转速清洗机器，速度调节注意少量多次，不能大范围调整，否则会损伤螺杆，一般用聚丙烯洗机器时螺杆速度可以开到 20～30r/min，具体根据实际电流决定。

（2）机器洗干净后，将螺杆转速降到 10r/min 左右，设置流延辊转速 5m/min，牵引辊转速 6m/min 低速牵引，压紧牵引辊后调节螺杆转速、流延辊温度和牵引辊温度到相应工艺，然后打开气刀，最后完成收卷。

4. 关机

依次缓慢降低牵引辊转速、流延辊转速、螺杆转速和熔体泵转速直至停止，然后先关电机后关风机（逆时针），关闭加热后依次关闭模温机、牵引机和流延机，关闭闸刀后离开。

四、挤出流延拉伸实验机组操作使用注意事项

1. 操作过程中需时刻关注电流大小，一般 7～8A，超过量程或自动停机，可以适当提高电流上限。

2. 需留意牵引收卷装置，牵引设备有时会发生缠绕，应缓慢降低牵引辊和流延辊转速至停止，清理干净后再牵引收卷。

五、挤出流延拉伸实验机组的操作实训

挤出流延拉伸制备 PP 膜。

实验 1-41 中空挤出吹塑成型机

一、中空挤出吹塑成型机的用途

中空挤出吹塑成型机，简称吹塑机，是一种发展迅速的塑料加工机械，可快速吹制 PE 及其他多种材料的中空制品。中空挤出吹塑成型机具有自动化、智能化程度高、机器性能稳定可靠、结构简单、生产效率高、低能耗、产品不受中间环节污染等特点，符合国家卫生标准。广泛用于食品、饮料、化妆品、医药容器的生产。吹制瓶子容量从 5～18L，机器具有较高的可靠性，良好的工作效率和较大的灵活性。机器能吹制各种不同的塑料材料，比如 HDPE、LDPE、PP、PVC、TPU 以及 PETG 等，适用于小型软管到饮料包装容器、化妆品瓶子、广口瓶子以及多层液位线机油桶等。

二、中空挤出吹塑成型机的工作原理

1. 基本原理

吹塑机是将液体塑胶喷出来之后，利用机器吹出来的风力，将塑体吹附到一定形状的模腔，塑料型坯趁热置于对开模中，闭模后立即在型坯内通入压缩空气，使塑料型坯吹胀而紧贴在模具内壁上，经冷却脱模，即得到各种中空制品。常用于吹制 PE 及其他多种材料的中空制品，如桶、圆桶、啤酒保鲜容器、工具箱、灯罩等。

2. 吹塑机的结构组成

吹塑机主要由挤出机、机头、液压系统、合模系统、电气控制系统、充气系统、自动夹取等部分组成，基本构架主要是由动力部分和加热部分两大结构组成。动力部分主要是由变频器和动力输出电机组成，是进行能源传递和风力输出的主要工作部件。而加热部分则是由电磁加热器和支架部分构成，能够用来对需要被风力吹成型的塑料进行温度加热，以此来保持其长期软化的特点。

3. 吹塑机的分类

吹塑机按其出料方式的不同可分为连续挤出中空吹塑机和间歇挤出中空吹塑机。

（1）连续挤出中空吹塑机

即由挤出机连续挤出管坯。其优点是成型设备简单、投资少、容易操作，是目前国内中小型企业普遍采用的基本成型方法。连续挤出吹塑成型法的生产过程又有往复式、轮换出料式和转盘式三种。

往复式连续挤出中空吹塑机，型坯由挤出机连续挤出，当型坯足够长时，吹塑模具从吹塑及冷却工位移至机头下方合模夹持型坯，而后移返吹塑工位。由机头下方左右分置的两个模具往复运动来保证生产过程的连续性。

轮换出料式连续挤出中空吹塑机，在挤出机前端采用换向阀来控制熔体的流动，使熔体轮换通过挤出机两侧的型坯机头挤出型坯，实现连续生产。

转盘式连续挤出中空吹塑机，挤出机连续挤出型坯，型坯被模具夹持后，绕转盘轴线转送至吹胀、冷却、开模及取出制品等工位，实现过程的连续。吹塑模具也可按水平转盘设置。

（2）间歇挤出中空吹塑机

即由挤出机不断地将熔融塑化好的熔体挤进到一个储料腔中，待储料腔中的物料达到所需数量时，再将储料腔中的物料快速推压。

三、挤吹中空成型机的操作

以张家港市华丰重型设备制造有限公司 P8B2L 中空挤出吹塑成型机为例，见图 1-41-1。

图 1-41-1　中空挤出吹塑成型机

1. 检查挤出吹塑机及各个液压装置的液压油液面计，使油箱的油量保持在基准油面之上。

2. 用于挤出中空吹塑机生产的物料应达到所需干燥要求，必要时还需进一步干燥。

3. 根据产品的品种、尺寸，选择好机头规格，按下列顺序将机头装好：装机头法兰、模体、口模、多孔板及过滤网。

4. 接好压缩空气管，装上芯模电热棒及机头加热圈。检查、开启用水系统。调整口模各处间隙均匀，检查主机与辅机中心线是否对准。

5. 启动挤出机、锁模装置、机械手等各运转设备，进行无负荷运转，检查各个安全紧急装置运转是否正常，发现故障及时排除。

6. 按工艺条件的规定，设定挤出吹塑机机头及各加热段温度并进行逐段加热，并用下脚料测试各加热段的完好性，检查有无不加热现象，待各部分温度达到设定温度后恒温0.5～1h。

7. 在可编程序控制器上，按工艺规定，设定各点型坯壁的厚度。

8. 开机下料一般先开启外层，防止内层开启后因压力过大，导致料由外层返流。下料流量频率自小到大逐级加大，防止开启频率过大，导致螺杆因温度低拧伤等。

9. 工艺条件设定：

(1) 原料塑化熔融时工艺温度应控制在 170～230℃范围内。

(2) 坯管吹塑成型瓶制品用吹胀比控制在（1.5～3）∶1 范围内。

(3) 吹胀坯管成型瓶制品用压缩空气压力为 0.3～0.6MPa。

(4) 成型瓶用模具温度为 20～50℃，冷却定型时间约占制品启型生产周期总时间的 50%～60%。

10. 挤吹中空操作流程：吹针上、模架上、挤料、模具闭合、切刀切、模架下、吹针下、成型吹起、模具开、模架上、模具闭合、吹针上、模架下、模具开、取出制件。

四、注意事项

1. 关机注意事项

停机时各转速复位归零，各加热段逐段关闭；关闭模具，处在闭合状态，吹针离模具 0.5cm，防止有硬物落入模具里造成伤模；对模具进行涂防锈剂。

关闭总电源，对设备进行润滑保养，加注润滑油，清理整机卫生，关闭各部串水；如停机时间长，须把模具内部水放净，防止生锈堵塞。

2. 机器组装的检查

设备按要求安装后，要对整个机组进行校正，包括挤出机机头与锁模装置的对中；安装模具水冷却管并检查走向是否正确；操作工与控制装置在操作上是否方便；加料、成品的摆放、废品的回收流程是否顺畅而不影响正常操作，相关辅助设备位置是否恰当等。只有在设备组装的检查结果达到生产及安全要求以后，设备才处于最佳的组装状态。

中空挤出吹塑成型机性能参数：

适用原料：PE、PP、PA、PVC。

最大制品容积：2L。

设备空循环周期：1200PC/HR（空循环）。

平均能耗：12.2kW。

螺杆直径：ϕ50mm。

螺杆长径比：24。

塑化能力：30kg。

锁模力：30kN。

五、中空挤出吹塑成型机的操作实训

中空挤出吹塑成型机制备中空 PP 瓶子。

实验 1-42 动态热机械分析仪

一、动态热机械分析仪的用途

动态热机械分析仪，简称 DMA，可用于玻璃化转变和熔化测试，二级转变的测试，频率效应，转变过程的最佳化，弹性体非线性特性的表征，疲劳试验，材料老化的表征，浸渍实验，长期蠕变预估等的材料表征。

二、动态热机械分析仪的工作原理

样品处于程序控制的温度下，并施加随时间变化的振荡力，研究样品的机械行为，测定其储能模量、损耗模量和损耗因子随温度、时间与力的频率的函数关系。

三、动态热机械分析仪的操作

以美国 PerkinElmer 公司的 DMA8000 动态热机械分析仪为例。

1. 检查 DMA 和控制器之间的所有连接，确保每个组件都插入到正确的接头中，将 DMA 电源开关（在仪器后侧）设置到“打开”。

2. 正确开启电源后，打开电脑，双击“DMA8000”对应图标，进入操作界面，等待仪器完成初始化。

3. DMA 校准：点击“calibration”进行“balance/zero”校准：位置校准和夹具校准。通常先做位置校准，然后再做夹具校准。每次重新开机后都要做位置校准，每次重新安装夹具后要做夹具校准。注意：进行位置校准前必须检查仪器上是否已安装夹具，且固定夹具的螺丝需上紧。

4. 装载试样：用游标卡尺准确测量样条的宽度和厚度后将样条装置到 DMA 上，然后关闭炉子。

5. 设定实验参数：在操作界面的测量向导，输入样品名称，然后选择测试类型、频率、振幅、温度范围及升降温速率、样条的尺寸等实验条件和参数，最后选择保存文件的路径。

6. 等温度达到设定的测试温度后，在测量窗口点击右上角“go”，仪器将根据模板设定的参数自动进行测试，并在计算机屏幕上显示试验结果。

7. 实验结束后，自动温度控制器停止工作，取下样品。

四、动态热机械分析仪的操作实训

分别测定 PP、PET 等高分子材料的玻璃化转变温度。

实验 1-43　差示扫描量热仪

一、差示扫描量热仪的用途

差示扫描量热法是在差热分析（DTA）的基础上发展起来的一种热分析技术。它被定义为：在温度程序控制下，测量试样相对于参比物的热流速随温度变化的一种技术。简称 DSC（diffevential scanning calovimltry）。它常用于测定聚合物的熔融热、结晶度以及等温结晶动力学参数，测定玻璃化转变温度 T_g，研究聚合、固化、交联、分解等反应；测定其反应温度或反应温区、反应热、反应动力学参数等，已成为高分子研究方法中不可缺少的重要手段之一。下图是 DSC 仪器的外观图（图 1-43-1）。

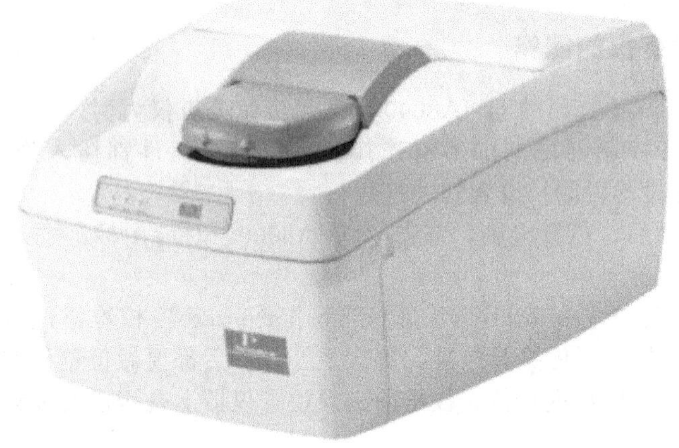

图 1-43-1　差示扫描量热仪

主要技术参数如下。

型号及生产厂家：DSC8000，PerkinElmer 公司。

DSC 类型：双炉体设计，采用低质量，极大地缩短了信号响应和炉体冷却时间。

测试原理：功率补偿式，直接测量热流（能量），无需转换，热流测量更加准确。

炉体材质：铂铱合金。

二、差示扫描量热仪的工作原理

差示扫描量热法是在程序控制温度下，测量输给物质和参比物的功率差与温度关系的一种技术。当试样在加热过程中由于热效应与参比物之间出现温差 ΔT 时，通过差热放大电路和差动热量补偿放大器，使流入补偿电热丝的电流发生变化，当试样吸热时，补偿放大器使试样一边的电流立即增大；反之，当试样放热时则使参比物一边的电流增大，直到两边热量平衡，温差 ΔT 消失为止。换句话说，试样在热反应时发生的热量变化，由于及时输入电功率而得到补偿，所以实际记录的是试样和参比物下面两只电热补偿的热功率之差随时间 t 的变化关系。如果升温速率恒定，记录的也就是热功率之差随温度 T 的变化关系。

三、差示扫描量热仪的实验操作

以美国 Perkin-Elmer 公司 DIAMOND DSC 差示扫描量热仪为例。

1. 样品准备

取 3～10mg 样品，将样品剪成尺寸较小的块状或其他形状备用。打开工具盒，用镊子取一个坩埚（切记不要用手触摸），用天平称量坩埚的质量，清除坩埚质量（清零）后取出。再将样品放入坩埚中，再次称量，记录样品的质量。将其放在制样器的托盘上，再用镊子取出坩埚盖，顶部置于绿色橡胶垫上，用细针在顶部打一个孔，盖在坩埚上（盖与坩埚要很好吻合），放入 DSC 制样器制样，压样 2 次。用镊子夹起 DSC 样品池的炉盖，将制好的样品用镊子放入左侧样品池的环形区域内（铝锅底部的小点）卡住，用镊子将炉盖盖好。

2. 操作步骤

（1）首先观察高压表，为 0MPa，打开氮气瓶钢瓶开关，使高压表指针大于 0MPa；若初始高压表并不为 0MPa，钢瓶瓶阀能轻松转动，说明钢瓶开关已打开，若不能轻松转动，需拧开钢瓶开关（朝标记开/open 的方向转动）。后转动低压表的压力调节螺杆，使低压表读数大于 0.2MPa，打开 DSC 背部主机电源（DSC 主机显示灯为红灯闪烁）、调节 DSC 通 N_2 流量计示数在 50mL/min，打开电脑。

（2）打开“STARc”（五角星图标）软件，输入用户名“METTLER”，不用输入密码直接按回车键。

（3）点击软件左侧的“routine editor”编辑实验方法：其中“new”为创建新方法；“open”为打开已经保存在软件中的实验方法。

（4）编辑完成一个新方法或打开一个已经保存的方法后，在“sample name”一栏中输入样品名称，在“size”一栏中输入样品质量。

（5）创建温度循环，升温过程，选择温度范围（℃），保护气“protect gas”选择氮气，流量为 50mL/min，升温速率 10℃/min。

（6）恒温过程，选择温度范围（℃），恒温时间×min。

（7）创建温度循环，降温过程，选择温度范围（℃），保护气“protect gas”选择氮气，流量为 50mL/min，升温速率为－10℃/min。

（8）创建温度循环，升温过程，选择温度范围（℃），保护气“protect gas”选择氮气，流量为 50mL/min，升温速率 10℃/min。

（9）恒温过程，选择温度范围（℃），恒温时间×min。

（10）创建温度循环，降温过程，选择温度范围（℃），保护气“protect gas”选择氮气，流量为 50mL/min，升温速率－10℃/min。

（11）检查温度循环的过程，确认无误后，点击“sent experiment”。

（12）点击右下的“start”再点击“ok”（如果仪器没有进入测试，可再次点击“ok”）。

（13）待底边变红，出现“measurement”时，表明测试已经开始。

（14）屏幕左下出现“waiting for sample removal”，表明测试结束。

3. 数据处理

（1）点击任务栏中的“五角星”。

（2）弹出窗口，点击“Session/Evaluation Window”，打开数据处理窗口。点击“File/Open Cure”，在弹出的对话框中选择要处理的曲线，单击右侧“open apart”打开。（这样可以便于区分升温曲线和降温曲线）。

（3）单击曲线，选中峰部分，工具栏中点击“TA/integration”，调节积分左右两端位置，对应好每个曲线的测试结果。

（4）点击“File/Export other format”，新建文件夹，保存为 .png。

4. 关机步骤

关闭软件和电脑，再关闭 DSC 主机，拧紧氮气钢瓶开关，微调节低压表压力调节螺杆，使低压表读数小于 0.2MPa。

四、注意事项

1. 样品制备过程中请勿用手直接触摸坩埚及样品。
2. 保护气需提前开启，并且关机后持续通气 2h 后方可关闭。
3. 冷冻机开启 1h 后待温度稳定，在−90℃方可测试。
4. 测试时需注意氮气流量为 19.8mL/min。
5. 升温范围由具体聚合物决定，铝质坩埚的使用温度应低于 500℃。

五、差示扫描量热仪的操作实训

采用差示扫描量热仪研究聚对苯二甲酸乙二醇酯（PET）的热力学转变，测定其玻璃化转变温度（T_g）、结晶温度（T_c）、熔点（T_m）。

实验 1-44　热重分析仪

一、热重分析仪的用途

热重分析仪可测定物质在热反应时的特征温度及吸收或放出的热量，研究晶体性质的变化，如熔化、蒸发、升华和吸附等物质的物理现象；研究物质的热稳定性、分解过程、脱水、解离、氧化、还原、成分的定量分析、添加剂与填充剂影响、水分与挥发物、反应动力学等化学现象。广泛应用于塑料、橡胶、涂料、药品、催化剂、无机、金属与复合材料等各领域的研究开发、工艺优化与质量监控。热重法的重要特点是定量性强，能准确地测量物质的质量变化及变化的速率，只要物质受热时发生质量的变化，就可以用热重法来研究其变化过程。

二、热重分析仪的工作原理

热重分析仪主要由天平、炉子、程序控温系统、记录系统等几个部分构成。最常用的测量的原理有两种，即变位法和零位法。所谓变位法，是根据天平梁倾斜度与质量变化成比例的关系，用差动变压器等检知倾斜度，并自动记录。零位法是采用差动变压器法、光学法测定天平梁的倾斜度，然后去调整安装在天平系统和磁场中线圈的电流，使线圈转动恢复天平梁的倾斜，即所谓零位法。由于线圈转动所施加的力与质量变化成比例，这个力又与线圈中的电流成比例，因此只需测量并记录电流的变化，便可得到质量变化的曲线。

三、热重分析仪的操作

以德国耐驰公司 TG 209 热重分析仪为例，见图 1-44-1。

图 1-44-1　热重分析仪 TG 209

1. 打开氮气（提供氮气气氛，仪器右侧按钮及流量计可进行检测和调节氮气流量，一般不变，按照现有设置进行即可）。开总电源，打开仪器电源（仪器右侧红色按键），进行预热 30min。打开电脑，打开恒久热分析系统。打开循环水，打开循环水恒温水浴（约为15℃，把循环水插头插上即可；若出水口流量较小，调整水桶位置使管路中气泡排出）。实验时，提前通气排出空气，保证仪器和天平处于氮气气氛中。差热仪需要 30min，天平需要60min 稳定（实际试验中 30min 后，即可开始实验）。

2. 抬起仪器的加温炉，向上提加温炉到限定高度后向逆时针旋转至限定位置。有两个放坩埚的位置，支撑杆的左托盘放参比物（氧化铝空坩埚），原位不动，起参比作用。右托盘放空白坩埚或试样样品坩埚。坩埚放好后，放下仪器的加温炉。顺时针旋转，双手托住缓慢向下放，切勿碰撞支撑杆。

3. 试验时，需首先进行空白试验，即右托盘放空白坩埚进行试验，得到基线数据。然后加入试样进行试验。称样品：样品称量一定要精确。使用白色小坩埚，先称小坩埚质量；然后用小勺把样品放入小坩埚中，约 5～10mg（取中间值，10mg 以下）。

4. 打开恒久软件，点“采集”（软件界面左上角，红色三角按键）。出现“设置参数”窗口，窗口左侧可设置试样名称（试验名称）、样品质量（空白试验不用填写，试样质量需填写准确）、TG 量程（10.0 不变），其余不变。窗口右侧为升温参数，点“初始”，初始温度为 25℃（一般不变）；点“终止温度”，按试验需求设置（如终温 850℃，设置 900℃，试验结束后，取对应的温度范围内数据即可）；点“升温速率”，设置每分钟升温多少度；保温时间不设置。如果有两个升温速率时，可添加序号进行增加。

5. 以上设置完成后，点窗口右下角“检查”，设置没有问题时，窗口左下角位置可点“确认”键；有问题时，提示问题，“确认”键不能点。点“确认”后，出现横纵轴界面，横轴为时间（T），纵轴分别为温度（E）、质量（G）、热量变化（DTA），并且出现温度随时间（TE，线性变化）、质量随温度（TG）、热量变化随温度（DTA）的曲线，每种曲线对应一种颜色，方便区分。并且在仪器发出“滴”的一声后，试验开始。

6. 一次试验结束后，在软件界面点“文件”，将试验结果保存至指定文件夹，原格式和 TXT 格式各保存一份。

7. 一次试验结束后，需等待降温至初始温度，方可开始下次试验，可以使用风扇（放置在仪器后面）降温。

8. 所有试验结束后，等待仪器温度降下来后，关闭仪器、关闭循环水、关闭电脑。取出坩埚，将盛放样品的坩埚放在马弗炉（升温至 950℃）中灼烧至纯白色，重复使用。

9. 热重软件操作。

（1）提取基线。

① 点“文件”，选择“新窗口打开”，选择“数据结果存放文件夹”。

② 点“空白试验”数据。打开后，点“分析”，点“TG”，选择“提取基线”，出现竖线，随便选择（50～60，直线部分少选，曲线部分多选）个点，点完后，空白处双击，画面闪一下表明提取完成。

③ DTA 提取基线，同上操作。

（2）减基线（用减完的基线的数据作图）。

① 点“文件”，选择“新窗口打开”，选择“数据结果存放文件夹”。

② 点“样品试验”数据，打开后，“分析”，点“TG”，点“减去基线”（点了之后就能减去基线）。

③ DTA 操作同上。

④ 操作结束后，点“另存为”（原格式和 TXT 格式），保存即可（最好点另存为，点保存有可能出现问题）。

10. Origin 绘图操作。使用 TXT 格式粘贴到 origin 里，进行绘图。

① 将保存好的 TXT 文件（减基线文件）拖到 origin 软件中。

② 打开后，复制 TG 列到 EXCEL 表中，数据单位为 mg。TG 列数据为某温度点样品减少的质量，为负值（不算负号，数据应该是从小到大）。

③ 在数据列上加上物料重，再除以物料重，乘以100，是样品剩余的量占总量的分数（分数从100%开始减小）。

④ 将计算的分数粘贴至origin软件中，设置数据小数点保留位数。右击某列，菜单（下部）选择“properties”，打开窗口在“options”中“digits”中选择“set decimal places”，然后设置保留位数（2位）。

⑤ 以温度和剩余质量分数作图。首先，删除一些不正确的数据，比如开始加热时，分数大于100%或者小于100%的数据；然后，TG横轴为温度（去掉开始不准确的温度点），纵轴为剩余质量分数，绘图；最后，对图形进行平滑操作：图形界面，点“Analysis”，点“signal processing”，点“smoothing”，点“open Dialog”，设置point of window为500，得到新的曲线及数据。

⑥ 对曲线进行求导：选择analysis-mathematics-differentiate，得到DTG数据。导数纵坐标范围一般为：－0.4～0.1。温度、剩余质量分数、导数一起作图。对导数曲线进行平滑，设置point of window为5000。

⑦ 设置好各坐标轴，保存图像和数据，以便后期整理。复制图片时，点击图线，出现窗口，选择“line”，点掉小方框（Gap to Symbol），选择“draw line in front”。

⑧ 最后，保存图像为project，保存数据至EXCEL中，保存图像到word中。从3次试验中选出效果最好的一次试验作为试验结果。

图谱去掉坏点：在图谱界面中，点“DATA”，点“remove bad data points”，鼠标指针变成小方格，小方格点中需要去掉的点即可去掉。适合数据点较少的图谱。如果数据打开不能平滑或者求导，注意打开文件时的小窗口提示信息。

四、热重分析仪的操作实训

测试高密度聚乙烯/纳米碳酸钙复合材料的热失重曲线。

实验 1-45 行星式球磨机

一、球磨机的用途

行星式球磨机能用干、湿两种方法磨细或混合粒度不同、材料各异的固体颗粒、悬浮液和糊膏。如果用真空球磨罐则可以在真空或惰性气体中研磨、混合样品。行星式球磨机研磨材料的粒度能够达到纳米级（30nm 左右）水平。球磨机广泛适用于地质、冶金、土壤、建材、化工、轻工、医药、电子、陶瓷、电池、环保等领域。

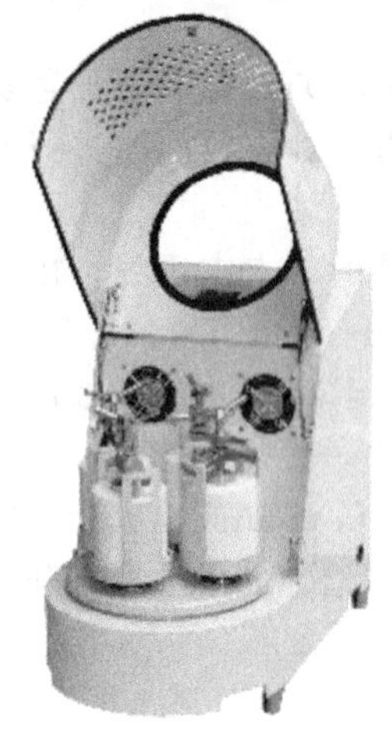

图 1-45-1 QM 系列行星式球磨机

二、球磨机的工作原理

QM 系列行星式球磨机是在一大盘上装有四只球磨罐，当大盘旋转时（公转）带动球磨罐绕自己的转轴旋转（自转），从而形成行星运动。公转与自转的传动比为 1∶2（公转一转，自转两转）。罐内磨球和磨料在公转与自转两个离心力的作用下相互碰撞、粉碎、研磨、混合试验样品。图 1-45-1 是 QM 系列行星式球磨机外观图。

行星式球磨机主要性能参数如下。

球磨机型号：QM-1SP4 QM-1SP4-CL。

可配球磨罐如下。

(1) 容积（单罐容积/mL）：50、100、150、250、300、400、500、1000。

(2) 材质：不锈钢（1Cr18Ni9Ti）、玛瑙、尼龙、聚氨酯、聚四氟乙烯、硬质合金（YG8）、陶瓷等。

(3) 类型：普通罐、不锈钢真空罐、不锈钢真空套（配合玛瑙、尼龙、陶瓷等球磨罐抽真空用）。真空球磨罐容积均不超过 500mL。

球磨罐最大装料量：罐容积的 3/4（包括磨球）。

进料粒度：松脆材料≤10mm，其他料≤3mm。

出料粒度：最小可至 0.1μm。

额定转速：公转（大盘）265r/min±10%，自转（球磨罐）：530r/min±10%。

外形尺寸：750mm×500mm×580mm。

净重：150kg。

三、球磨机的操作

以南京南大仪器有限公司 QM 行星式球磨机为例。

1. 检查

检查球磨机、电源箱、球磨罐有无损坏。

2. 空转试运行

详细阅读使用说明书，按说明书步骤进行球磨机的空转试运行，检查变频器及球磨机的运转是否正常。

3. 装罐

上述各项检查无误后即可装罐。

（1）装磨球：为了提高球磨效率，罐内装入大小不同的磨球，大球主要作用是砸碎粗磨料，小球则用于磨细及研磨，使磨料磨到要求的细度。当被磨材料颗粒小于 1mm，建议不用 $\phi 20$ 的大球。

表 1-45-1 列出各种规格球磨罐的配球数（仅供参考）。

表 1-45-1 球磨罐的配球数

罐容积/mL		50	100	150	250	300	400	500	1000
球(粒)	$\phi 6$	50	100	150	280	330	420	500	1000
	$\phi 10$	8	16	24	40	48	80	100	200
	$\phi 20$						2	2	3

注：最佳配球数根据磨料性质及要求细度，用户自行在实践中得出经验数据。

（2）装磨料：球磨前磨料粒度要求：松脆磨料不大于 10mm，其他磨料一般小于 3mm。装料不超过罐容积的 3/4（包括磨球）。

4. 装球磨罐

装罐完毕即可将球磨罐装入球磨机拉马套内，可同时装四个球磨罐，亦可以对称安装两个，不允许只装一个或三个。安装后利用两个加力套管（本机附件）先拧紧 V 型螺栓，然后拧紧锁紧螺母，以防球磨时磨罐松动。注意：拧螺栓、螺母时不允许用锤敲击。

5. 运行

球磨罐安装完毕，罩上保护罩，安全开关被接通球磨机才能正常运行。球磨过程中如遇意外，保护罩松动或脱落，安全开关断开，球磨机立刻停转，意外排除后重新罩上保护罩，再重新启动。

6. 卸球磨罐

球磨完毕，用加力套管先松开锁紧螺母，再松开 V 型螺栓即可以卸下球磨罐，把试样和磨球同时倒入筛子内（本机附件），使球和磨料分离。再次球磨前先检查一遍拉马套有无松动，如松动，必须拧紧螺丝，以防意外。

卸球磨罐时注意：卸球磨罐时由于磨球之间、磨球与磨罐之间互相撞击，长时间球磨后罐内的温度和压力都很高，球磨完毕，需冷却后再拆卸，以免磨粉被高压喷出。某些金属粉末球磨后颗粒极细，而且罐内几近真空状态，如猛然打开罐盖倒出磨料，会激烈氧化而燃烧。所以活泼金属粉末球磨后，必须充分冷却后缓缓打开，稍停再倒出磨料，在真空手套箱内出料效果更好。

四、球磨机的操作实训

球磨氧化铋无机粉末。

实验 1-46　实验室 3D 打印机

一、3D 打印技术的用途

3D 打印（3DP），即快速成型技术的一种，它是一种以数字模型文件为基础，运用粉末状金属或塑料等可黏合材料，通过逐层打印的方式来构造物体的技术。3D 打印通常是采用数字技术材料打印机来实现的。常在模具制造、工业设计等领域被用于制造模型，后逐渐用于一些产品的直接制造，已经有使用这种技术打印而成的零部件。该技术在珠宝、鞋类、工业设计、建筑、工程和施工（AEC）、汽车，航空航天、牙科和医疗产业、教育、地理信息系统、土木工程、枪支以及其他领域都有所应用。

二、3D 打印机的工作原理

任何三维物体都可以看成是由一个个面堆叠累积而成的。就像宝塔一样，是由一层一层的楼堆起来的。比如说，一个球形物体，就可以看成是由一个个厚度很小直径不同的圆柱堆在一起形成的。对于任何一个物体，都可以看成是由一个个厚度很小的菱形物体堆起来的。当这些菱形的厚度趋近于无穷小的时候，这个堆砌起来的实体与目标实体就是完全一致的。现实中任何物体都是有厚度的，可以把这个厚度做到很小，小到能容忍的误差以下。3D 打印机就是利用这个原理，将任意一个三维数据实体，切割成一个个面来分析。那么理论上只要这台打印机能够实现打印出任意形状的面，它就可以打印出任意形状的物体了（不考虑重力对结构的限制因素）。所以 3D 打印机有一个喷嘴，它能够稳定连续的喷出直径一定的塑料（或者其他热融性的材料）。这个喷嘴一般由步进电机来控制移动，它的运动由 3D 实体数据来控制，而且喷出来的材料是稳定的，它一边喷一边按照特定的方式移动。这样它就可以打印出特定的形状来了。等热融性的材料冷却下来，这个实体就定型了。

三、实验室 3D 打印机打印过程

以上海磐纹科技有限公司 F3CL 型实验室 3D 打印机为例，见图 1-46-1。

1. 三维设计

图 1-46-1　UP Plus2 3D 打印机

三维打印的设计过程：先通过计算机建模软件建模，再将建成的三维模型“分区”成逐层的截面，即切片，从而指导打印机逐层打印。设计软件和打印机之间协作的标准文件格式是“STL”文件格式。一个“STL”文件使用三角面来近似模拟物体的表面。三角面越小其生成的表面分辨率越高。“PLY”是一种通过扫描产生的三维文件的扫描器，其生成的“VRML”或者“WRL”文件经常被用作全彩打印的输入文件。

2. 切片处理

打印机通过读取文件中的横截面信息，用液体状、粉状或片状的材料将这些截面逐层地打印出来，再将各层截面以各种方式黏合起来从而制造出一个实体。这种技术的特点在于其几乎可以造出任何形状的物品。打印机打出的截面的厚度（即 Z 方向）以及平面方向即 X-Y 方向的分辨率是以“dpi”（像素每英寸）或者微米来计算的。一般的厚度为 $100\mu m$，即 0.1mm，也有部分打印机如 objet connex 系列，还有三维 systems’ projet 系列可以打印出 $16\mu m$ 薄的一层。而平面方向则可以打印出跟激光打印机相近的分辨率。打印出来的“墨水滴”的直径通常为 50～$100\mu m$。用传统方法制造出一个模型通常需要数小时到数天，根据模型的尺寸以及复杂程度而定。而用三维打印的技术则可以将时间缩短为数个小时，当然其是由打印机的性能以及模型的尺寸和复杂程度而定的。

3. 完成打印

三维打印机的分辨率对大多数应用来说已经足够（在弯曲的表面可能会比较粗糙，像图像上的锯齿一样），要获得更高分辨率的物品可以通过如下方法：先用当前的三维打印机打出稍大一点的物体，再稍微经过表面打磨即可得到表面光滑的“高分辨率”物品。

四、3D 打印材料

工程塑料如 ABS、PC、PLA、尼龙类材料等；光敏树脂；橡胶类材料如有机硅橡胶等；金属材料如钛合金、钴铬合金、不锈钢和铝合金等；陶瓷材料；石膏材料；人造骨粉；细胞生物原料以及砂糖等材料。

五、3D 打印机使用注意事项

1. 物体模型必须为封闭的。

2. 物体需要有厚度。

3. 物体模型必须为流形。如果一个模型中存在多个面共享一条边，那么它就是非流形的（non-manifold）。

4. 正确的法线方向。模型中所有的面法线需要指向一个正确的方向。如果你的模型中包含了错误的法线方向，打印机就不能够判断出是模型的内部还是外部。

5. 物体模型的最大尺寸。物体模型最大尺寸是根据 3D 打印机可打印的最大尺寸而定。点构的变形金刚打印的最大尺寸为 200mm×200mm×200mm，当模型超过打印机的最大尺寸时，模型就不能完整地被打印出来。在 Cura 软件中，当模型的尺寸超过了设置机器的尺寸，模型就显示灰色。如果要建大尺寸模型时，则需要考虑模型打印出来，组装拼合方便问题。

6. 物体模型的最小厚度。打印机的喷嘴直径是一定的，打印模型的壁厚考虑到打印机能打印的最小壁厚。不然，会出现失败或者错误的模型。一般最小厚度为 2mm，根据不同的 3D 打印机而发生变化。

7. 45°法则。任何超过 45°的突出物都需要额外的支撑材料或是高明的建模技巧来完成模型打印，而 3D 打印的支撑结构比较难做。添加支撑又耗费材料，又难处理，而且处理之后会破坏模型的美观。因此，建模时尽量避免需要加支撑。

8. 预留容差度。对于需要组合的模型，需要特别注意预留容差度。要找到正确的度可能会有些困难，一般解决办法是在需要紧密接合的地方预留 0.8mm 的宽度，给较宽松的地方预留 1.5mm 的宽度。

六、3D 打印机的操作实训

分别采用 PLA 和 ABS 进行 3D 打印实训。

第二部分
高分子化学与物理实验

高分子化学实验

实验 2-1　三聚氰胺-甲醛树脂的合成及层压板制备

一、实验目的

1. 了解三聚氰胺-甲醛树脂的合成方法及层压板制备。
2. 掌握三聚氰胺与甲醛缩聚反应的影响因素及实验操作技术。
3. 了解溶液聚合和缩合聚合的原理及特点。

二、实验原理

三聚氰胺（M）-甲醛树脂（F）以及脲醛树脂通常称为氨基树脂。三聚氰胺-甲醛树脂是由三聚氰胺和甲醛缩合而成。层压用树脂的 M/F 投料摩尔比为 1∶2～1∶3。缩合反应是在碱性介质中进行，先生成可溶性预缩合物：

$$\text{三聚氰胺 } C_3N_3(NH_2)_3 \xrightarrow[OH^-]{3CH_2O} C_3N_3(NHCH_2OH)_3$$

这些缩合物是以三聚氰胺的三羟甲基化合物为主，在 pH 值为 8～9 时，特别稳定。进一步缩合（如：*N*—羟甲基和 NH—基团的失水）成为微溶并最后变成不溶的交联产物。如：

$$R-NHCH_2OH + HOH_2CNH-R \longrightarrow R-NHCH_2-N(CH_2OH)-R + H_2O$$

三聚氰胺-甲醛树脂吸水性较低，耐热性高，在潮湿情况下，仍有良好的电气性能，常用于制造一些质量要求较高的日用品和电气绝缘元件。

三、仪器与试剂

油压机、铝合金板、四口烧瓶、搅拌器、回流冷凝管、玻璃棒、夹子、6cm×30cm 滤纸 2 张等。

三聚氰胺（CP）、乌洛托品（CP）、甲醛水溶液（37%）（AR）、三乙醇胺（CP）。

四、实验步骤

1. 树脂合成

在装有搅拌器、温度计、回流冷凝管的 250mL 四口烧瓶中，分别加入 51g 甲醛水溶液（37%）和 0.125g 乌洛托品（分析天平称取），开动搅拌使其溶解。在搅拌下，再加入 31.5g 三聚氰胺，慢慢升温至 80℃，使其溶解。待完全溶解后，开始测定其沉淀比，每隔 4～5min，测定一次，直至沉淀比达到 2∶2，即可加入 3～5 滴三乙醇胺（约 0.15g），使 pH 值为 8～9，搅拌均匀后停止反应。观察所得树脂的外观、透明性及黏稠度。

沉淀比的测量：向盛有 2mL 蒸馏水的量筒中，慢慢滴入 2mL 样品，振荡使其混合均匀，若混合物呈微混浊，即沉淀比达 2∶2，停止反应。

2. 滤纸浸渍

将所得溶液倾于培养皿内，将宽 6mm、长 30mm 的滤纸（共 2 张）浸渍于树脂内，并用玻璃棒挤压树脂，以保证每张滤纸浸渍足够树脂，然后取出，把浸渍的滤纸用夹子固定在架子上，使过剩的树脂滴掉，干燥过夜。观察浸渍滤纸状况。

3. 层压

将浸好的干燥的纸张层叠整齐（剪成模框大小，6～8 层），置于光滑的铝合金板上，在油压机上于 135℃、4～10MPa 下，加热 15min，打开油压机，冷却后取出，即可制得层压塑料板。观察层压板的外观、透明性及强度等。

五、注意事项

实验过程中，缩聚反应温度不能太高，时间不能太长，否则易交联成不溶不熔物。注意测定沉淀比。

六、思考题

1. 影响三聚氰胺-甲醛树脂合成反应的因素有哪些？
2. 本实验中加入乌洛托品以及三乙醇胺分别起什么作用？
3. 层压用三聚氰胺-甲醛树脂结构特点，说明合成条件的选择依据是什么？

实验 2-2 聚己二酸乙二醇酯的制备

一、实验目的

1. 通过聚己二酸乙二醇酯的制备，了解平衡常数较小单体缩聚的实施方法。

2. 通过测定酸值和出水量，了解缩聚反应过程中反应程度和平均聚合度的变化，加深对缩聚反应特点的理解。

3. 掌握缩聚物分子量的影响因素及提高分子量的方法。

二、实验原理

线型缩聚反应的特点是单体的双官能团间相互反应，同时析出副产物，在反应初期，由于参加反应的官能团数目较多，反应速率较快，单体间相互形成二聚体、三聚体、最终生成高聚物。

$$\mathrm{aAa+bBb \longrightarrow aABb+ab}$$

$$\mathrm{aABb+aAa \longrightarrow aABAa+ab} \quad 或 \quad \mathrm{aABb+bBb \longrightarrow bBABb+ab}$$

$$\mathrm{a(AB)}_m\mathrm{b+a(AB)}_n\mathrm{b \longrightarrow a(AB)}_{m+n}\mathrm{b+ab}$$

线型缩聚是可逆平衡反应，缩聚物的分子量必然受到平衡常数的影响。利用官能团等活性假设，可近似的用同一个平衡常数来表示其反应平衡特征。聚酯反应的平衡常数一般较小，K 值大约在 4～10 之间。当反应条件改变时，例如副产物 ab 从反应体系中蒸除出去，平衡即被破坏。除了单体结构和端基活性的影响外，影响聚酯反应的主要因素有：配料比、反应温度、催化剂、反应程度、反应时间、去除水的程度等。

配料比对反应程度和聚酯的分子量大小的影响很大，体系中任何一种单体过量，都会降低聚合度。采用催化剂可大大加快反应速率；提高反应温度一般也能加快反应速率，提高反应程度，同时促使反应生成的低分子产物尽快离开反应体系，但反应温度的选择是与单体的沸点、热稳定性有关。反应中低分子副产物将使逆反应进行，阻碍高分子产物的形成，因此去除副产物越彻底，反应进行的程度越大。为了去除水分，可采取提高反应温度、降低系统压力、提高搅拌速度和通入惰性气体等方法。此外，在反应没有达到平衡，链两端未被封锁的情况下，反应时间的增加也可提高反应程度和分子量。

聚酯反应体系中有小分子水排出。

$$n\mathrm{HO(CH_2)_2OH}+n\mathrm{HOOC(CH_2)_4COOH} \longrightarrow \mathrm{H[O(CH_2)_2OOC(CH_2)_4CO]}_n\mathrm{OH}+(2n-1)\mathrm{H_2O}$$

通过测定反应过程中的酸值变化或出水量来求得反应程度，反应程度 p 计算公式如下：

$$p=\frac{t\ 时刻出水量}{理论出水量} \quad 或 \quad p=\frac{初始酸值-t\ 时刻酸值}{初始酸值} \tag{2-2-1}$$

当配料比严格控制在 1∶1 时，产物的平均聚合度 $\overline{X}_n$ 与反应程度 p 具有如下关系：

$$\overline{X}_n=\frac{1}{1-p} \tag{2-2-2}$$

据此可求得平均聚合度和产物分子量。

在本实验中，外加对甲苯磺酸催化，属于外加酸催化缩聚，$\overline{X}_n$ 与反应时间 t 具有如下关系：

$$\overline{X}_n=\frac{1}{1-p}=kc_0t+1 \tag{2-2-3}$$

式中，t 为反应时间，min；c_0 为反应开始时每克混合物原料中羧基或羟基的浓度，mmol/g；k 为该反应条件下的反应速率常数，g/(mmol・min)。

根据上式，当反应程度达 80%以上时，即可以 $\overline{X}_n$ 对 t 作图求出 k。

本实验由于实验设备、反应条件和时间的限制，不能获得较高分子量产物，只能通过反应条件的改变，了解缩聚反应的特点以及影响反应的各种因素。

三、仪器与试剂

250mL 三口瓶、机械搅拌器、分水器、300℃温度计、球形冷凝管、油浴、真空水泵、250mL 锥形瓶、碱式滴定管、25mL 量筒、培养皿、毛细管、烧杯。

己二酸、乙二醇、对甲苯磺酸、酚酞、乙醇-甲苯（1∶1）混合溶剂、0.1mol/L KOH/乙醇标准溶液、丙酮。

四、实验步骤

1. 实验仪器装置如图 2-2-1、图 2-2-2 所示。

2. 向三口瓶中先后加入 36.5g 己二酸，15.5g 乙二醇和 60mg 对甲苯磺酸，充分搅拌后，取约 0.5g 样品（第 1 个样）测定酸值（酸值的测定见附录）。

3. 用油浴开始加热，当物料熔融后在 15min 内升温至 160℃±2℃反应 60min。在此段共取 5 个样测定酸值：在物料全部熔融时取第 2 个样，达到 160℃时取第 3 个样，在此温度下反应 15min 后取第 4 个样，至 30min 时取第 5 个样，至第 45min 取第 6 个样。取第 6 个样后再反应 15min。

4. 然后于 15min 内将体系温度升至 200℃±2℃，此时取第 7 个样，并在此温度下反应 30min 后取第 8 个样，继续再反应 30min。

5. 将反应装置改成减压系统（如图 2-2-2），继续保持 200℃±2℃，真空度为 100mmHg 反应 15min 后取第 9 个样，再反应 15min，至此结束反应。

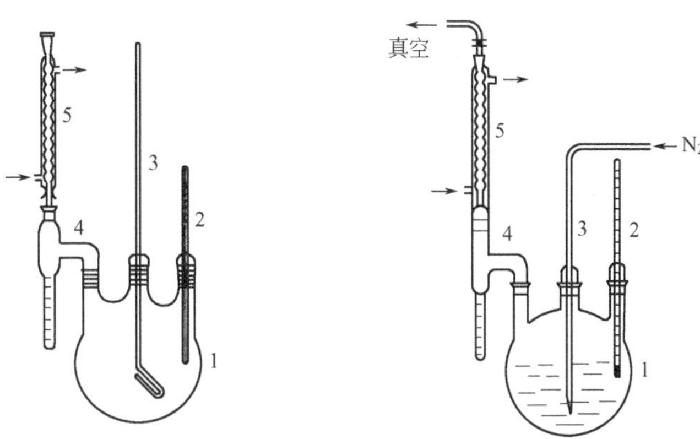

图 2-2-1　聚己二酸乙二醇酯制备装置　　　图 2-2-2　聚酯减压装置

1—250mL 三口烧瓶；2—温度计；3—搅拌器；4—分水器；5—球形冷凝管

6. 在反应过程中从开始出水时，每析出 1mL 水，测定一次出水时间（前 5mL），出水变慢后，每 15min 记录一次出水量，直至反应结束，应不少于 10 个水样。

7. 反应停止后，趁热将产物倒入回收盒内，冷却后为蜡状物。用 20mL 丙酮洗瓶，洗瓶液倒入回收瓶中。

五、数据分析

1. 按下表记录酸值，计算反应程度和平均聚合度，绘出 p-t 和$\overline{X}_n$-t 图。

反应时间/min	样品质量/g	消耗的 KOH 溶液的体积/mL	酸值/(mgKOH/g 样品)	反应程度	平均聚合度

2. 按下表记录出水量，计算反应程度和平均聚合度，绘出 $p\sim t$ 和$\overline{X}_n\sim t$ 图。

反应时间/min	出水量/mL	反应程度	平均聚合度

3. 酸值的测定：用长滴管吸取 0.5g 左右的树脂滴入 250mL 的锥形瓶中，准确称取质量。然后加入 15mL 乙醇-甲苯混合溶剂，摇动锥形瓶使树脂完全溶解，再加入三滴酚酞指示液，用 KOH/乙醇标准溶液滴定至淡红色不褪为终点。并作空白实验。酸值按下式计算：

$$A=\frac{c(V-V_0)\times 56.1}{m} \tag{2-2-4}$$

六、思考题

1. 根据聚酯反应的特点，说明采取这种实验步骤和实验装置的原因？

2. 根据 p-t 和$\overline{X}_n$-t 图，计算反应速率常数 k，讨论缩聚反应的特点？

3. 与聚酯反应程度和分子量大小有关的因素是什么？在反应后期黏度增大后影响聚合的不利因素有哪些？怎样克服不利因素使反应顺利进行？

4. 实验中保证等物质量投料配比有何意义？

实验 2-3　苯乙烯-顺丁烯二酸酐的共聚及共聚组成测定

本实验包含两部分内容，第一部分内容为苯乙烯与顺丁烯二酸酐的共聚反应，第二部分为测定所制备的共聚产物的组成。

一、实验目的

1. 了解共聚合反应的基本原理和实验方法。
2. 了解高分子化学反应的特点。
3. 测定苯乙烯-顺丁烯二酸酐共聚物的组成。

二、实验原理

1. 苯乙烯-顺丁烯二酸酐的共聚

（1）苯乙烯-顺丁烯二酸酐的共聚反应是以苯为溶剂，偶氮二异丁腈为引发剂进行的溶液聚合，由于生成的聚合物不溶于溶剂而沉淀析出，因而又称沉淀聚合。

（2）顺丁烯二酸酐由于结构对称，极化度低，一般不能自聚。但是它能与苯乙烯很好地共聚，这是因为顺丁烯二酸酐上有强吸电子基，使双键上电子云密度降低，因而具有正电性。而苯乙烯具有共轭体系的结构，电子的流动性相当大，电子云容易漂移。它们之间会产生如下作用：

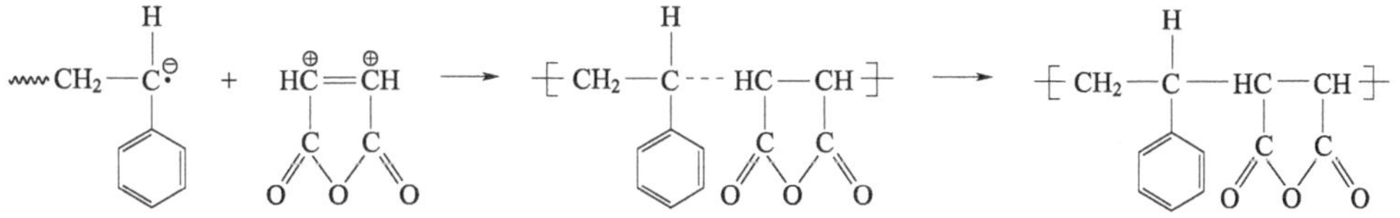

$$\sim\!\sim CH_2-\overset{H}{\underset{C_6H_5}{C}}{}^{\ominus}\!\cdot + \overset{\oplus}{HC}=\overset{\oplus}{CH}\ (\text{酸酐环}) \longrightarrow \left[CH_2-\overset{H}{\underset{C_6H_5}{C}}\cdots HC-CH \right] \longrightarrow \left[CH_2-\overset{H}{\underset{C_6H_5}{C}}-HC-CH \right]$$

共聚组成方程为：

$$F_1=\frac{r_1 f_1^2+f_1 f_2}{r_1 f_1^2+2 f_1 f_2+r_2 f_2^2} \tag{2-3-1}$$

式中，F_1代表结构单元 1 在共聚物中的摩尔分率；f_1，f_2代表单体 1 和单体 2 占单体混合物的摩尔分率；r_1，r_2代表单体 1 和单体 2 的竞聚率。当 $r_1\rightarrow 0$、$r_2\rightarrow 0$ 时，这两种单体的均聚倾向都极小，而互相共聚的倾向则很大，最后形成一种交替排列的共聚物，共聚物组成为 $F_1=1/2$。苯乙烯（M_1）-顺丁烯二酸酐（M_2）共聚的竞聚率 $r_1=0.04$，$r_2=0.015$，$r_1 r_2=0.006$。若两者以 1∶1（摩尔比）投料，则得到的是接近交替共聚的产物。

2. 共聚物组成的测定

苯乙烯-顺丁烯二酸酐共聚物的测定，是根据共聚物中酸酐的反应。首先，共聚物用过量的氢氧化钠溶液（0.5mol/L）溶解：

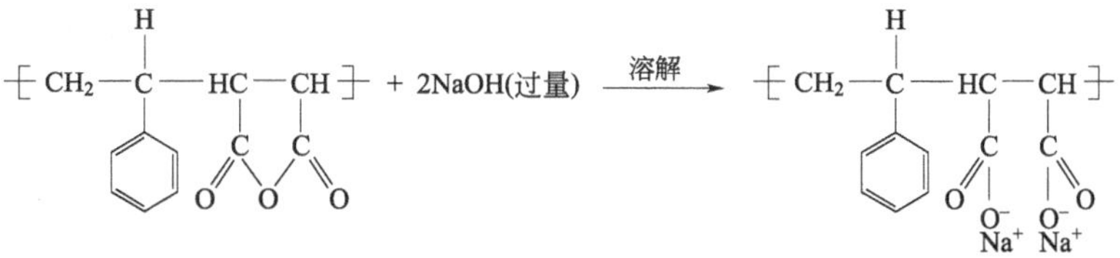

$$\left[CH_2-\overset{H}{\underset{C_6H_5}{C}}-HC-CH \right]\ (\text{酸酐环}) + 2NaOH(\text{过量}) \xrightarrow{\text{溶解}} \left[CH_2-\overset{H}{\underset{C_6H_5}{C}}-\underset{COO^-Na^+}{HC}-\underset{COO^-Na^+}{CH} \right]$$

剩余的 NaOH 用 0.5mol/L 的 HCl 滴定，这样就可求得共聚物的组成。

由于共聚物与氢氧化钠的反应是高分子化学反应，它有其自己的特点。如：反应速率较慢，反应不易完全等。因此，共聚物与 NaOH 能否完全反应、溶解是该实验成败关键之一。

三、仪器与试剂

搅拌器、调压变压器、封闭式电炉、水浴锅、四口烧瓶（250mL）、球形冷凝管、温度计（100℃）、烧杯、锥形瓶（250mL）、培养皿、酸式滴定管、量筒（100mL）、移液管（20mL）。

苯乙烯（CP）、顺丁烯二酸酐（CP）、偶氮二异丁腈（AR）、苯（CP）、NaOH 溶液（0.5mol/L）、HCl 溶液（0.5mol/L）、酚酞指示剂。

四、实验步骤

1. 共聚物的合成

（1）在 250mL 四口瓶上装上温度计、搅拌器及球形冷凝管。

（2）将 100mL 苯或甲苯、5.9g 顺丁烯二酸酐加入四口瓶中，水浴加热并搅拌。内温升至 50℃搅拌一段时间后，顺酐全部溶解，冷却至室温。

（3）加入苯乙烯 6.2g 和偶氮二异丁腈 0.025～0.03g（精确称取），然后加热至反应温度 75～77℃（内温）。

（4）反应过程中，注意观察现象，在反应物渐渐变稠，搅拌困难时，停止反应（约 1～2h），冷却后将产物倒出，用布氏漏斗过滤，有机滤液必须倒入实验室指定的有机废液回收桶中。

（5）将抽滤所得产物置于 1000mL 大烧杯内，用水洗至 pH＝7，最后一次用 60℃蒸馏水洗，用布氏漏斗过滤抽干。将产品置于培养皿中，在真空烘箱中 60℃烘干，称量计算产率。

2. 共聚物组成的测定

（1）在两只 250mL 锥形瓶中，分别称入经研细的共聚产物约 0.5g（称量时精确至小数点后三位，并记录在实验记录本上），用移液管各加入 20mL 0.5mol/L 的 NaOH 溶液。

（2）在锥形瓶上装上回流冷凝管，在沸水浴上加热反应，待物料完全反应溶解，溶液成无色透明后，用少量蒸馏水洗冷凝管后，取下锥形瓶。

（3）样品冷至室温后，加三滴酚酞指示剂，用标准盐酸滴定至无色即为终点。

（4）平行滴定两个样品，按下式计算共聚物中顺酐的质量分数，取其平均值。

$$W_{\mathrm{MAH}}=\frac{98.06\times(N_{\mathrm{NaOH}}\times V_{\mathrm{NaOH}}-N_{\mathrm{HCl}}\times V_{\mathrm{HCl}})}{2\times W_{\mathrm{total}}\times 1000}\times 100\% \tag{2-3-2}$$

五、注意事项

1. 共聚时，反应瓶应干燥，不能有水。否则，实验易失败。
2. 共聚反应时要有耐心，仔细观察实验现象变化，搅拌速率不宜过快。
3. 沉淀聚合凝胶效应使反应自动加速加剧，在反应过程中，要控制好温度，避免由于反应放热而引起冲料。
4. 为提高产率，可在反应后期，将反应温度升至 80℃反应。
5. 共聚物组成测定时，共聚物与 NaOH 能否完全反应，溶解是该实验成败关键之一。

六、思考题

1. 合成苯乙烯-顺丁烯二酸酐共聚物，及测定该共聚物组成的基本原理是什么？
2. 对所得共聚物的产率及共聚物组成的实验值与计算值进行比较，并分析原因。
3. 苯乙烯-顺丁烯二酸酐共聚物与氢氧化钠溶液的反应是高分子化学反应，试比较高分子化学反应与低分子化学反应的异同点。

实验 2-4　膨胀计测定苯乙烯自由基聚合动力学

一、实验目的

1. 学会使用膨胀计进行自由基聚合动力学的研究。
2. 验证自由基聚合反应速率与单体浓度的动力学关系。
3. 通过测定不同温度下的链增长动力学常数，求得表观增长活化能。

二、实验原理

1. 聚合反应速率常数的测定

对引发剂引发的自由基聚合反应，其聚合反应速率具有以下动力学关系：

$$R_p=-\frac{d[M]}{dt}=k_p\left(\frac{fk_d}{k_t}\right)^{\frac{1}{2}}[I]^{\frac{1}{2}}[M] \tag{2-4-1}$$

式中，R_p 为聚合反应速率；$[M]$ 为单体浓度；$[I]$ 为引发剂浓度；k_p、k_d、k_t 分别是链增长、链引发和链终止反应速率常数。

由式(2-4-1) 可知：聚合反应速率与引发剂浓度的平方根成正比，与单体浓度的一次方成正比。在低转化率阶段，自由基浓度可视为恒定，所以式(2-4-1) 可简化为：

$$R_p=-\frac{d[M]}{dt}=K[M] \tag{2-4-2}$$

其中

$$K=k_p\left(\frac{fk_d}{k_t}\right)^{\frac{1}{2}}[I]^{\frac{1}{2}}$$

对于某个具体的反应体系来说，在反应初期，转化率不超过 10%的范围内，可以认为是常数，它的大小反映了聚合过程的快慢，也就表观聚合速率常数。

对式(2-4-2) 积分，可得：

$$\ln\left(\frac{[M]_0}{[M]_t}\right)=Kt \tag{2-4-3}$$

式中，$[M]_0$ 为起始单体浓度；$[M]_t$ 为 t 时刻的单体浓度。由式(2-4-3) 可知，如果能够测得不同时刻的单体浓度，以 $\ln\left(\frac{[M]_0}{[M]_t}\right)$ 对 t 作图，假设以上动力学关系式成立，则应得到一条直线，因此可以验证出聚合速率与单体浓度之间的关系，但是单体浓度如何实时测定呢?

在相同物理条件，绝大多数单体的密度都小于其形成的聚合物的密度。就聚合体系来说，随着聚合反应的进行，体积发生收缩，而这种收缩是与单体的转化率成正比的。一般地，聚合体系的体积收缩量不大的情况下，难以精确地观测到，但是借助膨胀计，我们可以把这种体积的微小变化反映到一根直径相当小的毛细管中显示出来，观察的灵敏度就会大大提高。这就是膨胀计测定聚合反应速率动力学的基本原理。

若用 p 表示单体转化率，$\Delta\overline{V}$ 表示收缩的体积，$\Delta\overline{V}_{max}$ 表示转化率达到 100%时的最大体积收缩，即

$$p=\frac{\Delta\overline{V}}{\Delta\overline{V}_{max}} \tag{2-4-4}$$

而在某个具体 t 时刻，反应掉的单体为：

$$p[M]_0=\frac{\Delta\overline{V}}{\Delta\overline{V}_{\max}}[M]_0 \tag{2-4-5}$$

剩余单体浓度为：

$$[M]=[M]_0(1-p)=[M]_0\left(1-\frac{\Delta\overline{V}}{\Delta\overline{V}_{\max}}\right) \tag{2-4-6}$$

对一定量的单体$[M]_0$是一个定值，因此用膨胀计测出不同时间的体积收缩值，即可得到动力学关系曲线，从而得到某个特定温度下的 K 值。

2. 聚合反应速率活化能的测定

对于不同温度下的聚合反应，其反应速率常数符合 Arrhenius 方程，即：

$$K=A\mathrm{e}^{-\frac{\Delta E}{RT}} \tag{2-4-7}$$

式中，A 为前置因子，是常数；ΔE 为聚合反应活化能；R 为热力学常数；T 为反应温度。同样地，根据式(2-4-2)，可得：

$$\Delta E=\Delta E_{\mathrm{p}}+\frac{1}{2}\Delta E_{\mathrm{d}}-\frac{1}{2}\Delta E_{\mathrm{t}} \tag{2-4-8}$$

式中，ΔE_{p}、ΔE_{d} 和 ΔE_{t} 分别为链增长、链引发和链终止三个基元反应的活化能。对式(2-4-8) 取自然对数，可得：

$$\ln K=\ln A-\frac{\Delta E}{RT} \tag{2-4-9}$$

由此可见，改变反应温度，可以得到不同温度下的 K 值，然后以 $\ln K$ 对 $1/T$ 作图，可以得到一条直线，其截距为 $\ln A$，而斜率为 $-\Delta E/R$。即可得到该聚合体系在此温度范围内的聚合反应活化能。

三、仪器与试剂

膨胀计、精密恒温水浴、碘瓶、秒表。

苯乙烯（精制）、偶氮二异丁腈（重结晶）。

四、实验步骤

1. 在分析天平上精确称取 50mg 偶氮二异丁腈，加入到 100mL 碘瓶中，再于碘瓶中加入 20g 苯乙烯。轻轻摇晃使引发剂全部溶解于单体中，取此溶液装满膨胀计的下部容器，再装好上部的毛细管，液柱开始沿毛细管上升，用橡皮筋将两个部分固定住，用滤纸擦去溢出部分单体。

2. 膨胀计用夹具固定住，下部容器浸入水浴中。由于热膨胀，毛细管中液柱迅速上升，当液柱不再上升，稳定时即达到平衡，记录此时刻的液面高度 h_0；当液面开始下降时，表示聚合已经开始，开始计时，以后每 5min 读一次液柱高度 h_i，反应 1h 后，结束读数。

3. 从恒温水浴中取出膨胀计，把膨胀计内的溶液倒入回收瓶中，分别用少量甲苯洗涤膨胀计底部和毛细管，用纯甲苯洗涤三次，洗涤液倒入回收瓶中。将洗干净的膨胀计置于干净的托盘中晾干，以备下次使用。

五、实验数据处理

1. 苯乙烯与聚苯乙烯的密度

利用膨胀计法，可以测得，在50～70℃的范围内，一定量的苯乙烯单体，其体积对温度近似具有以下的线性关系：

$$\frac{\left(\frac{\Delta V}{m}\right)}{\Delta T}=\frac{\left(\frac{V_2-V_1}{m}\right)}{T_2-T_1}=\frac{\frac{1}{\rho_2}-\frac{1}{\rho_1}}{T_2-T_1}=1.0887\times10^{-3}[\mathrm{mL/(g\cdot K)}] \qquad (2\text{-}4\text{-}10)$$

另外，已知60℃时苯乙烯的密度为0.869g/mL，由此可以求得在此温度范围内苯乙烯单体的密度。对于聚苯乙烯，在50～70℃温度范围内，其密度变化很小，约为1.0563g/cm^3。

2. 聚合反应速率常数的测定

已知：$\rho_{M,T}$为苯乙烯单体在温度T时的密度；聚苯乙烯在该温度下的密度$\rho_{p,T}$；h_0为膨胀计毛细管中液柱的高度；A为毛细管单体长度的体积毫升数；V_{50}为膨胀计的总体积毫升数；因为毛细管的最高刻度为50，所以单体总体积为：

$$V_0=V_{50}-(50-h_0)A \qquad (2\text{-}4\text{-}11)$$

如果实现100%转化，则最终所得聚合物体积为：

$$V_p=V_0\times\frac{\rho_{M,T}}{\rho_P} \qquad (2\text{-}4\text{-}12)$$

此时的体积收缩为：

$$\Delta\overline{V}_{max}=V_0-V_p=V_0\times\left(1-\frac{\rho_{M,T}}{\rho_P}\right) \qquad (2\text{-}4\text{-}13)$$

而在反应进程中，在时刻t的体积收缩为：

$$\Delta\overline{V}=(h_0-h_i)\times A \qquad (2\text{-}4\text{-}14)$$

所以对于此组实验，有如下数据：

时刻 t	液柱高度 h_i	体积收缩 $\Delta\overline{V}$	转化率$\frac{\Delta\overline{V}}{\Delta\overline{V}_{max}}$	$\ln\left[\frac{1}{\left(1-\frac{\Delta\overline{V}}{\Delta\overline{V}_{max}}\right)}\right]$

利用最小二乘法求出此温度下的K。

3. 聚合反应活化能的测定

在50～70℃范围选择4个不同的温度点，并测定不同温度下的K值，可以得到以下数据：

温度 T/K	$\frac{1}{T}$/K^{-1}	反应速率常数 K	$\ln K$

同样地，利用最小二乘法求出此体系聚合反应的活化能。

六、注意事项

1. 安装膨胀计时，单体要充分填满膨胀计，并且不能有气泡。
2. 收缩起点，即 h_0，的读取非常重要。

七、思考题

1. 本次实验的原理是什么？
2. 分别分析求 K 和 ΔE 时出现偏差可能的原因。
3. 求 ΔE 时所得的截距数值的物理意义是什么？根据 Arrhenius 方程的假设，反应活化能 ΔE 是个常数。结合物理化学中反应动力学的知识，分析此假设的局限性。

表 2-4-1 膨胀计的编号及其特征常数

编号	A	V_{50}	编号	A	V_{50}
1	0.01198	18.1036	23	0.01188	19.0595
2	0.01116	18.9420	24	0.01184	19.6672
3	0.01388	18.2393	25	0.01259	18.0748
4	0.01304	16.9570	26	0.01019	19.4279
5	0.01239	17.7520	28	0.01214	15.5535
6	0.01256	20.2443	29	0.01264	17.8269
7	0.01391	17.7559	30	0.01349	17.4878
8	0.01208	18.7286	32	0.01319	17.1652
9	0.01284	19.2580	33	0.01309	18.1871
10	0.01658	18.9280	34	0.01407	17.3350
11	0.01184	18.7642	35	0.01255	17.2817
12	0.01214	19.3023	36	0.01064	19.1913
13	0.01096	18.7077	37	0.01611	19.3272
14	0.01271	17.4266	38	0.01293	18.7971
15	0.01096	16.0663	39	0.01087	18.3463
16	0.01065	19.2167	40	0.01371	18.1781
17	0.01355	18.5615	44	0.01264	19.0176
18	0.01377	17.8601	46	0.01301	19.0167
19	0.01248	16.3699	47	0.01199	19.0769
20	0.01272	16.6625	48	0.01109	19.0839
21	0.01189	19.5048	50	0.01113	18.9071
22	0.01163	17.7738	51	0.01485	18.1470

续表

编号	A	V_{50}	编号	A	V_{50}
52	0.01080	18.3230	61	0.01346	18.1312
53	0.01513	18.3791	64	0.01030	18.0987
54	0.01519	18.6901	66	0.01050	17.9923
56	0.01122	18.3131	67	0.01157	17.6979
57	0.01306	18.6157	68	0.01130	18.1071
58	0.01401	17.8765	69	0.01097	17.9850
59	0.01070	18.5793	70	0.01026	18.6555

实验 2-5　苯乙烯与二乙烯基苯的悬浮聚合

一、实验目的

1. 了解和掌握有关悬浮聚合的配方，工艺过程和操作方法。
2. 学会如何通过悬浮聚合制备颗粒均匀的悬浮共聚物。
3. 了解悬浮聚合的优劣。

二、实验原理

悬浮聚合是制备高分子合成树脂的重要方法之一，在悬浮聚合中，单体受到强烈的搅拌分散作用以小液滴的形式悬浮在聚合介质中聚合。每一个悬浮的单体小液滴实际上相当于本体聚合的小单元。这个小液滴在聚合介质的直接包围之中，所以聚合热可以及时而有效地排出，同时聚合速率较快，分子量也较高。

悬浮聚合的分散体系是一种不稳定体系，在液体界面张力作用下，单体液滴之间有相互凝聚的倾向，同时当转化率达 20%～30%以后，在单体液滴内部已溶胀一部分高聚物，从而使液滴变黏，这时液滴之间的碰撞会造成黏结现象（黏块、黏条），使聚合失败。所以为了保证悬浮聚合的成功，必须向体系中加入明胶、聚乙烯醇、羟甲基纤维素等一些有机高分子作为分散剂。这时，分散剂可以降低液体的界面张力，使单体液滴的分散程度更高；也可以增加聚合介质的黏度，从而阻碍单体液滴之间的碰撞黏结；同时它们还可以在单体的液滴表面形成保护膜防止液滴的凝聚。有些悬浮聚合为了达到更好的防止黏结的效果，还要加入 Ca、Mg 的碳酸盐、磷酸盐，这些物质是不溶于水的极细小的无机粉末，它们可以吸附在单体液滴表面起机械阻隔作用，对防止黏结有特殊的结果。

本实验采用悬浮聚合法制取苯乙烯和二乙烯苯的交联聚合物，其合成反应方程式如下。该交联共聚物小球，经磺化或氯甲基化等高分子基因反应，可以制得离子交换树脂，共聚小球颗粒大小受各种反应条件的影响，尤以搅拌强度和分散剂种类、用量的影响最大，分散剂用量大，搅拌强度高都会使颗粒变小。

$$CH_2{=}CH(C_6H_5) + H_2C{=}CH(C_6H_4)CH{=}CH_2 \xrightarrow{\text{无规共聚合}} \sim CH_2-\overset{H}{C}(C_6H_5)-CH_2-CH(C_6H_4CH{=}CH_2)\sim$$

$$\sim CH_2-\overset{H}{C}(C_6H_5)-CH_2-CH(C_6H_4CH{=}CH_2)\sim \xrightarrow{R^\bullet} \sim CH_2-\overset{H}{C}(C_6H_5)-CH_2-CH(C_6H_4CH^\bullet-CH_2R)\sim \xrightarrow{\sim CH_2-\overset{H}{C}(C_6H_5)-CH_2-CH(C_6H_4CH{=}CH_2)\sim}$$

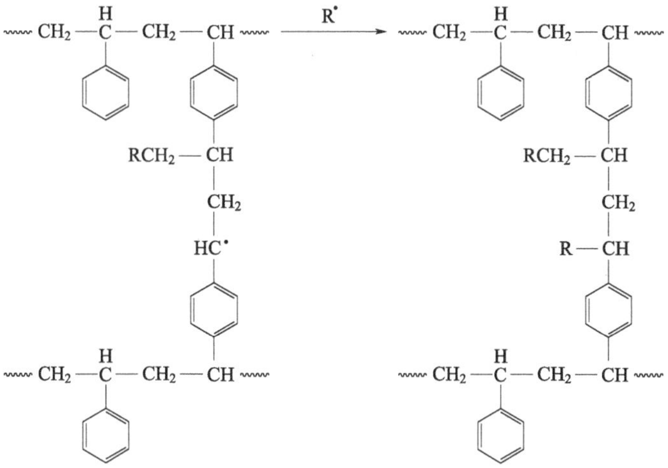

三、仪器与试剂

电动搅拌器、水浴锅、自动控温仪、四口烧瓶（250mL）、球形冷凝管、温度计（100℃）、氮气导管、量筒、烧杯等。

苯乙烯（精制）、过氧化苯甲酰（CP）、浓度为3%的PVA 1788水溶液、二乙烯基苯等。

四、实验步骤

1. 装好实验装置，应注意搅拌与装置的配合，搅拌不得摩擦瓶口，碰击瓶壁，也不能太低。搅拌的好坏是实验成败的关键之一。

2. 将浓度为3%的PVA 1788水溶液3mL，水110mL加入四口烧瓶中，搅拌并加热，当温度达70℃时，停止加热，通 N_2 5min，再将溶有0.35～0.40g过氧化苯甲酰（分析天平称取）的苯乙烯35g及二乙烯苯7mL缓缓加入烧瓶中，调节搅拌速度，继续通 N_2 5min后，加热至90℃。在90℃温度下，反应2h后，用吸管取样观察粒子的形状、硬度，每隔20min取样一次，若粒子已经变硬，则继续升温至95℃强化反应30min，停止加热，除去水浴，在搅拌下，冷却至50℃停止搅拌。

3. 将悬浮液从反应瓶中倒入1000mL烧杯中，倾去上层液，用自来水和蒸馏水反复洗涤数次，用布氏漏斗过滤，滤饼移入培养皿中，在50℃真空烘箱中，干燥3h，称重，计算产率。

五、实验注意事项

1. 搅拌速度要适当，太快粒子太细，太慢容易黏结，更不能中途停止。

2. 升温速度尽可能快，但反应温度不宜超过95℃，否则粒子会软化。

3. 用吸管取样时，应紧贴瓶壁，不要碰到搅拌棒，把吸入的浆液放入盛有清洁水的烧杯中，观察粒子的沉浮，若能沉到水底，取出用指甲压之以看其软硬程度。

六、思考题

1. 悬浮聚合的操作关键在哪里？

2. 悬浮聚合常用的分散剂有哪些？

3. 要制得合格率高的共聚白球，实验中应注意哪些问题？

实验 2-6 醋酸乙烯酯的乳液聚合

一、实验目的

1. 了解乳液聚合的基本原理、基本配方以及乳化剂的作用。
2. 掌握乳液聚合的实验技术。
3. 了解聚醋酸乙烯酯的工业应用。

二、实验原理

乳液聚合最基本的配方由水溶性较低的不饱和单体、水、水溶性引发剂和乳化剂四部分组成。乳液聚合是单体在含有乳化剂和引发剂的水介质中，在搅拌和乳化剂的作用下，分散成乳液状进行的聚合反应。所用的乳化剂通常为阴离子型表面活性剂，也可采用非离子型表面活性剂，或者以上两类乳化剂的复配联用。

表面活性剂分子的一端为低极性的亲油性基团，另一端为高度极性的亲水性基团。当表面活性剂在水溶液中浓度较低时，主要以单个分子形式溶解于水中；但当它在水溶液中的浓度超过临界胶束浓度（CMC）时，表面活性剂分子开始形成胶束；继续提高表面活性剂在水中的浓度，只是提高了胶束的浓度，而以单个分子形态溶解于水溶的表面活性剂浓度保持稳定。

由表面活性剂分子形成的胶束具有增溶、保护分散等作用。当乳液中加入水溶性较低的不饱和单体，少量单体溶解于水中，部分进入胶束中，形成增溶胶束，但大部分以液体形态分散于水中。引发剂在水溶液中产生初级自由基，并向水溶液的单体分子加成形成增长自由基，后者扩散入增溶胶束中引发聚合、形成乳胶粒子，最终通过双基终止形成聚合物链。从宏观上看，乳液聚合就是引发剂在水中产生自由基、单体液滴提供单体，两者在乳胶粒子中聚合并形成聚合物链的过程。

乳液聚合具有独特的机理和显著的优点，比如聚合速率快、产物分子量高、分子量分布较窄，且可有效排除聚合热。许多乳液聚合产物可直接实用，如水性涂料、黏合剂等。本实验所得的聚合产物，又称白乳胶、白乳漆、乳胶漆等，可直接作用黏合剂使用，用来粘接木材、纸张、木板等。

三、仪器与试剂

电动搅拌马达、调压变压器、封闭式电炉、水浴锅、电子天平、球形冷凝管、250mL 四口烧瓶、温度计（100℃）、恒压滴液漏斗、N_2导管、N_2气袋、10mL 量筒、50mL 量筒、pH 试纸。

醋酸乙烯酯（VAc）、聚乙烯醇水溶液（醇解度 87%～88%，如 PVA 1788 等，5wt%）、OP-10、十二烷基硫酸钠（SDS）、过硫酸钾（KPS）、乙酸钠（NaAc）、碳酸氢钠水溶液（质量分数 10%）、邻苯二甲酸二丁酯（DBP）。

四、实验步骤

1. 在装有搅拌器、温度计、冷凝管、滴液漏斗和 N_2 导管的 250mL 四口烧瓶中，加入 50mL（质量分数 5%）聚乙烯醇水溶液、1g OP-10、0.5g SDS。打开电源，设定水浴温度为 80℃，开始加热并升温和搅拌，促进乳化。

2. 待反应液温度升至 72℃时，加入 0.25g 过硫酸钾、0.20g 乙酸钠，随即开始滴加 14mL 醋酸乙烯酯单体。滴加时，保持水浴温度为 80℃、反应液温度在 66～70℃，保持一定回流，观察滴加速度同回流速度和反应液温度之间的关系。在约 30min 内滴加完单体，继续反应至无回流。

3. 将水浴温度提高 82℃，随即开始滴加第二部分 40mL 单体，观察滴加速度同回流速度和反应液温度之间的关系。在约 60min 内滴加完单体，继续反应至无回流。

4. 将水浴温度升至 85℃，继续反应至无回流。如在 85℃反应 30min 仍有明显回流，再补加内含 0.05g KPS 的 2mL 引发剂水溶液以提高聚合速率、降低残余单体浓度。然后保持搅拌、除去水浴，停止加热，逐渐冷却反应液。

5. 待反应液冷却至 50℃，测定 pH 值，用碳酸氢钠水溶液调节至 pH 5～6。另加入 5g 邻苯二甲酸二丁酯，搅拌冷却至室温，观察产物。实验所得黏稠状的白乳胶即为聚醋酸乙烯酯乳液。

五、注意事项

滴加单体时，应控制滴加速度，注意回流大小，否则容易喷料。

六、思考题

1. 乳液聚合的基本配方有哪几个部分构成？本实验所采用的原料有哪些？各有什么作用？

2. 乳液聚合的优缺点有哪些？常用的乳化剂有哪些？

高分子物理实验

实验 2-7　甲基丙烯酸甲酯的本体聚合

一、实验目的

1. 了解自由基本体聚合的基本工艺、基本配方。
2. 掌握甲基丙烯酸甲酯本体聚合制作透明制品的基本操作。
3. 观察自动加速和体积收缩现象。

二、实验原理

本体聚合是指单体在少量引发剂下或者直接在热、光、辐射作用下进行的聚合反应，本体聚合具有产品纯度高、无需后处理等特点。本体聚合常常用于实验室研究，如聚合动力学的研究和竞聚率的测定等。本体聚合的优点是产品纯净，尤其可以制得透明样品，在工业上多用于直接生产制造板材和型材，所用设备也比较简单。其缺点是散热困难，黏度很大，易发生凝胶效应，工业上常采用分段聚合的方式。

甲基丙烯酸甲酯（MMA）通过本体聚合得到聚甲基丙烯酸甲酯（PMMA），PMMA 因为具有媲美玻璃的高透光性被称为有机玻璃。PMMA 具有优良的光学性能，密度小，力学性能优良，耐候性好，因此在航空、光学仪器，电器工业、日用品方面有着广泛用途。

PMMA 型材的生产主要采用本体聚合，即将单体以及其他相应助剂等组成的混合物灌装入相应模具中生产。由于 PMMA 在 MMA 中溶解性较差，MMA 的本体聚合表现出显著的“凝胶效应”，即当转化率达 10%～20%时，聚合速率突然加快。物料的黏度骤然上升，以致发生局部过热现象。其原因是由于随着聚合反应的进行，物料的黏度增大，活性增长链移动困难，致使其相互碰撞而产生的链终止反应速率常数下降；相反，单体分子扩散作用不受影响，因此活性链与单体分子结合进行链增长的速率不变，总的结果是聚合总速率增加，以致发生爆聚。由于本体聚合没有稀释剂存在，聚合热的排散比较困难，“凝胶效应”放出大量反应热，使产品含有气泡影响其光学性能。因此在生产中要通过严格控制聚合温度来控制聚合反应速率，以保证有机玻璃产品的质量。

为克服体积收缩并提高生产效率，往往采用多步反应。即首先在反应器中进行 MMA 预聚合，严格控制转化率，并在自动加速开始之前将反应液灌入模具中，随后逐步提高反应温度，以提高转化率、消除残余单体，并减轻体积收缩。经过脱模后即得到相应制品。

三、仪器与试剂

六孔水浴锅、具塞带刻度玻璃试管（高度 20cm）。

甲基丙烯酸甲酯（MMA）、过氧化苯甲酰（BPO）、不同颜色的无机颜料若干。

四、实验步骤

1. 配置 BPO/MMA 溶液，其中 $[BPO]_0=0.005g/g$。
2. 将 0.01g 颜料、BPO/MMA 溶液加入到玻璃试管中，开始通氮 10min。

3. 通氮后将玻璃试管密封，放入 65℃/70℃/75℃水浴中，观察液面，待液面不再上升后纪录高度读数。

4. 根据反应温度不同，分别每间隔 15min/13min/10min 将试管振荡 10s，记录高度读数；观察颜料沉降、黏度变化、气泡上升速度变化。

5. 待两次高度读数差小于 0.10cm 后，反应停止，将玻璃试管从水浴中取出，转移至 100℃烘箱中，加热 24h，记录体积读数。

6. 将记录到的反应液收缩量-反应时间作图，观察 MMA 本体聚合过程中凝胶效应和体积收缩。

五、注意事项

1. 记录读数时，应使试管仍被水浴浸泡，否则会因冷缩而产生误差。

2. 产品可自行带走，但如通过破坏试管以获得有机玻璃棒，请注意安全。

六、思考题

1. 用乳液聚合所得 PMMA 制造光学板材、人工水晶，可以吗？为什么？

2. 为何工业生产有机玻璃制品一般采用分阶段、高温、长时间聚合的工艺？

3. 大多数乙烯基单体的聚合均会出现显著的体积收缩现象，为什么？体积收缩现象对于乙烯基单体的聚合来说是否是普遍的？如果有反例，为何会出现反例？

实验 2-8 聚丙烯的结晶形态与性能

聚丙烯（PP）是性能优良、应用广泛的通用塑料，具有机械性能好、无毒、密度低、耐热、耐化学品、易于加工成型等优点。但是在聚丙烯的一些实际应用中，经常遇到改善聚丙烯的光学透明性、提高制品的力学性能（刚性和韧性）和耐热性能、缩短加工成型周期等要求。这些问题涉及到聚合物的结晶速率、结晶形态、以及聚合物结晶结构与力学性能、光学性能、耐热性能之间的关系等高分子物理的基本理论和知识。本实验采取在聚丙烯中加入成核剂的方法，通过成核剂的异相成核作用，加快聚丙烯的结晶速率，改善结晶形态，进而提高聚丙烯的力学性能、光学性能和耐热性能。通过该实验，进一步理解聚合物的结晶形态与聚合物宏观物理性能的关系。

一、实验目的

1. 综合运用高分子物理的基本知识，分析和理解成核剂与结晶速率和结晶形态的关系，以及结晶形态与力学性能、热性能、光学性能之间的关系。

2. 熟悉并掌握聚合物结晶形态观察、结晶速率测定、力学性能测定、耐热性能测定的方法。

3. 掌握常用高分子科学手册的查阅，正确、规范地书写高分子物理实验报告。

二、实验原理

聚丙烯的聚集态结构由晶区和非晶区两部分组成，而晶区则往往是由称为球晶的多晶聚集体所组成，球晶的尺寸一般在 0.5～100μm 之间。由于晶区和非晶区的密度和折光率不同，而且晶区的尺寸通常大于可见光的波长（400～780nm），所以光线通过聚丙烯时，会在两相的界面上发生折射和反射，导致聚丙烯制品呈现半透明性。另外，由于结晶部分的存在，结晶聚合物较相应结构的非晶聚合物有更好的机械强度和耐热性。近年来，聚丙烯透明化成为新产品开发的一个亮点，聚丙烯透明化产品在包装容器、注射器、家庭用品等领域的用量急剧增加。加入结晶成核剂是聚丙烯透明化的主要改性技术。

使用成核剂改进聚丙烯透明性的关键是减小球晶或晶片的尺寸，让它小于可见光波长。在结晶聚合物中添加结晶成核剂，通过其异相成核作用，一方面可以提高结晶速率，缩短成型周期；另一方面可以增加聚合物的结晶度，从而提高聚丙烯的刚性和耐热性；最重要的是，加入成核剂大大增加了晶核密度，导致球晶尺寸明显降低，聚合物的透明性得到改善。

聚丙烯成核剂一般具有以下要求：

① 自身的熔点高于聚合物的熔点且不分解。

② 能减少晶核的界面自由能，能吸附大分子于其表面，且很好地被聚合物浸润。

③ 能均匀、微细地分散于聚合物之中。

④ 最好有与聚合物类似的结晶结构。

三、仪器与试剂

本实验使用的原料为聚丙烯树脂和含有山梨醇苄类成核剂的聚丙烯母粒。添加成核剂对聚合物性能的影响见表 2-8-1。材料制备过程如下。

表 2-8-1　添加成核剂对聚合物性能的影响

性能	优点	缺点
成型加工性能	成型周期缩短；成型窗口扩大	收缩率增大
力学性能	刚性增大；热变形温度增高；透明度增加；表面光泽得到改进	韧性下降

1. PP 样品：将 PP（F401）干燥后注射成型，得到标准试条。

2. 添加山梨醇苄类成核剂的 PP。

(1) 母料制备：PP(75 份)＋PP-g-MAH(20 份)＋山梨醇苄类成核剂(5 份)，在双螺杆挤出机中熔融混合、牵伸、造粒，得到成核剂母料。

(2) 将 PP(2.5kg) 和成核剂母料（0.16kg）在高速混合机中混匀，然后注射成型，得到标准试条。

本实验使用的主要仪器设备：偏光显微镜（型号 ZPM203）、示差扫描量热计（DSC）、热变形温度试验仪、简支梁塑料冲击试验机、拉力试验机、塑料注塑机。

四、实验内容

1. 聚丙烯与成核剂的混合以及试样的制备

将聚丙烯树脂与成核剂母料按照一定配比均匀混合，在塑料注塑机上制成供测试和表征用的样品。简支梁冲击试验的试样尺寸为：120mm×15mm×10mm，缺口为试样厚度的 1/3，缺口宽度为 2mm；拉伸试验的试样为哑铃状，工作部分尺寸为：100mm×15mm×4mm，热变形温度测定试验的试样长度为 120mm、高度为 15mm、宽度为 10mm、厚度为 3.0～4.2mm。

2. 聚丙烯结晶形态的分析表征

使用偏光显微镜观察并表征加入成核剂前后聚丙烯结晶形态的变化。研究聚合物结晶形态的主要方法有电子显微镜法、偏光显微镜法、小角光散射法等，偏光显微镜法是目前实验室中较为简便而实用的方法。球晶中聚合物分子链的取向排列引起了光学的各向异性，在分子链轴平行于起偏器或检偏器的偏振面的位置将发生消光现象。在球晶生长过程中晶片以径向发射状生长，导致分子链轴方向总是与径向垂直，因此在显微镜的视场中有四个区域分子链轴的方向与起偏器或检偏器的偏振面平行，形成十字形消光图像。所以在正交偏光显微镜下，球晶呈现特有的黑十字消光图案，有时在球晶的偏光显微镜照片上，还可以清晰地看到在黑十字消光图像上重叠有一系列明暗相间的同心圆环，那是由于球晶中径向发射堆砌的条状晶片按一定周期规则地扭转的结果。因此利用偏光显微镜可以观察出球晶的形态、大小等。

(1) 制备样品：使用盖玻片和载玻片分别将加入成核剂前后的聚丙烯树脂在 230℃下熔融，压制成薄膜；然后在 120℃的热台上等温结晶 30min，即可制得观察聚丙烯球晶的样品。

(2) 将制备好的试样放在偏光显微镜（图 2-8-1）的载物台上，选择适当的放大倍数，观察并比较加入成核剂前后聚丙烯试样的球晶形态和球晶尺寸。

3. 聚丙烯结晶度、结晶熔点和结晶速率的测定

聚合物的结晶和熔融都有热效应。结晶放热，而结晶熔融则吸收热量。热效应大小与结晶程度呈正比，结晶度越高，吸收（或者放出）的热量也就越多。因此可以使用示差扫描量热方法（DSC）测定聚合物的结晶度、结晶熔点和结晶速率。

示差扫描量热分析的原理如图 2-8-2 所示：

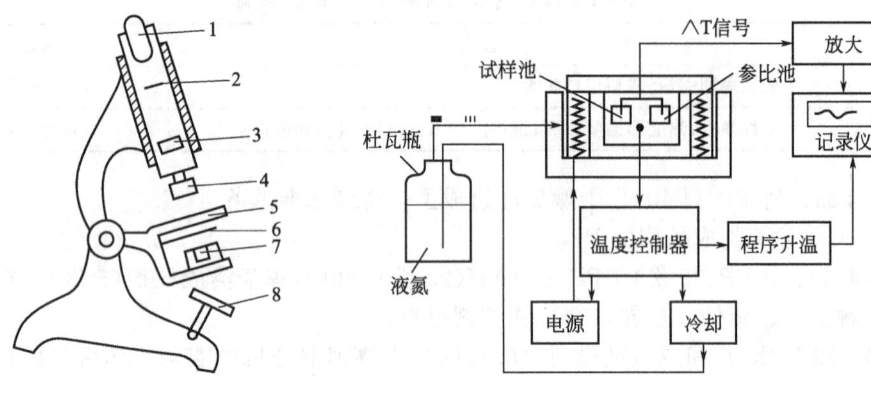

图 2-8-1　偏光显微镜示意图

1—目镜；2—透镜；3—检偏镜；4—物镜；
5—载物台；6—聚光镜；7—起偏镜；8—反光镜

图 2-8-2　DSC 工作示意图

将试样和一惰性参比物分别放入样品室，样品室位于加热炉的中部。实验时按一定的速率升温或降温，控制电路严格地分别提供给样品与参比物相同的热量。在变温过程中，如果试样发生了热效应（放出或吸收热量），而参比物不会发生热效应，因此样品的温度 T_S 与参比物的温度 T_R 将会不相等。为了使试样的温度始终与参比物一致，仪器要以相应的热功率进行反馈或补偿。因此 DSC 测量的实际上是为了保证样品与参比物在相同的温度下二者所需的热量差或者放出的热量差。以该热量差对相应的程序温度 T 或者时间 t 作图，即可得到 DSC 曲线，如图 2-8-3 所示，曲线的纵坐标是热流（mW）。

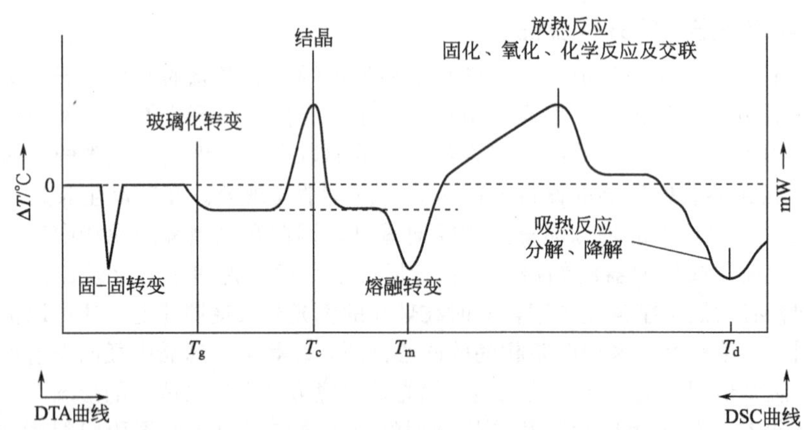

图 2-8-3　DSC/DTA 曲线

目前 DSC 是研究聚合物结晶热力学和动力学非常有用的方法。

（1）将聚合物样品在铝坩埚中精确称重后放入 DSC 样品池中，以 10℃/min 进行等速升温扫描至 200℃，恒温 5min 以消除热历史。

（2）以 10℃/min 对样品进行等速降温冷却，从 200℃冷却至 50℃，在冷却过程中聚丙烯样品发生非等温结晶，由 DSC 记录聚合物非等温结晶曲线。

（3）再以 10℃/min 对样品进行等速升温，从 50℃加热至 200℃，到达聚丙烯结晶熔点时样品会发生熔融，由 DSC 记录聚合物结晶熔融曲线。

实验样品为纯聚丙烯树脂和加入成核剂的聚丙烯树脂。实验过程中，样品一直处于氮气保护下。实验完成后，取出样品坩埚。

数据处理：

（1）从聚合物结晶熔融曲线的熔融峰，读出聚丙烯样品的结晶熔点 T_m；对熔融峰面积进行积分，得到聚丙烯样品的结晶熔融热 ΔH，根据下式计算聚丙烯样品的结晶度：

$$f_c = \Delta H / \Delta H_c \tag{2-8-1}$$

ΔH_c是完全结晶聚丙烯的结晶熔融热，可从聚合物手册中查出或根据晶胞参数计算。

（2）从聚合物非等温结晶曲线的结晶峰，读出聚丙烯样品的结晶温度 T_c。该结晶温度与结晶熔点之差 ΔT 称为过冷度，它可以表征结晶速率的快慢，过冷度越小，聚合物结晶倾向越大，结晶速率越快。

通过对比加入成核剂前后聚丙烯样品这些结晶参数的变化，可以比较出成核剂对聚丙烯结晶熔点、结晶度和结晶速率的影响。

4. 聚丙烯力学性能的测定

分别测定加入成核剂前后聚丙烯的冲击强度、拉伸强度和弯曲强度，以此对比加入成核剂前后聚丙烯样品力学性能的变化，并结合结晶形态和结晶参数的变化分析成核剂对材料力学性能的影响。

5. 聚丙烯热变形温度测试

热变形温度是衡量高分子材料耐热性的主要指标之一。将试样浸在等速升温的导热油介质中，在简支梁式的静弯曲负荷作用下，试样弯曲变形达到规定值时的温度称之为该试样的热变形温度。它适用于控制质量和作为鉴定新品种塑料热性能的一个指标，并不代表其使用温度。

（1）装样：测量试样尺寸，计算应加砝码质量，使试样受载后最大弯曲正应力为 1.82MPa 或 0.455MPa，应加砝码质量由下式计算：

$$m = \frac{2\sigma b h^2}{29.4 l} - R - \frac{T}{9.8} \tag{2-8-2}$$

式中，m 为砝码质量，kg；σ 为试样最大弯曲正应力，MPa；b 为试样宽度，mm；h 为试样厚度，mm；l 为两支座中心距，mm；R 为负载杆及压头质量，kg；T 为变形测量装置附加力，N。

把试样对称放在试样支座上，将装好试样的支架放入保温浴槽内，试样应位于液面 35mm 以下，加上砝码。

（2）参数设定：设定升温速率为 120℃/h，变形量为 0.21mm。

（3）调零：调节变形量测量装置使变形量为零。

（4）测试：启动机器，开始加热升温，记录试样中点弯曲变形量达到 0.21mm 时的温度即为热变形温度。

对比加入成核剂前后聚丙烯样品热变形温度的变化，并结合结晶形态和结晶参数的变化分析成核剂对材料耐热性的影响。

五、实验结果与讨论

列出各项实验结果，并将加有和未加成核剂试样的实验结果作对比。根据实验所测定的加入成核剂前后聚丙烯的结晶形态、结晶行为、力学性能和耐热性能的变化，讨论成核剂对结晶速率、结晶形态和结晶度影响，以及结晶形态对聚丙烯力学性能的影响，更好地掌握聚合物的结构形态和性能的关系。

六、思考题

1. 聚合物的结晶过程怎样？

2. 聚合物结晶形态有哪几种？简单描述其特征。

3. 聚合物的球晶是如何生成的？其结构怎样？

4. 简述什么叫均相成核和异相成核。

5. 冷却速率（非等温结晶）或结晶温度（等温结晶）对聚丙烯球晶大小与球晶生长速率的影响如何？试说明原因。

6. 对于普通的偏光显微镜，如何将其调成为正交偏光显微镜？

7. 为什么球晶在偏光显微镜下呈黑十字花样？

8. 为什么在偏光显微镜下观测 PP 球晶时，有时候看不到黑十字，而只能看到许多明暗相间的径向发射状的条纹？

9. PP 球晶的有无及其大小对聚合物的力学性能有何影响？

10. 为什么加入成核剂可以提高 PP 的结晶速率？为什么结晶度的提高能够提高 PP 刚性和耐热性？

实验 2-9　聚合物熔体指数及流动活化能的测定

熔体指数（melt index）是指在一定的温度和压力下，聚合物熔体在 10min 内流过一个规定直径和长度的标准毛细管的质量，单位为 g/10min。熔体指数是一个选择塑料加工材料和牌号的重要参考依据，能使选用的原材料更好地适应加工工艺的要求，使制品在成型的可靠性和质量方面有所提高。另一方面，在塑料加工中，熔体指数是用来衡量塑料熔体流动性的一个重要指标。通过测定塑料的熔体指数，可以研究聚合物的结构因素。熔体指数还具有表征聚合物分子量的功能。对于同一种聚合物来说，分子量越高，分子链之间的作用力就越大，链缠结也越严重，这会导致聚合物熔体的流动阻力增大，熔体指数下降。因此，根据同一类聚合物熔体指数的大小可以比较分子量的高低。

熔体指数测试仪既适用于熔融温度较高的聚碳酸酯、聚芳砜、氟塑料、尼龙等工程塑料，也适用于聚乙烯（PE）、聚苯乙烯（PS）、聚丙烯（PP）、ABS 树脂、聚甲醛（POM）、聚碳酸酯（PC）树脂等熔融温度较低的塑料测试，广泛地应用于塑料生产，塑料制品、石油化工等行业以及相关院校、科研单位和商检部门。

一、实验目的

1. 掌握使用熔体指数测试仪测定聚合物熔体指数的方法。

2. 测定低剪切速率下聚合物的流动活化能，并了解链结构对聚合物熔体黏度对温度依赖性的影响。

二、实验原理

根据聚合物熔体黏度与温度关系式（Arrhenius 公式）：

$$\eta = A_0 e^{\Delta E/RT} \tag{2-9-1}$$

式中，ΔE 是流动活化能；A_0 是与聚合物结构有关的常数。同时，根据聚合物熔体在毛细管中流动的黏度与毛细管两端压差的关系式(Poiseuille)：

$$\eta = \pi R^4 \Delta P / 8Ql \tag{2-9-2}$$

式中，R 和 l 是毛细管的半径和长度；ΔP 是毛细管两端的压差；Q 为熔体的体积流动速率。由熔体指数 MFR 与熔体密度 ρ 的关系，熔体的体积流动速率可以表示为：

$$Q = MFR / 600\rho \tag{2-9-3}$$

结合式(2-9-1)～式(2-9-3) 可以得到：

$$MFR \times e^{\Delta E\eta/RT} = 75\pi R^4 \Delta P \rho / A_0 l \tag{2-9-4}$$

将式(2-9-4) 两边取自然对数：

$$\ln MFR = \ln B - \Delta E\eta / RT \tag{2-9-5}$$

式中，$B = 75\pi R^4 \Delta P \rho / A_0 l$。由式(2-9-5) 可见，测定聚合物在不同温度恒定切应力条件下的熔体指数 MFR，以 $\ln MFR$ 对 $1/T$ 作图可得一条直线，由直线斜率可求得聚合物的流动活化能。

聚合物的熔体指数对温度有依赖性。刚性链聚合物的流动活化能比较大，温度对熔体指数的影响比较明显。随温度升高，熔体指数大幅度增加。可称之为“温敏性聚合物”。对柔性链聚合物，由于流动活化能比较低，所以温度对聚合物熔体指数的影响比较小。

三、仪器与试剂

熔体指数测试仪 1 台、精度为毫克的电子天平 1 台、镊子 1 把、表面皿 1 个。

低密度聚乙烯（LDPE)、聚苯乙烯（PS)。

四、实验步骤

1. 熔体指数的测定

(1) 检查仪器是否清洁且成水平状态。

(2) 将口模及压料杆放入炉体中。

(3) 开启电源，升温到指定温度后恒温 10min。

(4) 将预热的压料杆取出，将称好的试样用漏斗加入料筒内，放回压料杆，固定好导套，并将料压实。

(5) 计时 4min 后，在压料杆的顶部装上选定的砝码，熔化的试样即从出料口小孔挤出，待活塞降到下环线标记时，弃去流出试样。按一定的切样时间间隔开始切取，保留无气泡样条 5 个。当压料杆下降到上环线标记与料筒口相平时，停止切取。取样结束，将料压完，卸去砝码。

(6) 取压料杆和口模，趁热用布擦干净，口模内余料用专用顶针清除，把清料杆挂上纱布，边推边旋转清洗料筒，更换纱布，直至料筒内壁光亮为止。

(7) 称量，若最大值最小值超过平均值得 10%，则需要重新取样进行测定。

2. 流动活化能的测定

(1) 在 130～230℃区间选取 5～6 个温度点，按步骤 1 分别测定 LDPE 的熔体指数。

(2) 在 170～230℃区间选取 5～6 个温度点，按步骤 1 分别测定 PS 的熔体指数。

(3) 分别以 LDPE、PS 的 $\ln MFR$ 对 $1/T$ 作图可得到两条直线，由直线的斜率可求得聚合物的流动活化能。

五、数据记录与处理

1. 熔体指数按下式计算：

$$MFR = 600wt \tag{2-9-6}$$

式中，MFR 为熔体指数，g/10min；w 为切取样条质量的算术平均值，g；t 为切样时间间隔，s；计算结果取两位有效数字。

温度 / w / 样条						
1						
2						
3						
4						
5						
w/g						

序号	1	2	3	4	5
温度/K					
$1/T\times10^3$					
MFR					
$\ln MFR$					

2. 以 $\ln MFR$ 对 $1/T$ 作图，由直线斜率求得求出流动活化能。

六、思考题

1. 通过测定低密度聚乙烯和聚苯乙烯的流动活化能，比较刚性链聚合物和柔性链聚合物的熔体流动性对温度的依赖性。
2. 讨论熔体指数的用途和局限性。
3. 影响 MFR 测定精度的因素。
4. 观察熔体从毛细管流出时的颜色变化，讨论其原因。

实验 2-10 聚合物温度-形变曲线的测定

聚合物由于复杂的结构形态导致了分子运动单元的多重性。即使结构已经确定而所处状态不同其分子运动方式不同，将显示出不同的物理和力学性能。考察它的分子运动时所表现的状态性质，才能建立起聚合物结构与性能之间的关系。聚合物的温度-形变曲线（即热-机械曲线，thermomechanic analysis，TMA）是研究聚合物力学性质对温度依赖关系的重要方法之一。聚合物的许多结构因素如化学结构、分子量、结晶性、交联、增塑、老化等都会在 TMA 曲线上有明显反映。

一、实验目的

1. 掌握测定聚合物温度-形变曲线的方法。

2. 测定聚甲基丙烯酸甲酯（PMMA）的玻璃化转变温度 T_g，黏流温度 T_f，加深对线型非晶聚合物的三种力学状态及分子运动理论的认识。

3. 测定不同交联度的聚苯乙烯（PS），加深对交联聚合物的力学状态的认识。

二、实验原理

温度-形变曲线通常是在聚合物试样上施加恒定荷载，在一定范围内改变温度，试样形变随温度变化，以形变或相对形变对温度作图所得的曲线。

聚合物的许多结构因素的改变如聚合物的分子量、化学结构和聚集态结构、添加剂等都会在其温度-形变曲线上有明显的反映，另外还受受热史、形变史、升温速度、受力大小等诸多因素的影响，因而测定温度-形变曲线，可以提供许多关于试样内部结构的信息，了解聚合物分子运动与力学性能的关系，并可分析聚合物的结构形态，还可以得到聚合物的特性转变温度，如：玻璃化转变温度 T_g、黏流温度 T_f和熔点 T_m等，对于评价被测试样的使用性能、确定适用温度范围和选样加工条件很有实用意义。

对于线型非晶聚合物有三种不同的力学状态：玻璃态、高弹态、黏流态。温度足够低时，高分子链和链段的运动被“冻结”，外力的作用只能引起高分子键长和键角的变化，聚合物表现出硬而脆的物理机械性质即玻璃态；随着温度上升，分子热运动能量逐渐增加，到达玻璃化转变温度 T_g后，分子运动能量已经能够克服链段运动所需克服的位垒，链段首先开始运动，表现为柔软而富于弹性的高弹体，聚合物进入即高弹态；温度进一步升高至黏流温度 T_f，整个高分子链能够在外力作用下发生滑移，聚合物进入黏流态，成为可以流动的黏液，聚合物进入即黏流态，如图 2-10-1。

结晶聚合物的晶区中，高分子因受晶格的束缚，链段和分子链都不能运动，因此，当结晶度足够高时，试样的弹性模量很大，在一定外力作用下，形变量很小，温度升高到结晶熔融时，热运动克服了晶格能，分子链和链段都突然活动起来，聚合物直接进入黏流态，形变量急剧增大。对于一般分子量的结晶聚合物，由直线外推得到的熔融温度 T_m也是黏流温度；如果分子量很大，温度达到 T_m后结晶熔融，聚合物先进入高弹态，到更高的温度才发生黏性流动。结晶度不高的聚合物的温度一形变曲线上可观察到非晶区发生玻璃化转变相应的转折，这时，出现的高弹形变量将随试样结晶度的增加而减小，玻璃化转变温度随试样的结晶度增加而升高。

交联聚合物由于交联后，链段的运动能力下降，在受到外力作用后分子链之间的相对滑移也不能发生，故此不存在黏流转变和黏流态，其高弹形变量随交联度增加而逐渐减小，增塑剂的加入同时降低聚合物的玻璃化转变温度和黏流温度，如图 2-10-2。

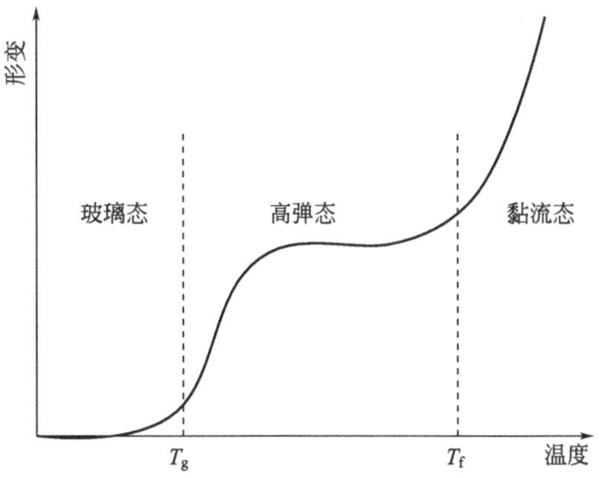

图 2-10-1　非晶型聚合物的温度-形变曲线

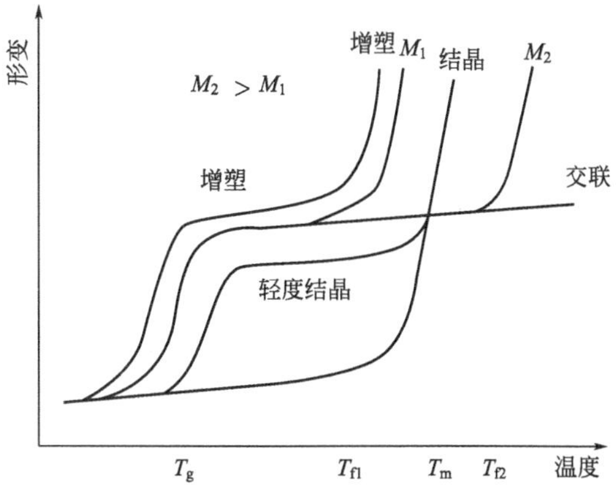

图 2-10-2　不同类型聚合物的温度-形变曲线

三、仪器与试样

GTS-Ⅲ热机分析仪。

聚甲基丙烯酸甲酯试样和不同交联程度的聚苯乙烯试样。

四、实验步骤

1. 打开仪器，预热 10min 左右。打开加热炉，把试样放进去，用压杆压住。
2. 调节位移调零旋钮，使位移显示为零。
3. 选择合适的升温速率，打开“加热”开关，进行加热。同时放下记录笔。
4. 等温度升到合适值后，停止加热，进行降温，趁热打开加热炉，取出试样，打扫试样台。
5. 换其他试样进行上述步骤。

五、数据处理

1. 从温度-形变曲线上求得试样的 T_g、T_f和交联聚苯乙烯的 T_g。
2. 实验结果列表如下：

样品名称	施加压力/N	升温速率/(℃/min)	T_g/℃	T_f/℃

六、思考题

1. 线型非晶聚合物的三种力学状态是什么？分别用分子运动理论来进行解释。
2. 解释非晶、结晶、交联聚合物的温度-形变曲线的差别。
3. 哪些实验条件会影响 T_g、T_f的测定，它们各产生何种影响？
4. 为什么本实验测定的是聚合物玻璃态、高弹态、黏流态之间的转变，而不是相变？

实验 2-11　塑料耐热性能的测定

塑料的耐热性通常是指在温度升高时塑料保持其力学性能的能力。常用测定方法有三种：马丁耐热温度、维卡耐热温度和热变形温度。测定塑料耐热性能的实验：使塑料在一定的外力作用，一定的升温速率，其形变达到某一规定值时所得的温度。该温度用以衡量塑料的最高使用温度，通称为软化点。其测试标准为 GB/T 1634.1—2019、ASTM1525。

一、实验目的

1. 了解耐热性主要衡量塑料的最高使用温度（软化点）。
2. 掌握维卡耐热温度和热变形温度。

二、实验原理

各类塑料当温度升高时，其在负荷作用下的形变量均会增加，但增加的幅度不尽相同。因此测出变形能力的大小对于确定材料的软化温度、使用范围、使用条件是非常重要的。

软化温度：在某一指定试样大小、升温速度、施外力方式等条件下，测定高聚物试样达到一定形变时的温度。

软化温度的使用价值：是产品质量控制、成型加工和应用的参数之一。

根据 GB/T 1634.1—2019、ASTM1525 标准要求，可对塑料、尼龙、橡胶等高分子材料进行热变形温度和维卡软化点的测试。标准规定了使用不同恒定弯曲应力值测定塑料、硬橡胶、长纤维增强复合材料等的负荷变形温度方法：使用 1.80MPa 弯曲应力的 A 法；使用 0.45MPa 弯曲应力的 B 法；使用 8.00MPa 弯曲应力的 C 法。

弯曲应力值通过砝码来实现，应加砝码根据如下公式：

热变形温度实验：

$$m=\frac{2\sigma bh^2}{29.4L}-R \tag{2-11-1}$$

式中，m 为砝码质量，kg；σ 为试样最大弯曲正应力，MPa；b 为试样宽度，mm；h 为试样厚度，mm；R 为负载杆及压头质量，kg；L 为支点跨距，mm。

维卡耐热温度实验：

$$W=1000-R \quad 或 \quad W=5000-R \tag{2-11-2}$$

标准 GB/T 1634.1—2019、ASTM1525 中不同实验方法所对应实验条件见表 2-11-1。

表 2-11-1　热变形温度实验，维卡耐热温度实验具体条件

实验名称	热变形温度实验				维卡耐热温度实验	
标准	ASTM		GB		ASTM	
试样尺寸/mm	120×13×6.35		120×15×10,80×10×4		10×10×3	
应力大小	0.46MPa	1.82MPa	0.45MPa	1.80MPa	1kg	5kg
应加砝码/g	185	1187	550	2600	853	4853
加荷方式	大样条支点跨距为 100mm 中点加荷，小样条支点跨距为 64mm，中点加荷				截面积 1mm^2 圆形针加压	
升温速率/(℃/h)	120				50 或 120	
温度确定	形变达 0.25mm		形变达 0.21mm		针压入 1mm	

注：1. 该表的数据是按照试样放置方式有两种：侧立和平放；其中大样条为侧立，小样条为平放。

2. 本实验室所用压杆 123 型，$R=147$g；压杆 124 型，$R=150$g。

3. 不同型号的测试仪器，其应加砝码不同，应加砝码质量可以根据公式(2-11-1) 计算所得。

三、实验器材

热变形试验仪，如图 2-11-1，游标卡尺、秒表、砝码。

图 2-11-1　热变形实验仪及控制面板

热变形试验仪的技术参数如下。

控温范围：室温－300℃。

温度测量精度：±0.5℃。

升温速率：A 速度（5±0.5)℃/6min，B 速度（12±1)℃/6min。

变形测量范围：0～1mm。

跨距尺寸：64mm、100mm。

最大加热功率：≤4500W。

加热介质：甲基硅油或变压器油。

冷却方式：100℃以上自然冷，100℃以下为水冷。

四、实验步骤

1. 试样制备：选定标准，对于热变形温度测定，借助注塑机制样；对于维卡耐热温度测定，需要用游标卡尺制成 10mm×10mm×3mm 的样片。

2. 负荷选择：选定标准，根据实验原理中的公式，确定负荷。

3. 安放试样：选定标准，热变形温度实验时，采用表 2-11-1 对应的尺寸测试，则采用侧立式放置，GB/T 1634.1—2019 和 GB/T 1634.2—2019 规定了使用不同试验负荷的三种试验方法（即方法 A、方法 B 和方法 C)，并规定了两种试样放置方式（侧立式和平放式）。对于平放试验，要求使用尺寸为 80mm×10mm×4mm 的试样。

4. 调好支点跨距，侧立式放置跨距为 100mm，平放式放置跨距为 64mm；调好压头位置（热变形温度实验：楔形压头；维卡耐热温度实验：圆形针），放上砝码，用位移传感器固定，安放完毕，将其放入油浴中。

5. 升温：选定标准，确定升温速率，确定起始温度（注意：起始温度 GB 规定小于 27℃，尽量与所测软化点温度相差大于 50℃）。

6. 打开仪器总电源，开搅拌器，在控制器面板上设定参数：上限温度 300℃，升温速率 50℃/h 或者 120℃/h，规定的挠度值（形变规定值）。调零，启动加热，开始计时测形变。

7. 数据记录，每隔 1min 记录一次。

在下表中填写实验数据：

时间/min	温度/℃	形变量/mm	形变量/mm	形变量/mm	备注(开始升温)

五、思考题

1. 为什么本实验室所采用的样条测试放置时要侧立式放置?
2. 提高升温速率对测定温度有何影响?

实验 2-12　塑料常规力学性能的测试

本实验介绍塑料拉伸、冲击、弯曲性能的通用测试方法，它们应用广泛，操作简便，迅速。力学性能的测试技术条件有严格的统一规定，其结果可作为不同材料的质量比较，产品质量的控制和验收的依据。

影响塑料力学性能的因素很多，有聚合物结构的影响（如聚合物种类、分子量及其分布、是否结晶等），有成型加工的影响（如成型加工的方式及加工条件导致结晶度、取向度的变化，试样的缺陷等）；有测试条件的影响（如测试温度、湿度、速度等），它们会导致实验重复性差等缺陷，所以力学性能的测试有严格的测试标准，如 GB/T 1040.1—2018 规定：试验环境应在与试样状态调节相同环境下进行试验，除非有关方面另有商定，如在高温或低温下试验；样品的尺寸、形状均有统一规定，实验结果往往为五次以上平均。

Ⅰ　拉伸实验

一、实验目的

1. 掌握塑料拉伸强度的测试原理及测试方法，并分析其影响因素。
2. 加深对应力-应变曲线的理解，并从中求出有用的多种力学性能数据。
3. 观察拉伸时出现的屈服、裂纹、发白等现象，了解测试条件对测定结果的影响。

二、实验原理

拉伸试验是对试样沿纵轴向施加静态拉伸负荷，使其破坏。通过测定试样的屈服力，破坏力，和试样标距间的伸长来求得试样的屈服强度、拉伸强度和伸长率。

1. 定义

拉伸应力：试样在计量标距范围内，单位初始横截面上承受的拉伸负荷，样条见图 2-12-1。

$$\lim_{\Delta s \to 0}\frac{\Delta p}{\Delta s}=\sigma_t \tag{2-12-1}$$

拉伸强度：在拉伸试验中试样直到断裂为止，所承受的最大拉伸应力。

$$T_S=P_{max}/bd \tag{2-12-2}$$

式中，P_{max}为试样拉伸时的最大载荷，N；b 为试样宽度，mm；d 为试样厚度，mm。

拉伸断裂应力：在拉伸应力-应变曲线上，断裂时的应力。

拉伸屈服应力：在拉伸应力-应变曲线上，屈服点处的应力。

断裂伸长率：在拉力作用下，试样断裂时，标线间距离的增加量与初始标距之比，以百分率表示。

$$\varepsilon_{断}=(L-L_0)/L_0\times 100\% \tag{2-12-3}$$

式中，L_0为试样标线间距离，mm；L 为试样断裂时标线间距离，mm。

弹性模量：在弹性形变阶段，材料所受应力与产生响应的应变之比。

2. 应力-应变曲线

由应力-应变的相应值彼此对应的绘成曲线，通常以应力值作为纵坐标，应变值作为横坐标，如图 2-12-2、图 2-12-3。应力-应变曲线一般分为两个部分：弹性变形区和塑性变形区。

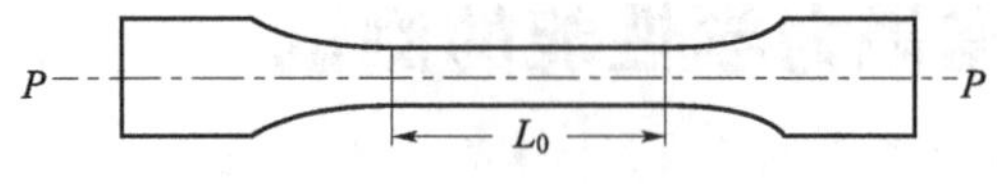

图 2-12-1 拉伸试样形状

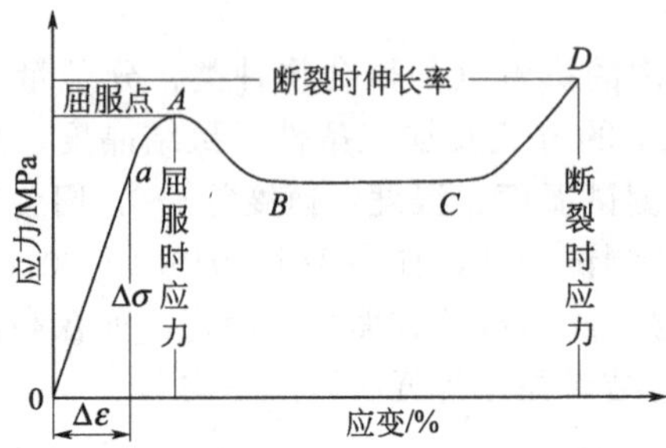

图 2-12-2 高聚物的应力-应变曲线

曲线中直线部分的斜率即是拉伸弹性模量值，它代表材料的刚性。直线斜率越大，弹性模量越大，刚性越好

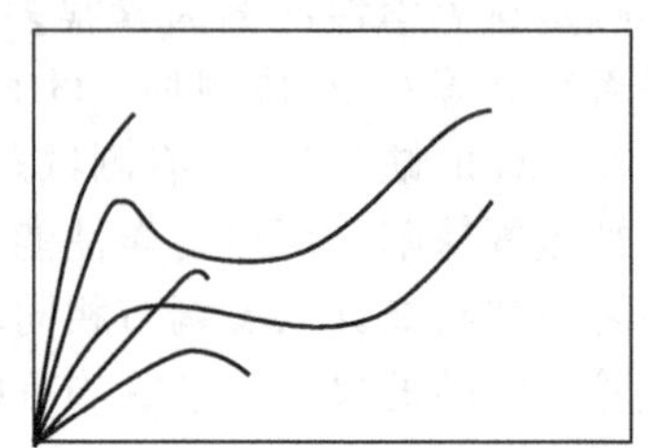

图 2-12-3 五种拉伸类型曲线

根据拉伸过程中屈服点的表现，伸长率的大小及其断裂情况，曲线大致可分为五种：从左至右依次是硬而强、硬而韧、软而强、硬而脆、软而弱

在弹性变形区，材料发生可完全恢复的弹性变形，应力和应变呈正比例关系。曲线中直线部分的斜率即是拉伸弹性模量值，它代表材料的刚性，弹性模量越大，刚性越好。在塑性变形区，应力和应变增加不在呈正比关系，最后出现断裂。

三、仪器与试样

材料：聚丙烯（PP）、聚苯乙烯（PS）塑料标准试样（5 根以上）。

仪器设备：拉伸试验机一台、游标卡尺、直尺。

材料试验机测试主体结构示意图，如图 2-12-4 所示。

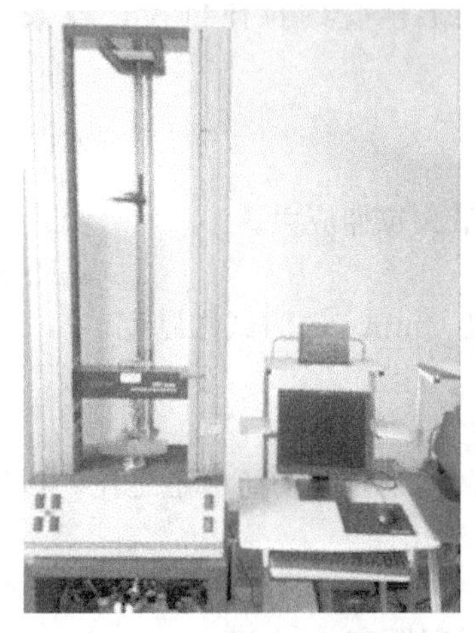

图 2-12-4 拉伸试验机

四、实验步骤和数据处理

1. 试样制备：用哑铃形标准裁刀在冲片机上冲取塑料薄片试样，沿纵向和横向各取五条，精确测量试样细颈处的宽度和厚度，并在细颈部分划出长度标记。也可用注塑机模塑出标准测试样条。

2. 选择试验机载荷：以断裂时载荷处于刻度盘的 1/3～4/5 范围之内最合适。

3. 选择并调整试验机的下夹具的下降速度，对于软质热塑性塑料，拉伸速度可取 50mm/min、100mm/min、200mm/min 和 500mm/min。

4. 将试样装在夹具上，在使用夹具时应先用固定器将上夹具固定，防止仪器刀口损坏，试样夹好后松开固定器。

5. 按下启动按钮，电机开始运转，下夹具开始下降，指针开始指示。在此过程中，用手控制标尺上的两根划尺，使△形指针随试样细颈上的两标记而动，直至试样断裂。记录指示盘读数和两划尺之间的距离。

6. 按回行开关，将下夹具回复到原来位置，并把指示盘指针拨回零位，开始第二次试验。

五、数据的记录与处理

1. 记录数据

编号	1	2	3	4	5	平均
L_0/m						
b/m						
d/m						
L/m						
P/N						
T_s/MPa						
$\varepsilon_{断}$(100%)						

2. 根据导出的 PS、PP 拉伸曲线，比较和鉴别它们的性能特征。

六、注意事项

1. 在试样中间部分作标线，此标线应对测试结果没有影响。

2. 测量试样中间平行部分的宽度和厚度，每个试样测量 3 个点，取算术平均值。

3. 拉伸速度一般根据材料及试样类型进行选择，国家标准规定的试验速度范围为 1～500mm/min，分为 9 种速度。

4. 夹具夹持试样时，试样纵轴与上、下夹具中心线重合，并防止试样滑脱，或断在夹具内。

5. 试样断裂在中间平行部分之外时，应另取试样补做。

七、思考题

1. 改变试样的拉伸速率会对试验产生什么影响？

2. 在试验过程中，试样的截面积变化会对最终谱图产生什么影响？你认为在现有的试验条件下能否真实地获得或通过计算获得瞬时的截面积？

Ⅱ　冲击试验

一、实验目的

1. 了解塑料冲击强度的测试原理和影响因素。

2. 掌握用简支梁（或悬臂梁法）测定高分子材料冲击强度的方法、操作及其实验结果处理。

二、实验原理

冲击试验是用来度量材料在高速冲击状态下的韧性或对断裂的抵抗能力，它对研究塑料在经受冲击载荷时的力学行为有一定的实际意义。一般冲击实验采用三种方法。

(1) 摆锤式：试验安放形式有简支梁式（charpy）——支撑试样两端而冲击中部；悬臂

梁式（izod）——试样一端固定而冲击自由端。

（2）落球式。

（3）高速拉伸法。

其中高速拉伸法虽较理想，可直接转换成应力-应变曲线，计算曲线下的面积，便可得冲击强度，还可定性判断是脆性断裂还是韧性断裂，但对拉力机要求较高。本实验采用简支梁冲击实验方法。

1. 简支梁冲击试验机组成部分

试验机的基本构造有三部分（图 2-12-5），包括机架部分、摆锤部分和指示部分。

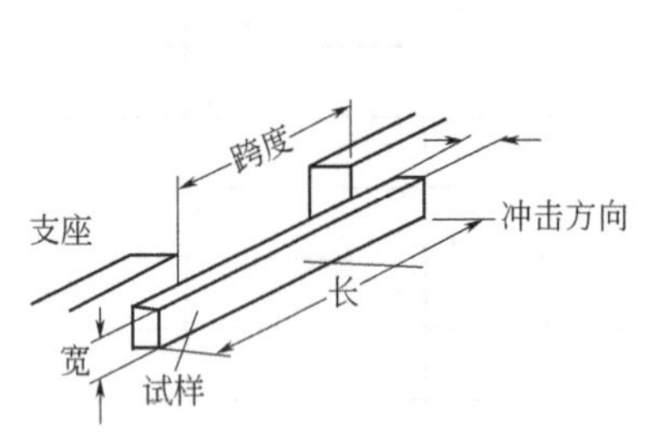

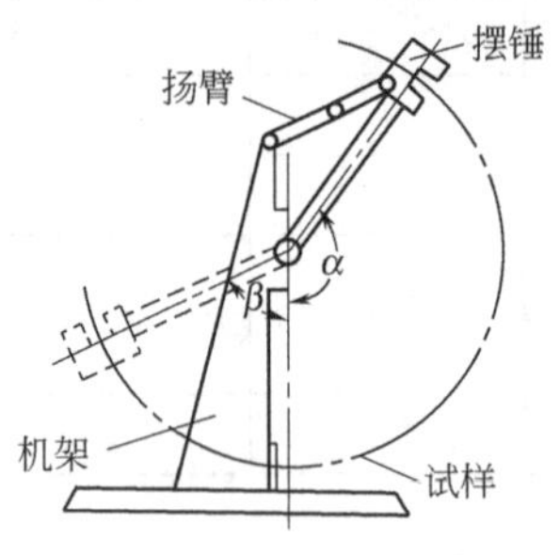

图 2-12-5　摆锤式冲击试验机工作原理图和实物图

2. 基本原理

把摆锤从垂直位置挂于机架的扬臂上，此时扬角为 α，它便获得了一定的位能，当摆锤自由落下，位能转化为动能将试样冲断，冲击后摆锤以其剩余能量升到某一高度，升角为 β。根据摆锤冲断试样后升角 β 的大小，即可绘制出读数盘，由读数盘读出冲断试样时所消耗的功。用功除以试样的横截面积，即为材料的冲击强度。

根据冲击过程的能量守恒：

$$\omega L(1-\cos\alpha)=\omega L(1-\cos\beta)+A+A_\alpha+A_\beta+(1/2)mv^2 \quad (2\text{-}12\text{-}4)$$

式中，ω 为冲击锤质量；L 为冲击锤摆长；A 为冲断试样所消耗的功；A_α、A_β分别为摆锤在 α 和 β 角段内克服空气阻力所消耗的功；$(1/2)mv^2$ 为试样断裂时飞出部分所具有的能量。

通常上式右后边三项部分都可忽略，所以有：

$$A=\omega L(\cos\beta-\cos\alpha) \quad (2\text{-}12\text{-}5)$$

根据 ω、L、α 和设定 A 值，可由上式算出 β 值而绘出读数盘，实测时根据读数盘（即 β 值）读出 A 值。必须指出，实际上不同试样受冲击后有不同程度的“飞出功”，尤其脆性材料是不能忽视的，因读数盘是根据公式绘制的，所以读出的 A 值不准确，且不易重复。

注意：试样厚度、缺口大小、形状、测试时试样的跨度都影响测试结果。

三、仪器与试样

仪器设备：JBL-5 简支梁冲击试验机。

试样：长×宽×厚=(120±1)mm×(15±0.2)mm×(10±0.2)mm，一种为不带缺口，另一种为带缺口，缺口深度为厚度的 1/3，缺口宽为（2±0.2)mm。

四、实验步骤

1. 试样的处理：试样表面应平整，无气泡裂纹，无分层和机械加工损伤。将试样在测定条件下［温度：(25±5)℃，湿度 (65±5)%］放置不少于 16h。

2. 选择摆锤：0～4kgf·cm，0～10kgf·cm，0～20kgf·cm(1kgf·cm≈0.1N·m)。

3. 空击试验：为了消除空气阻力对冲击试验产生的误差，首先读出空击读数（在数显仪上直接读数），如图 2-12-6。

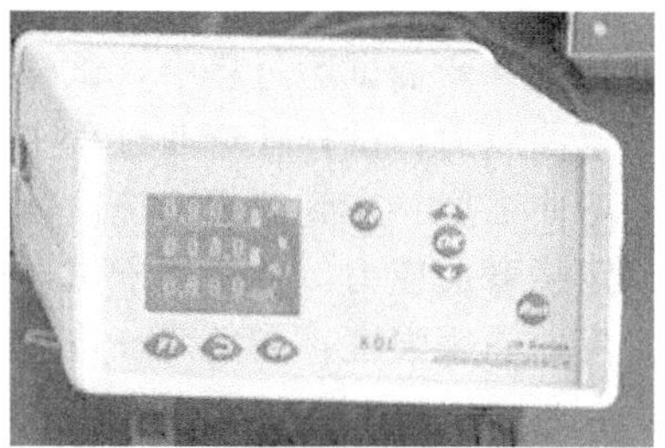

图 2-12-6　JBL-5 简支梁冲击试验机数显仪表

4. 测试：测量试样中部的厚度和宽度，缺口试样量的剩余厚度，准确至 0.05mm，缺口试样背向摆锤，宽面紧贴在支座上，缺口位置与摆锤对准，悬挂摆锤固定，松开固定器，则摆锤落下冲击试样，记录指针读数。

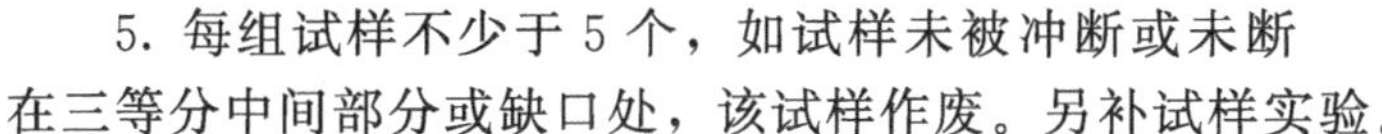

5. 每组试样不少于 5 个，如试样未被冲断或未断在三等分中间部分或缺口处，该试样作废。另补试样实验。

五、数据处理

1. 无缺口冲击强度

$$\sigma_{\mathrm{i}}=\frac{A}{b\times d}\times 10^3 \tag{2-12-6}$$

2. 缺口冲击强度

$$\sigma_{\mathrm{in}}=\frac{A}{b\times d_1}\times 10^3 \tag{2-12-7}$$

式中，σ 为冲击强度，kJ/m^2；A 为试样吸收的冲击能，J；b 为试样宽度，mm；d，d_1 分别为无、有缺口试样的厚度，mm。

试验结果可用算术平均值表示，同时可用标准偏差估算数据的分散性。

3. 标准偏差 s

$$s=\sqrt{\frac{\sum(x_i-\overline{x})^2}{n-1}} \tag{2-12-8}$$

式中，x_i 为单个试样测量值；$\overline{x}$ 为该组测定值的算术平均值；n 为测定值个数。

六、思考题

1. 定性分析影响聚合物力学性能的因素。
2. 如果试样上的缺口是机械加工而成的，加工缺口过程中，哪些因素会影响测定结果？

Ⅲ　弯曲实验

一、实验目的

1. 熟悉高分子材料弯曲性能测试标准条件、测试原理及其操作。
2. 测定脆性及非脆性材料的弯曲强度。

二、实验原理

弯曲试验主要用来检验材料在经受弯曲负荷作用时的性能，生产中常用弯曲试验来评定材料的弯曲强度和塑性变形的大小，是质量控制和应用设计的重要参考指标。

1. 基本定义

挠度：弯曲试验过程中，试样跨度中心的定面或底面偏离原始位置的距离。

弯曲应力：试样在弯曲过程中的任意时刻，中部截面上外层纤维的最大正应力。

弯曲强度：在到达规定挠度值时或之前，负荷达到最大值时的弯曲应力。

定挠弯曲应力：挠度等于试样厚度 1.5 倍时的弯曲应力。

弯曲屈服强度：在负荷一挠度曲线上，负荷不增加而挠度骤增点的应力。

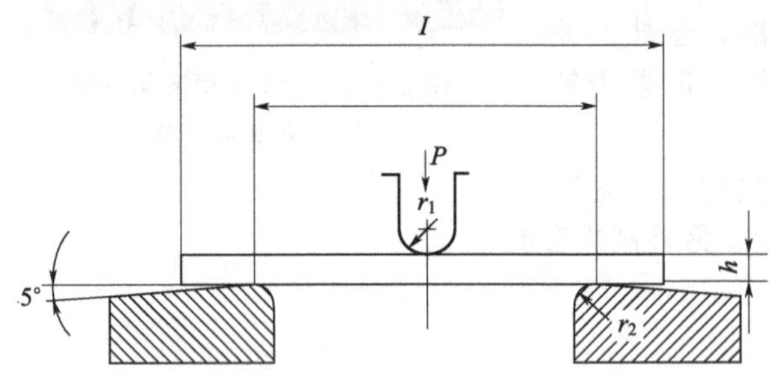

图 2-12-7　弯曲压头条件

2. 方法原理

试验时将一规定形状和尺寸的试样置于两支座上，并在两支座的中点施加一集中负荷，使试样产生弯曲应力和变形。这种方法称静态三点式弯曲试验（图 2-12-7）（另一加载方法为四点式，这里不介绍）。

本实验对试样施加静态三点式弯曲负荷，通过压力传感器、负荷及变形，测定试样在弯曲变形过程中的特征量，如弯曲应力、弯曲强度、定挠度时弯曲应力、弯曲破坏应力等。

试样弯曲负荷达到最大值时弯曲强度（σ_t）为：

$$\sigma_t = \frac{3pL}{2bd^2} \tag{2-12-9}$$

式中，p 为最大负荷，N；L 为试样长度，mm；b 为试样宽度，mm；d 为试样厚度，mm。

三、仪器与试样

1. 原材料：聚苯乙烯（PS），脆性材料；低密度聚乙烯（LDPE），非脆性材料。可采用机械加工制成矩形截面试样。板材试样厚度为 1～10mm，每组试样不少于 5 个。试样尺寸见表 2-12-1。

表 2-12-1　试样尺寸

标准试样	长 l/mm	宽 b/mm	厚 h/mm
模塑大试样	120±2	15±0.2	10±0.2
模塑小试样	80±2	10±0.2	4±0.2
板材试样	(20±1)h	25±0.5	1～3
		10±0.5	3～5
		15±0.5	5～10

2. 试验仪器：弯曲试验机（图 2-12-8）、游标卡尺。

四、实验步骤

1. 选择试样尺寸、形状，测量试样中间部分的宽度和厚度。宽度测量准确到 0.05mm，厚度测量精确到 0.01mm，测量三点取其平均值。

2. 调换和安装弯曲试验用压头，调整支座跨度，把试样放在支点台上，若一面加工的试样，将加工面朝向压头，压头与加工面应是线接触，并保证与试样宽度的接触线垂直于试样长度方向。

3. 设定试验条件

试验跨度：10d±0.5。

试验速度：(2.0±0.4)mm/min(标准试样)。

规定挠度：8.0mm（标准大试样），3.2mm（标准小试样）。

图 2-12-8　弯曲试验机

五、数据的记录与处理

<table>
<tr><th>序号</th><th>厚度 h</th><th>宽度 b</th><th>长度 L</th><th>弯曲负荷 P</th></tr>
<tr><td></td><td></td><td></td><td rowspan="4"></td><td rowspan="4"></td></tr>
<tr><td></td><td></td><td></td></tr>
<tr><td></td><td></td><td></td></tr>
<tr><td>平均值</td><td></td><td></td></tr>
<tr><td>σ</td><td colspan="4"></td></tr>
</table>

计算一组数据的平均值，取三位有效数字。若要求计算标准偏差，可按下式计算：

$$s=\sqrt{\frac{\sum_{i=1}^{n}(x_i-\overline{x})^2}{n-1}} \qquad (2\text{-}11\text{-}10)$$

式中，x_i 为单个测定值；$\overline{x}$ 为一组测定值的算术平均值；n 为测定值个数。

六、思考题

跨度、试验速度对弯曲强度测定结果有何影响？

实验 2-13　聚合物流动曲线的测定

毛细管流变仪主要用于高聚物材料熔体流变行为的测试。根据测量原理不同又可分为恒速型（测压力）和恒压力型（测流速）两种。通常的高压毛细管流变仪多为恒速型，塑料工业中常用的熔体指数仪属于恒压力型毛细管流变仪的一种。转子型流变仪可根据转子几何构造的不同又分为锥-板型、平行板型（板-板型）、同轴圆筒型等。橡胶工业中常用的门尼黏度计可归为一种改造的转子型流变仪。混炼机型转矩流变仪实际上是一种组合式转矩测量仪。除主机外，带有一种小型密炼器和小型螺杆挤出机及各种口模。优点在于其测量过程与实际加工过程相仿，测量结果更具工程意义。

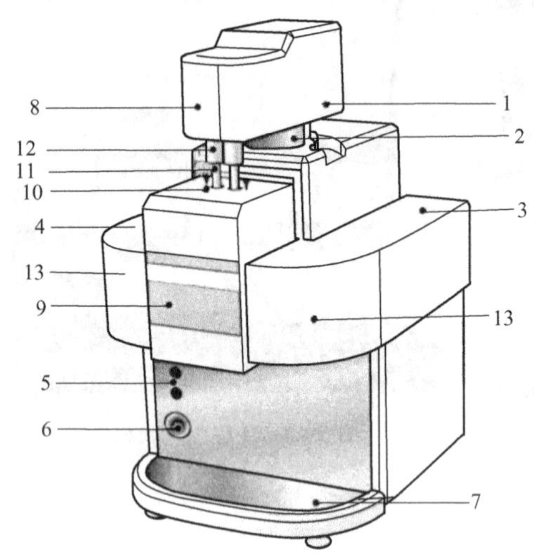

图 2-13-1　RH2000 毛细管流变仪主机

1—横梁；2—导柱；3—压力传感器罩；4—急停按钮；5—控制按钮；6—急停按钮；7—盛料托盘；8—力传感器；9—贮料孔；10—加料孔；11—活塞；12—活塞连接罩；13—压力传感器

毛细管流变仪为目前发展得最成熟，典型的流变测量仪。其主要优点在于操作简单，测量准确，测量范围广（$\dot{\gamma}$：$10^{-1}\sim10^{7}s^{-1}$）。使用毛细管流变仪不仅能测量物料的剪切黏度，还可通过对挤出行为的研究，讨论物料的弹性行为。毛细管流变仪的基本构造如图 2-13-1 所示。其核心部分为一套精致的毛细管，具有不同的长径比 L/D。料筒周围为恒温加热套，内有电热丝，料筒内物料的上部为液压驱动的柱塞。物料经加热变为熔体后，在柱塞高压作用下，强迫从毛细管中挤出，由此测量物料的黏弹性。

此外，仪器还配有高档的调速机构、测力机构、控温机构、自动记录和数据处理系统，有定型的或自行设计的计算机控制、运算和绘图软件，操作运用十分便捷。

一、实验目的

1. 了解毛细管流变仪的结构和适用范围。
2. 熟悉双筒毛细管的测量原理和使用方法，掌握仪器操作，采集和处理数据。
3. 测试不同温度下聚合物熔体的流动曲线。

二、实验原理

物料在电加热的料筒里被加热熔融，料筒的下部安装有一定规格的毛细管口模（有不同直径 0.25～2mm 和不同长度的 0.25～40mm），温度稳定后，料筒上部的料杆在驱动马达的带动下以一定的速度或以一定规律变化的速度把物料从毛细管口模中挤出来。在挤出的过程中，可以测量出毛细管口模入口处的压力，再结合已知的速度参数、口模和料筒参数、以及流变学模型，从而计算出在不同剪切速率下熔体的剪切黏度。物料在整个毛细管中的流动可分为三个区：入口区、完全发展流动区、出口区（图 2-13-2）。

(一) 完全发展区内的流场分析

完全发展流动区是毛细管中最重要的区域，物料的黏度在此测定。按照定义，$\eta(\dot{\gamma})=\sigma(\dot{\gamma})/\dot{\gamma}$，因此计算黏度的前提是测量剪切应力和剪切速率。

需要说明的是：定义中的剪切应力和剪切速率都必须是针对同一个流体元测量的；实际上剪切应力和剪切速率也不能直接测量，因此必须通过设计实验和原理分析，从一些可直接测量的物理量求取剪切应力和剪切速率，然后求得黏度。

1. 运动方程及剪切应力的计算

在完全发展流动区，设毛细管半径为 R，发展区长度为 L'，物料在柱塞压力下作等温稳定的轴向层流。为研究方便，选取柱坐标系 r、θ、z 如图 2-13-3。

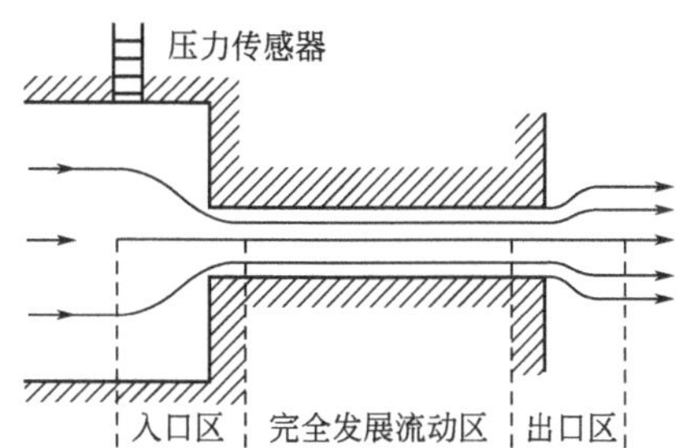

图 2-13-2　毛细管中的三个流动区

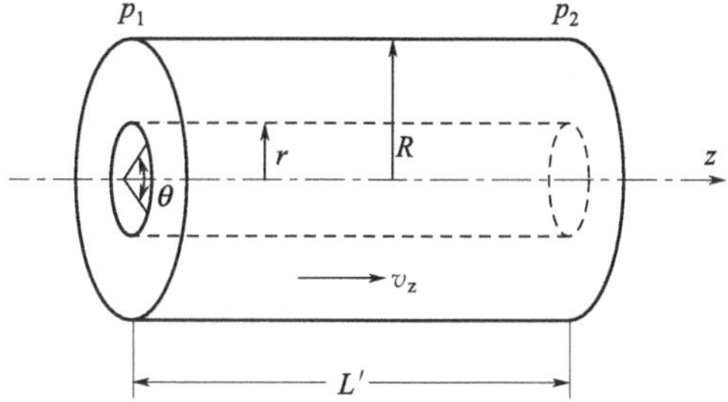

图 2-13-3　物料在完全发展区的流动

可以看出，流速方向在 z 方向，速度梯度方向在 r 方向，θ 方向为中性方向。

设流体为不可压缩的黏弹性流体。根据上面的分析，得知流速只有 v_z 分量不等于零，速度梯度只有 $\frac{\partial v_z}{\partial r}$ 分量不等于零，偏应力张量可能存在的分量有 σ_{zr}、σ_{zz}、σ_{rr}、$\sigma_{\theta\theta}$；设惯性力和重力忽略不计，得到连续性方程为：

$$\nabla v=0 \quad 即 \quad \frac{\partial v_z}{\partial z}=0 \tag{2-13-1}$$

柱坐标中的运动方程为：

r 方向
$$\frac{\partial p}{\partial r}=\frac{1}{r}\frac{\partial}{\partial r}(r\sigma_{rr})-\frac{\sigma_{\theta\theta}}{r} \tag{2-13-2}$$

θ 方向
$$\frac{1}{r}\frac{\partial p}{\partial \theta}=0 \tag{2-13-3}$$

z 方向
$$\frac{\partial p}{\partial z}=\frac{1}{r}\frac{\partial}{\partial r}(r\sigma_{rz}) \tag{2-13-4}$$

边界条件为：
$$v_z\big|_{r=R}=0 \tag{2-13-5}$$

该边界条件意味着“管壁无滑移”假定成立。

由于物料流速较高，通过毛细管的时间短，与外界的热量交换忽略不计，因此能量方程暂不考虑。

运动方程中，式(2-13-4) 含有剪切应力分量，主要描述材料黏性行为，式(2-13-2) 含法向应力分量，主要描述材料的弹性行为。

设沿轴向（z 向）的压力梯度 $\frac{\partial p}{\partial z}$ 恒定不变，由式(2-13-4) 直接积分得到毛细管内的剪切应力分布为：

$$\sigma_{rz}=\frac{\partial p}{\partial z}\frac{r}{2} \tag{2-13-6}$$

由此求出管轴心处与管壁处的剪切应力分别为：

$$\sigma_{rz}\big|_{r=0}=0 \tag{2-13-7}$$

$$\sigma_{rz}\big|_{r=R}=\frac{\partial p}{\partial z}\frac{R}{2}=\sigma_{w} \tag{2-13-8}$$

由此可见，物料在毛细管内流动时，同一横截面内各点的剪切应力分布并不均匀。轴心为零，管壁处取最大值，并记为 σ_w。而且可以看出，只要毛细管内的压力梯度确定，管内任一点的剪应力也随之确定。这样，一个测剪应力的问题被归结为测压力梯度的问题，而后者容易测定，只要测出毛细管两端的压差除以毛细管长度即可。

上述计算剪切应力公式，对任何一种流体，无论是牛顿型流体和非牛顿型流体均成立。

2. 剪切速率的计算：Rabinowich-Mooney 公式

剪切速率 $\dot{\gamma}$ 的测量和计算比较复杂，与流过毛细管的物料种类有关。为简单计，首先讨论物料是牛顿型流体的情形。对于牛顿型流体，有下述流动本构方程成立：

$$\sigma_{rz}=\eta_0\dot{\gamma}=\eta_0\left(-\frac{\partial v_z}{\partial r}\right) \tag{2-13-9}$$

式中，负号的引入是因为 $r=R$（管壁）处流速为零，流速 v_z 随 r 减小而增大。结合式(2-13-9)、式(2-13-6) 得到：

$$\frac{\partial v_z}{\partial r}=-\frac{1}{\eta_0}\sigma_{rz}=-\frac{1}{\eta_0}\frac{\partial p}{\partial z}\frac{r}{2} \tag{2-13-10}$$

积分上式，得到毛细管内物料沿径向的速度分布：

$$v_z(r)=\frac{1}{4\eta_0}\frac{\partial p}{\partial z}(R^2-r^2) \tag{2-13-11}$$

这是一个抛物面状的速度分布图。物料在管轴心处流速最大，管壁处流速为零。根据速度分布，进一步求得物料流经毛细管的体积流量：

$$Q=\int_0^R v_z\times 2\pi r\,\mathrm{d}r=\int_0^R\frac{\pi}{2\eta_0}\frac{\partial p}{\partial z}r(R^2-r^2)\mathrm{d}r=\frac{\pi R^4}{8\eta_0}\frac{\partial p}{\partial z} \tag{2-13-12}$$

对照式(2-13-8) 和式(2-13-12)，则可由体积流量 Q 求出在毛细管管壁处牛顿型流体所承受的剪切速率 $\dot{\gamma}_w^N$ 为

$$\dot{\gamma}_w^N=\frac{\sigma_w}{\eta_0}=\frac{4Q}{\pi R^3}=\frac{8}{D}\langle v_z\rangle \tag{2-13-13}$$

式中，D 为毛细管直径；$\langle v_z\rangle$ 为物料流经毛细管的平均流速。式(2-13-13) 的流变学意义是，只要测量体积流量 Q 或平均流速 $\langle v_z\rangle$，则可直接求出牛顿型流体在毛细管管壁处的剪切速率。

注意式(2-13-13) 求得牛顿型流体在毛细管管壁处的剪切速率，它与式(2-13-8) 求得的管壁处的剪切应力相对应。我们必须对同一流体元测量剪切应力和剪切速率，计算出的黏度才能反映真正的物料性能。

对于非牛顿型流体，剪切速率的计算比较复杂。为此重新考虑体积流量积分式(2-13-12)，但不指明流体的具体类型。

$$Q=\int_0^R v_z\times 2\pi r\,\mathrm{d}r=v_z\pi r^2\Big|_0^R-\int_0^R\pi r^2\frac{\mathrm{d}v_z}{\mathrm{d}r}\mathrm{d}r=-\pi\int_0^R r^2\frac{\mathrm{d}v_z}{\mathrm{d}r}\mathrm{d}r \tag{2-13-14}$$

根据式(2-13-6) 和式(2-13-8)，作变量替换，令：

$$r=R\frac{\sigma_{rz}}{\sigma_w},\quad dr=\frac{R}{\sigma_w}d\sigma_{rz} \tag{2-13-15}$$

又因为$\frac{dv_z}{dr}=-\dot{\gamma}$，将它们代入式(2-13-14) 得到：

$$\frac{\sigma_w^3 Q}{\pi R^3}=\int_0^{\sigma_w}\dot{\gamma}\sigma_{rz}^2 d\sigma_{rz} \tag{2-13-16}$$

公式两边对 σ_w 求微商，并利用定积分的微商公式，得到

$$\frac{3\sigma_w^2 Q}{\pi R^3}+\frac{\sigma_w^3}{\pi R^3}\cdot\frac{dQ}{d\sigma_w}=\dot{\gamma}_w\sigma_w^2$$

整理得到

$$\dot{\gamma}_w=\frac{1}{\pi R^3}\left(\sigma_w\frac{dQ}{d\sigma_w}+3Q\right) \tag{2-13-17}$$

公式中的 Q 用式(2-13-13) 替换，并将式(2-13-13) 中牛顿型流体在管壁的剪切速率 $\dot{\gamma}_w^N$ 记为 $\dot{\gamma}_a$，称为表观剪切速率，则式(2-13-17) 变为：

$$\dot{\gamma}_w=\frac{\dot{\gamma}_a}{4}\left(\frac{\sigma_w}{\dot{\gamma}_a}\frac{d\dot{\gamma}_a}{d\sigma_w}+3\right)=\frac{\dot{\gamma}_a}{4}\left(\frac{d\ln\dot{\gamma}_a}{d\ln\sigma_w}+3\right) \tag{2-13-18}$$

此式称 Rabinowich-Mooney 公式，用于计算非牛顿型流体流经毛细管时，在毛细管管壁处物料承受的真实剪切速率。

综上所述，采用毛细管流变仪测量物料黏度的步骤如下：通过测量完全发展流动区上的压力降计算管壁处物料所受的剪应力 σ_w，通过测量体积流量或平均流速计算管壁处的剪切速率 $\dot{\gamma}_w$，由此计算物料的黏度 $\eta_a=\sigma_w/\dot{\gamma}_w$。

3. 幂律流体的 Rabinowich-Mooney 公式

对于符合幂律的高分子熔体，Rabinowich-Mooney 公式的形式为：

$$\dot{\gamma}_w=\frac{3n+1}{4n}\dot{\gamma}_a \tag{2-13-19}$$

幂律流体在毛细管内速度分布不同于牛顿流体，计算得到：

$$v_z(r)=\langle v_z\rangle\left(\frac{3n+1}{n+1}\right)\left[1-\left(\frac{r}{R}\right)^{\frac{n+1}{n}}\right] \tag{2-13-20}$$

式中，$\langle v_z\rangle=\bar{v}_z=Q/\pi R^2$，为平均流速。当 $n=1$，公式还原为式(2-13-12)。

（二）入口区附近的流场分析，Bagley 修正

1. 入口压力损失

物料在毛细管管壁处承受的剪切应力 σ_w 是通过测量完全发展流动区上的压力梯度$\frac{\partial p}{\partial z}$求得的，公式为

$$\sigma_w=\frac{R}{2}\frac{\partial P}{\partial z}$$

当压力梯度均匀时，计算压力梯度的简便公式为：

$$\frac{\partial p}{\partial z}=\frac{\Delta P}{L'} \tag{2-13-21}$$

式中 ΔP 应为完全发展流动区（长度为 L'）两端的压力差。

但是在实际测量时，压力传感器安装的位置并不在毛细管上，而是在料筒筒壁处（图 2-13-2）。于是测得的压力包括了入口区的压力降，完全发展流动区上的压力降和出口区的压力降三部分。

$$\Delta P=\Delta P_{\mathrm{ent}}+\Delta P_{\mathrm{cap}}+\Delta P_{\mathrm{exit}} \tag{2-13-22}$$

另外完全发展流动区的流道长度 L'与毛细管长 L 也不相等，因此在通过测压力差来计算压力梯度$\frac{\partial p}{\partial z}$时，必须进行适当的校正。

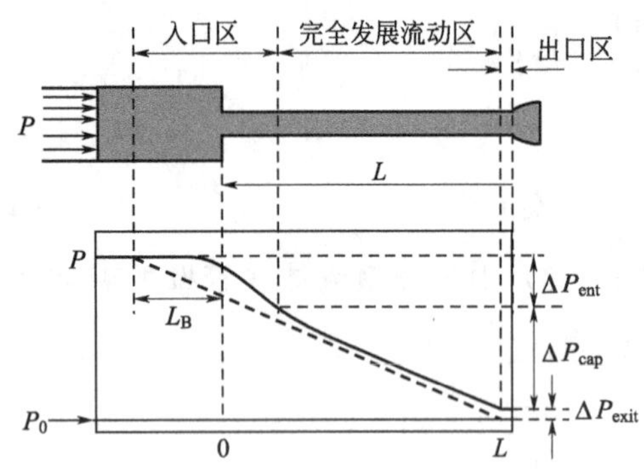

图 2-13-4 料筒与毛细管中物料内部压力分布示意图

图 2-13-4 给出料筒与毛细管中物料内部压力的分布情况，可以看出对于黏弹性流体，当从料筒进入毛细管时，存在着很大的入口压力损失 ΔP_{ent}。该压力损失是黏弹性流体流经截面形状变化的流道时的重要特点之一，是由于物料在入口区经历了强烈的拉伸流和剪切流，储存和损耗了部分能量的结果。实验发现，在全部入口压力损失中，95%是由于弹性能储存引起的，仅 5%是由于黏性损耗引起的。对纯黏性的牛顿型流体而言，入口压力降很小，可忽略不计。而对黏弹性流体，则必须考虑因弹性形变而导致的压力损失。相对而言，出口压力降比入口压力降小得多。对牛顿型流体来讲，出口压力降为 0，等于大气压。对于黏弹性流体，若在毛细管入口区的弹性形变经过毛细管后尚未全部松弛，至出口处仍残存部分内压力，则将表现为出口压力降 ΔP_{exit}。在本节研究毛细管上压力分布时，暂不考虑出口压力降的影响。

2. Bagley 的修正

为了保证从测得的压差 ΔP 准确求出完全发展流动区上的压力梯度$\frac{\partial p}{\partial z}$，Bagley 提出如下修正方法。

保持压力梯度$\frac{\partial p}{\partial z}$不变，将毛细管（完全发展流动区）虚拟地延长，并将入口区压力降，等价为在虚拟延长长度上的压降。

设毛细管长度为 L，按照 Bagley 方法，虚拟延长长度记为

$$L_{\mathrm{B}}=n_{\mathrm{B}}R \tag{2-13-23}$$

式中，n_{B}称 Bagley 修正因子。这样，测得的总压差 ΔP（包括入口压力降）被认为均匀地降在 $L+L_{\mathrm{B}}$上，压力梯度等于

$$\frac{\partial p}{\partial z}=\frac{\Delta P}{L+n_{\mathrm{B}}R} \tag{2-13-24}$$

物料在管壁处所受的剪切应力则等于：

$$\sigma_{\mathrm{w}}=\frac{R}{2}\frac{\Delta P}{L+n_{\mathrm{B}}R} \tag{2-13-25}$$

为确定 Bagley 修正因子 n_{B}，设计如下实验方法：选择三根长径比不同的毛细管，在同一体积流量下，测量压差 ΔP 与长径比 L/D 的关系并作图（图 2-13-5）。延长图中直线交于

ΔP 轴，其纵向截距等于入口压力降 ΔP_{ent}；继续延长交于 L/D 轴，其横向截距等于$L_B/D=n_B/2$。

注意实验中应保持体积流量恒定。若流量变化，相当于剪切速率 $\dot{\gamma}$ 变化，则 n_B值不同。

入口压力降主要因流体存贮弹性能引起，一切影响材料弹性的因素（如分子量、分子量分布、剪切速率、温度、填料等）都将对 n_B值产生影响。实验发现，当毛细管长径比 L/D 小，而剪切速率大，温度低时，入口校正不可忽视，否则不能求得可靠结果。但当长径比很大时，一般要求大于 40/1，入口压力降在总压力降中所占的比重小，此时可不作入口校正。

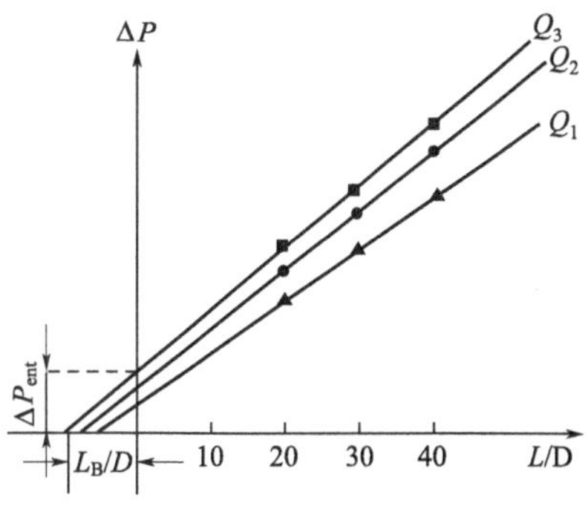

图 2-13-5　实验确定 Bagley 修正因子 n_B示意图

根据入口压力降的特性，人们设计一种新型双管毛细管流变仪。所谓双管，指两个料筒，其中的柱塞同时以等速推进，一个料筒装有普通毛细管，有一定长径比，另一个装有零长毛细管，两根毛细管的入口区形状相同。一方面由于有零长毛细管的对比，使得用普通毛细管测量时的入口压力校正变得十分方便。另一方面用普通毛细管可以测量熔体黏度，用零长毛细管可以对比熔体弹性性能，一次测量同时获得关于熔体黏、弹性两方面的信息。

（三）出口区的流动情形

在毛细管出口区，黏弹性流体表现出特殊的流动行为，主要有挤出胀大行为和出口压力降不等于零，这是一个问题的两个方面。

挤出胀大比定义为　　　　　　$B=d_j/D$

式中，d_j为挤出物完全松弛时的直径，D 为口模直径。

挤出胀大发生的原因主要归为两个方面。首先是由于物料在进入毛细管的入口区曾经历过剧烈的拉伸形变，贮存了弹性能；其次物料在毛细管管壁附近除受剪切力外，也有因分子链取向产生的弹性形变。

挤出胀大比 B 与毛细管长径比 L/D 的关系。当 L/D 值较小时，随着长径比增大，挤出胀大比值减小。反映出毛细管越长，物料的弹性形变得到越多的松弛。但当 L/D 值较大时，挤出胀大比几乎与毛细管长径比无关，说明此时入口区弹性形变的影响已不明显，挤出胀大的原因主要来自毛细管壁处分子取向产生的弹性形变。

三、仪器与试样

仪器：毛细管流变仪 RH2000，见图 2-13-1，英国 Malvern 公司生产。

试样：PP、PE 等粒料，原料应干燥，不含强腐蚀、强耐磨性组分，材质、粒度均匀。

四、实验步骤

1. 打开毛细管流变仪主机（右旋），然后打开电脑桌面上的“RheoWin”。
2. 打开“New Test”，选择测试模式(或打开已有的模式)。
3. 设定测试所需的温度，点击页面下方的“Manual Control”，出现对话框，选择温度计，在“Temperature”对话框中输入实验温度后点击温度计标志，“OK”键确认。
4. 待设定温度已达到后，清洗料筒（用软纸或布条），安装口模及毛细管（两个，一长一短)。长毛细管从料筒上用钢杆夹持下放，装料（过程中压实两次)，温度稳定约 5min 后，点击 “Manual Control”，校零（0.0 标志点击 80%)；然后下压（↓，速度选择 50)，待两口模均有料被压出，停止下压。

5. 定义实验条件，选择页面中的 “Define Test”，设定试验温度，选择口模大小后，进行试验条件的选择，确认无误后按 “OK” 键确认。

6. “Run Test” 开始实验。

7. 实验结束后，点击 “Save Results”，出现保存对话框，选择保存路径后，在下方输入文件名点击保存。

8. 将多余的料压下（Manval Control，速度选择 50)，将活塞杆上升到最高位置（速度选择－100)，取下活塞杆，口模及毛细管，清洗料筒。

9. 整个实验结束，导出数据，关电脑，关流变仪电源开关（左旋)。

五、思考题

1. 与旋转流变仪比较，毛细管流变仪有何优点？

2. 与单筒毛细管比较，双筒毛细管的优点何在？

实验 2-14 聚合物动态力学性能的测定

聚合物材料（如塑料、橡胶、纤维及其复合材料等）具有黏弹性，用动态力学的方法研究聚合物材料的黏弹性，已被证明是一种非常有效的方法。材料的动态力学行为是指材料在振动条件下，即在交变应力（或交变应变）作用下做出的力学响应。测定材料在一定温度范围内的动态力学性能的变化即为动态力学分析（dynamic mechanical thermal analysis，DMA）。

一、实验目的

1. 了解动态力学分析的测量原理及仪器结构。
2. 了解影响动态力学分析实验结果的因素，正确选择实验条件。
3. 掌握动态力学分析的试样制备及测试步骤。
4. 掌握动态力学分析在聚合物分析中的应用。

二、实验原理

聚合物的黏弹性是指聚合物既有黏性又有弹性的性质，实质是聚合物的力学松弛行为。研究聚合物的黏弹性常采用正弦的交变应力，使试样产生的应变也以正弦方式随时间变化。这种周期性的外力引起试样周期性的形变，其中一部分所做功以位能形式贮存在试样中，没有损耗，而另一部分所做功，在形变时以热的形式消耗掉。应变始终落后应力一个相位，以拉伸为例，当试样受到交变的拉伸应力作用时，其交变应力和应变随时间的变化关系如下：

应力 $$\sigma=\sigma_0\sin(\omega t+\delta) \quad (0°<\delta<90°) \tag{2-14-1}$$

应变 $$\varepsilon=\varepsilon_0\sin\omega t \tag{2-14-2}$$

式中，σ_0和ε_0为应力和形变的振幅；ω是角频率；δ是应变相位角。

式(2-14-1) 和式(2-14-2) 说明应力变化要比应变领先一个相位差δ，见图 2-14-1。

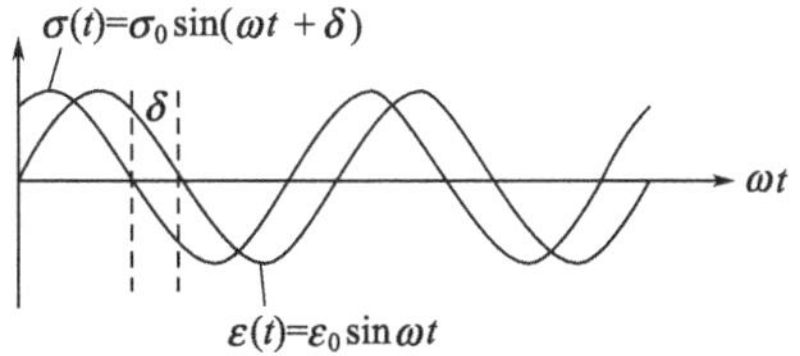

图 2-14-1 应力、应变和时间的关系

将式(2-14-1) 展开为：

$$\sigma=\sigma_0\sin\omega t\cos\delta+\sigma_0\cos\omega t\sin\delta \tag{2-14-3}$$

即认为应力由两部分组成，一部分（$\sigma\sin\omega t\cos\delta$）与应变同相位，另一部分（$\sigma_0\cos\omega t\sin\delta$）与应变相差$\pi/2$。根据模量的定义可以得到两种不同意义的模量，定义$E'$为同相位的应力和应变的比值，而$E''$为相位差$\pi/2$的应力和应变的振幅的比值，即

$$\sigma=\varepsilon_0E'\sin\omega t+\varepsilon_0E''\cos\omega t \tag{2-14-4}$$

此时模量是一个复数，叫复数模量E^*。

$$E^*=E'+iE'' \tag{2-14-5}$$

式中，E'为实数模量又称储能模量，表示材料在形变过程中由于弹性形变而储存的能量；E''为虚数模量也称损耗模量，表示在形变过程中以热的方式损耗的能量。

$$\tan\delta=E''/E' \tag{2-14-6}$$

式中，$\tan\delta$为损耗角正切或称损耗因子。

研究材料的动态力学性能就是要精确测量各种因素（包括材料本身的结构参数及外界条

件）对动态模量及损耗因子的影响。

聚合物的性质与温度有关，与施加于材料上外力作用的时间有关，还与外力作用的频率有关。当聚合物作为结构材料使用时，主要利用它的弹性、强度，要求在使用温度范围内有较大的贮能模量。聚合物作为减震或隔音材料使用时，则主要利用它们的黏性，要求在一定的频率范围内有较高的阻尼。当作为轮胎使用时，除应有弹性外，同时内耗不能过高，以防止生热脱层爆破，但是也需要一定的内耗，以增加轮胎与地面的摩擦力。为了了解聚合物的动态力学性能，有必要在宽广的温度范围对聚合物进行性能测定，简称温度谱。在宽广的频率范围内对聚合物进行测定，简称频率谱。在宽广的时间范围内对聚合物进行测定，简称时间谱。

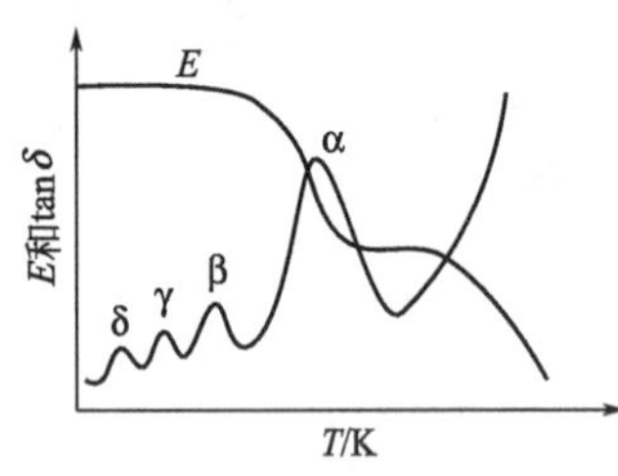

图 2-14-2　非晶态聚合物的典型动态力学温度谱

温度谱，采用的是温度扫描模式，是指在固定频率下测定动态模量及损耗随温度的变化，用以评价材料的力学性能的温度依赖性。通过 DMA 温度谱可得聚合物的一系列特征温度，这些特征温度除了在研究高分子结构与性能的关系中具有理论意义外，还具有重要的实用价值。图 2-14-2 是非晶态聚合物的典型动态力学温度谱。

频率谱，采用的是频率扫描模式，是指在恒温、恒应力下，测量动态力学参数随频率的变化，用于研究材料力学性能的频率依赖性。从频率谱可获得各级转变的特征频率，各特征频率取倒数，即得到各转变的特征松弛时间。利用时温等效原理还可以将不同温度下有限频率范围的频率谱组合成跨越几个甚至十几个数量级的频率主曲线，从而评价材料的超瞬间或超长时间的使用性能。

时间谱，采用的是时间扫描模式，是指在恒温、恒频率下测定材料的动态力学参数随时间的变化，主要用于研究动态力学性能的时间依赖性。例如用来研究树脂-固化剂体系的等温固化反应动力学，可得到固化反应动力学参数凝胶时间、固化反应活化能等。

三、仪器与试样

仪器：DMA8000 型动态热机械分析仪。拉伸模式及压缩模式的结构如图 2-14-3 所示。

温度范围：−190～400℃；温度扫描速率：加热速率 0～20℃/min，冷却速率 0～40℃/min；频率范围：0～300Hz。

试样：要求试样为薄片状，长 50mm 左右，宽 10mm 左右，厚度 1～4mm。试样表面光滑平整，无气泡。湿度大或有滞留溶剂的试样，必须预先进行干燥。

图 2-14-3　DMA8000 型动态热机械分析仪的拉伸模式及压缩模式

四、实验步骤

1. 检查 DMA 和控制器之间的所有连接，确保每个组件都插入到正确的接头中，将 DMA 电源开关（在仪器后侧）设置到“打开”。

2. 正确开启电源后，打开电脑，双击 DMA8000 对应图标，进入操作界面，等待仪器完成初始化。

3. DMA 校准：点击“calibration”进行“balance/zero”校准：位置校准和夹具校准。通常先做位置校准，然后再做夹具校准。每次重新开机后都要做位置校准，每次重新安装夹具后要做夹具校准。注意进行位置校准前必须检查仪器上是否已安装夹具，且固定夹具的螺丝需上紧。

4. 装载试样：用游标卡尺准确测量样条的宽度和厚度后将样条装置到 DMA 上，然后关闭炉子。

5. 设定实验参数：在操作界面的测量向导，输入样品名称，然后选择测试类型、频率、振幅、温度范围及升降温速率、样条的尺寸等实验条件和参数，最后选择保存文件的路径。

6. 等温度达到设定的测试温度后，在测量窗口点击右上角“Go”，仪器将根据模板设定的参数自动进行测试，并在计算机屏幕上显示试验结果。

7. 实验结束后，自动温度控制器停止工作，取下样品。

五、思考题

1. 什么叫聚合物的内耗？聚合物内耗产生的原因是什么？研究它有何重要意义？
2. 讨论聚合物动态力学性质与温度、频率和时间的关系。

实验 2-15 黏度法测定聚乙烯醇的黏均分子量

线型聚合物溶液的基本特性之一是黏度比较大，并且其黏度值与分子量有关，因此可利用这一特性测定聚合物的分子量。黏度法测定聚合物的分子量尽管是一种相对的方法，但因其仪器设备简单、操作方便、分子量适用范围宽、又有相当好的实验精确度，所以成为人们最常用的实验技术，在生产和科研中得到广泛的应用。本实验就是采用乌氏黏度计测定水溶液中聚乙烯醇的特性黏度，计算出其黏均分子量。

一、实验目的

1. 掌握黏度法测定聚合物分子量的原理及实验技术。
2. 了解“一点法”测定聚合物分子量的实验原理与实验方法。

二、实验原理

1. 黏度法测定分子量原理

聚合物溶液与小分子溶液不同，在极稀的情况下，仍具有较大的黏度。黏度是分子运动时内摩擦力的量度，因溶液浓度增加，分子间相互作用力增加，运动时阻力就增大。

聚合物分子量与聚合物溶液特性黏度的关系由 Mark-Houwink 方程给出：

$$[\eta]=kM^{\alpha} \tag{2-15-1}$$

式中，$[\eta]$ 是聚合物溶液的特性黏度；k、α 是与聚合物种类、温度、溶剂以及分子量范围有关的常数。k、α 需经绝对分子量测定方法确定后才可使用。对于大多数聚合物来说，α 值一般在 0.5～1.0 之间，在良溶剂中 α 值较大，接近 0.8。溶剂能力减弱时，α 值降低。在 θ 溶液中，$\alpha=0.5$。当 k、α 已知后，从聚合物溶液的特性黏度 $[\eta]$ 就可以计算出聚合物的分子量。而求取聚合物溶液的特性黏度则需要借助于 Huggins 方程和 Kraemer 方程，即

Huggins 方程 $$\eta_{sp}/c=[\eta]+k[\eta]^2c \tag{2-15-2}$$

Kraemer 方程 $$\ln\eta_r/c=[\eta]-\beta[\eta]^2c \tag{2-15-3}$$

式中，$\eta_r=\eta/\eta_0$ 为聚合物溶液的相对黏度；$\eta_{sp}=\eta_r-1$ 为聚合物溶液的增比黏度；c 为溶液浓度；η 是聚合物溶液的黏度；η_0 是纯溶剂的黏度。

以 η_{sp}/c 或 $\ln\eta_r/c$ 分别对 c 作图可得两条直线，将直线外推至 $c\to0$，两条直线将交于纵坐标上一点，其截距即为 $[\eta]$：

$$[\eta]=\lim_{c\to0}\frac{\eta_{sp}}{c} \tag{2-15-4}$$

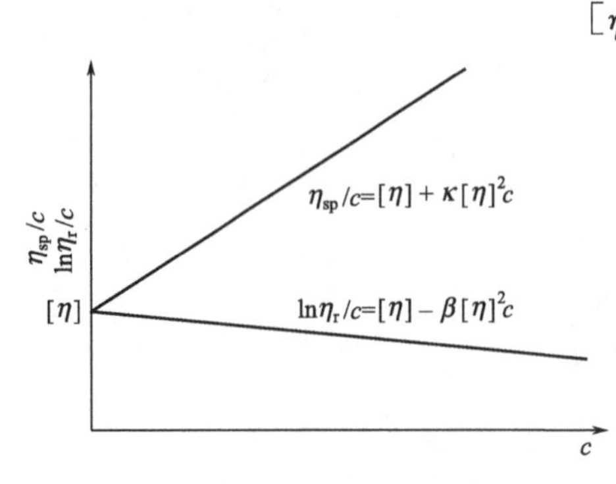

图 2-15-1 外推法求特性黏度

溶液浓度太高或分子量太大均得不到直线，如图 2-15-1 所示。此时只能降低浓度再做一次。

2. 黏度测定原理

聚合物溶液在毛细管黏度计中因重力作用而流动时其黏度表示为：

$$\eta=\pi hgR^4\rho t/8lv-m\rho v/8\pi lt \tag{2-15-5}$$

式中，h 为平均液柱高；ρ 为溶液密度；g 为重力加速度；t 为一定体积的溶液流过毛细管黏度计的时间；m 为与毛细管两端液体流动有关

的常数；R 为毛细管的半径；l 为毛细管的长度。上式中右边第一项是指重力消耗于克服液体的黏滞阻力，第二项是指重力能的一部分转换为液体流动时获得的动能。即“动能修正项”。

令
$$A=\pi hgR^4/8lv \quad B=mv/8\pi l$$

A、B 均为仪器常数，式(2-15-5) 可简化为

$$\eta/\rho=A\rho-B/t \tag{2-15-6}$$

如果溶液从毛细管中流出的时间大于 100s，溶剂的比密黏度 η/ρ 不太大，“动能修正项”可忽略不计。

$$\eta_r=\rho At/\rho_0 At_0 \tag{2-15-7}$$

式中，ρ_0 为纯溶剂密度。由于通常测定的聚合物溶液浓度非常稀，浓度小于 0.01g/mL，则 $\rho\approx\rho_0$，式(2-15-7) 可简化为：

$$\eta_r=t/t_0 \tag{2-15-8}$$

$$\eta_{sp}=(t-t_0)/t_0 \tag{2-15-9}$$

因此，通过测量纯溶剂和聚合物溶液流过毛细管的时间，即可得到相对黏度和增比黏度，进而得到聚合物溶液的特性黏度。

三、仪器与试样

乌氏黏度计一支（如图 2-15-2 所示）、秒表一块、25mL 容量瓶 1 个、50mL 容量瓶 1 只、移液管 2 只、（5mL）1 只、分析天平一台、恒温槽装置一套（玻璃缸、电动搅拌器、调压器、加热器、继电器、接点温度计 1 支、50℃十分之一刻度的温度计 1 支等）、玻璃砂芯漏斗 1 个、吸耳球。

聚乙烯醇样品、蒸馏水。

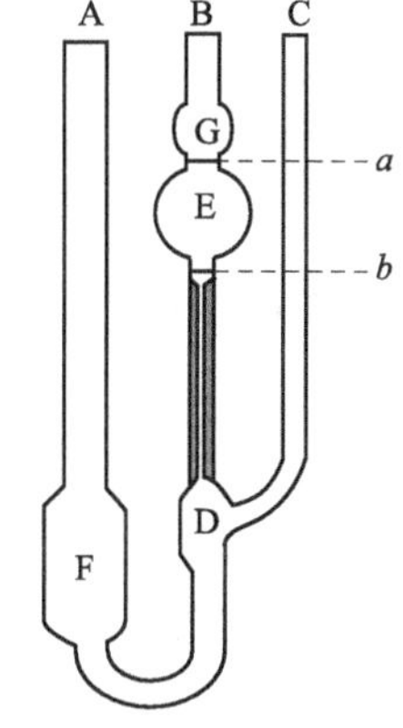

图 2-15-2　乌氏黏度计

四、实验步骤

1. 玻璃仪器的洗涤

使用砂芯漏斗滤过的水洗涤黏度计，把黏度计毛细管上端小球中存在的砂粒等杂质冲掉。将黏度计吹干后再用新鲜温热的铬酸洗液滤入黏度计中，用小烧杯盖好，防止尘粒落入。泡 2h 后倒出，用自来水洗净，经蒸馏水冲洗数次，倒挂干燥后待用。使用相同程序清洗容量瓶和移液管。

2. 聚乙烯醇的溶解及溶液的配置

称取 0.2～0.3g（准确至 0.1mg）聚乙烯醇样品，小心倒入 25mL 容量瓶中，然后加入约 20mL 热蒸馏水，使样品全部溶解，溶解后将容量瓶置于恒温水浴恒温，用该温度下的蒸馏水稀释至刻度。再经砂芯漏斗滤入另一只 25mL 无尘洁净的容量瓶中，将其和纯溶剂容量瓶（50mL）同时放入恒温水浴中待用。

3. 恒温水浴温度的调节

根据所选的测试条件，确定测定的温度为 25℃及相应的参数 k、α 的值。开启电源升温同时打开搅拌，到达设定温度后恒温，使精密温度计的温度波动在 25℃±0.01℃。

4. 溶液从毛细管流出时间的测定

用移液管吸取 10mL 溶液从 A 管注入黏度计的 F 球，用铁夹固定好黏度计放入恒温水浴，使得毛细管垂直于水面，水面淹没 a 线上方的小球 G。恒温 5min 后夹紧 C 管上的乳胶

管，用吸耳球从B管口将溶液吸至G球的一半，取下吸耳球，打开C管上的乳胶管，用秒表计下溶液流经 a、b 刻度线之间的时间 t，重复测定3次，每次测得的数据误差小于0.2s，取这3次时间的平均值作为该溶液的流出时间 t_1。

从恒温水浴中纯溶剂容量瓶中吸入5mL纯溶剂，从A管注入黏度计的F球，此时黏度计内溶液浓度是原来浓度的2/3，用吸耳球从A管吹入空气使溶液混合均匀，并把溶液吸至 a 线上方的球一半，吸上两次后再用同样的方法测定流出时间 t_2。依次再加入5mL、10mL、10mL溶剂，按照相同操作分别测得 t_3、t_4、t_5，记录测得的数据。

5. 纯溶剂流出时间测定

将毛细管内溶液倒入回收瓶，用纯溶剂洗涤3～5次后，将黏度计固定于恒温水浴中，加入纯溶剂，恒温5min后用同样方法测出纯溶剂的流出时间 t_0。

五、注意事项

1. 黏度计必须洁净，聚乙烯醇溶液中若有絮状物不能将它移入黏度计中。
2. 本实验溶液的稀释是直接在黏度计中进行的，因此每加入一次溶剂进行稀释时必须混合均匀，并抽洗E球和G球。
3. 实验过程中恒温槽的温度要恒定，溶液每次稀释恒温后才能测量。
4. 黏度计要竖直放置。实验过程中不要振动黏度计，确定C管通大气。
5. 秒表读数要注意有效数字。

六、数据记录与处理

1. 记录数据

实验恒温温度________；纯溶剂________；纯溶剂密度 ρ_0________；

溶剂流出时间 t_0________；试样名称________；试样浓度 c_0________；

查阅聚合物手册，聚合物在该溶剂中的 K、α 值________、________。

把不同浓度聚合物溶液测定的流出时间填入下面表格。

时间	流出时间	平均值	$\eta_r=t/t_0$	$\eta_{sp}=(t-t_0)/t_0$	η_{sp}/c	$\ln\eta_r/c$
t_0						
t_1						
t_2						
t_3						
t_4						
t_5						

2. 用 $\eta_{sp}/c \sim c$ 及 $\ln\eta_r/c \sim c$ 作图外推至 $c\to 0$ 求 $[\eta]$。

用浓度 c 为横坐标，η_{sp}/c 和 $\ln\eta_r/c$ 分别为纵坐标；根据上表数据作图，截距即为特性黏度 $[\eta]$。

3. 求出特性黏数 $[\eta]$ 之后，代入方程式 $[\eta]=KM^{\alpha}$，就可以算出聚合物的分子量 $\overline{M}_{\eta}$，此分子量称为黏均分子量。

七、思考题与讨论

1. 用黏度法测定聚合物分子量的依据是什么？测定黏度的过程中用到了哪些假设？
2. 从手册上查 K、α 值时要注意什么？为什么？如果资料里查阅不到 K、α，如何确定 K、α？

3. 如何选择乌氏黏度计?

4. 试根据自己的实验数据，用“一点法”计算聚乙烯醇分子量并与上面的数据相互比较，并加以讨论。

附录：一点法测定特性黏度

所谓一点法，即只需在一个浓度下，测定一个黏度数值便可算出聚合物分子量的方法。使用一点法，通常有两种途径：一是求出一个与分子量无关的参数 γ，然后利用 Maron 公式推算出特性黏度；二是直接用程镕时公式求算。

(1) 求 γ 参数必须在用稀释法测定的基础上，从直线方程：

$$\frac{\eta_{sp}}{c}=[\eta]+k'[\eta]^2c \tag{2-15-10}$$

$$\frac{\ln\eta_r}{c}=[\eta]+\beta[\eta]^2c \tag{2-15-11}$$

式中，k'与 β 是两条直线的斜率，令其比值为 γ 即 $\gamma=k'/\beta$，用 γ 乘以式(2-15-11) 得：

$$\frac{\gamma\ln\eta_r}{c}=\gamma[\eta]-k'[\eta]^2c \tag{2-15-12}$$

式(2-15-10) 加式(2-15-12) 得

$$\frac{\eta_{sp}}{c}+\frac{\gamma\ln\eta_r}{c}=(1+\gamma)[\eta]$$

$$[\eta]=\frac{\eta_{sp}/c+\gamma\ln\eta_r/c}{1+\gamma}=\frac{\eta_{sp}+\gamma\ln\eta_r}{(1+\gamma)c} \tag{2-15-13}$$

式 (2-15-13) 即为 Maron 式的表达式。因 k'、β 都是与分子量无关的常数，对于给定的任一聚合物-溶剂体系，γ 也总是一个与分子量无关的常数，用稀释法求出两条直线斜率即 k'与 β 值，进而求出 γ 值。从 Maron 公式看出，若 γ 值已预先求出，则只需测定一个浓度下的溶液流出时间就可算出 $[\eta]$，从而算出该聚合物的分子量。

(2) 一点法中直接应用的计算公式很多，比较常用的是程镕时公式：

$$[\eta]=\frac{\sqrt{2(\eta_{sp}-\ln\eta_r)}}{c} \tag{2-15-14}$$

由式(2-15-10) 减去式(2-15-11) 得

$$\frac{\eta_{sp}}{c}-\frac{\ln\eta_r}{c}=(k'+\beta)[\eta]^2c$$

当 $k'+\beta=\frac{1}{2}$时即得式(2-15-14)。

从推导过程可知，式(2-15-14) 是在假定 $k'+\beta=\frac{1}{2}$或者 $k'\approx0.3\sim0.4$ 的条件下才成立。因此在使用时体系必须符合这个条件，而一般在线型高聚物的良溶剂体系中都可满足这个条件，所以应用较广。

许多情况下，尤其是在生产单位工艺控制过程中，常需要对同种类聚合物的特性黏度进行大量重复测定。如果都按正规操作，每个样品至少要测定 3 个以上不同浓度溶液的黏度，这是非常麻烦的，在这种情况下，如能采用一点法进行测定将是十分方便的。

第三部分

综合性实验

实验 3-1 阳离子交换树脂的制备及应用

离子交换树脂是一种聚合物链上含有可电离离子的高聚物，根据电离出离子的电荷，可分为阳离子交换树脂和阴离子交换树脂，它们可分别与溶液中的阳离子和阴离子进行离子交换。阳离子树脂又分为强酸性和弱酸性两类，阴离子树脂又分为强碱性和弱碱性两类。目前离子交换树脂在工业生产过程中应用极为广泛，需求量大，其中 90%用于发电厂、电子工业等的纯水处理。此外也用于稀土和贵金属的湿法冶金，工业污水净化，以及食品、制药和化工行业中的催化反应和提纯等。

一、实验目的

1. 掌握芳香类聚合物非均相磺化反应的原理、方法与步骤。
2. 掌握阳离子交换树脂交换当量测定的原理、方法与步骤。

二、实验原理

本实验制备磺酸型强酸性阳离子交换树脂，目前商品化的强酸性阳离子交换树脂大部分为此类。首先合成苯乙烯-二乙烯苯小球（高分子化学实验），然后用磺化试剂进行磺化反应：

~~~ CH_2—CH—CH_2—CH ~~~ $\xrightarrow{H_2SO_4}$ ~~~ CH_2—CH—CH_2—CH ~~~ (SO_3H, SO_3H)

~~~ CH_2—CH ~~~   ~~~ CH_2—CH ~~~

磺化试剂可以是浓硫酸、氯磺酸、发烟硫酸等。为了使磺化反应顺利进行，还要加聚苯乙烯的溶胀剂，如二氯乙烷、四氯乙烷等，这样还可以防止树脂产生裂纹，增加树脂强度。

离子交换树脂在电解质溶液中，将会发生离子交换平衡：

$$M—SO_3^- H^+ + Na^+ Cl^- \xrightleftharpoons{\text{阳离子交换}} M—SO_3^- Na^+ + HCl$$

其中，M 为树脂母体。开始时树脂相 H^+ 离子浓度高，向溶液扩散，Na^+ 离子则反之，至浓度达平衡为止。在离子交换柱中流动状态下交换吸附离子，可以最大程度使溶液中的离子交换完全。交换后的树脂可以用酸溶液再生使用。

三、仪器与试剂

仪器：电子天平、搅拌器、四口瓶、恒压滴液漏斗、球形冷凝管、温度计、量筒

(10mL 和 100mL 各一)、三角烧瓶、抽滤漏斗、滴定管、离子交换柱、烧杯等。

试剂：聚苯乙烯白球、98%硫酸、30%稀硫酸、二氯乙烷、硫酸银、氯化钠溶液(1mol/L)、酚酞溶液（1%）、标准 NaOH 溶液（0.1mol/L)、硫酸铜溶液（5%)。

四、实验步骤

1. 白球磺化

(1) 在四口瓶中加入称量好的干燥白球约 5g，加入 30mL 二氯乙烷，在 60℃溶胀 30min，然后升温至 70℃，加入 0.25g 硫酸银，在 15min 内滴加 30mL 98%硫酸。加完后升温至 80℃，反应 2～3h。

(2) 降至室温，缓慢加入 50mL 30%稀硫酸，再次降温，加入 200mL 蒸馏水，搅拌几分钟，用抽滤漏斗滤出树脂。用蒸馏水洗涤树脂至洗出液 pH 值大于 5，干燥后即得强酸性阳离子交换树脂。

2. 离子交换树脂交换容量测定

树脂交换当量表明树脂离子交换能力的大小，有两种表示方法：质量交换当量，每克干树脂能交换离子的毫摩尔数，单位 mmol/g；体积交换当量，每毫升干树脂能交换离子的毫摩尔数，单位 mmol/mL。

称取 2～3 份 1g 左右的干树脂（精确到 mg)，分别放入 250mL 锥形瓶中，加入 1mol/L NaCl 溶液 100mL，浸泡 1～1.5h，加入酚酞指示剂，用标准 NaOH 溶液（0.1mol/L）滴定溶液中的 H^+ 离子浓度，记录消耗碱液体积，计算交换当量。

3. $CuSO_4$溶液的离子交换

将直径约 1cm 的带旋塞的玻璃柱固定在铁架台上，底部塞上一团棉花。将 6g 左右的树脂浸泡在蒸馏水中，边搅拌边和水一起倒入玻璃柱。多余的水从下面放出，但要保持树脂完全浸在水中。最后，可在树脂上方填塞一团棉花，或铺一些石英砂，防止树脂被冲起来，如图 3-1-1 所示。加入 5mL $CuSO_4$溶液，打开下方旋塞，使溶液以约 1 滴/s 的速度流出，下方换一个干净的烧杯接流出液。当 $CuSO_4$ 溶液液面将要降到树脂上表面时，加入蒸馏水，仍保持树脂一直浸没于水中。当烧杯中接到 20mL 左右流出液时，可关上旋塞。观察此时树脂柱的颜色变化，以及洗出液的颜色，可滴加一些碱液到洗出液中，看是否有沉淀生成。

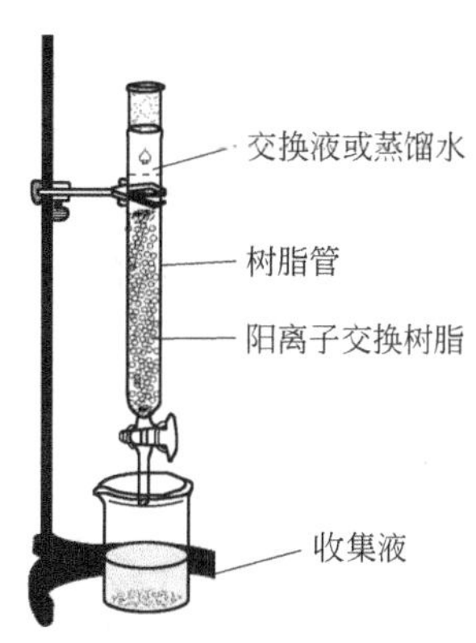

图 3-1-1　离子交换实验装置

五、思考题

1. 为什么树脂磺化完后要先用稀硫酸稀释，而不直接加水?
2. 为什么测交换当量时要先用 NaCl 溶液交换树脂上的 H^+ 离子，而不直接用碱滴定?
3. 有哪些因素可能影响树脂的交换当量?

实验 3-2　非均相聚合体系中的粒径控制与粒径分布测定

一、实验目的

1. 了解非均相聚合体系中聚合物颗粒的形成，粒径分布的影响因素及其调控方法。
2. 掌握粒径分布的测试及其统计方法。
3. 掌握针对目标产物不同颗粒的粒径进行实验设计的基本原理。

二、基本原理

非均相聚合都伴有聚合物颗粒的生成。聚合物颗粒的大小、粒径分布乃至形态对产品的性能都有很大影响，是此类聚合物生产重要的控制指标之一。

利用机械搅拌不互溶的液-液相系，使其中的一相（分散相）分散到另一相（连续相）中形成液-液分散体系是常见的化工操作。在乳液聚合、悬浮聚合、界面缩聚等液-液非均相低黏聚合体系中，搅拌器的搅拌强度以及相与相之间的传质速度等物理因素将会对非均相聚合过程，产品的质量，特别是聚合物的颗粒特性产生重要影响。在液-液反应中为了使两液相之间能密切接触而加速反应，在反应中应尽可能增加界面面积，这和液滴的大小有很大关系。液滴的大小不仅决定界面面积，还影响液滴内产物的生成环境和速度，并最终影响反应的转化率和选择性。从聚合产物角度讲，聚合物颗粒的大小、粒径分布乃至形态将直接影响到聚合物的加工性能。因此，搞清楚非均相聚合体系中聚合物颗粒的生成过程及影响聚合物颗粒大小的各种因素是很有意义的。因为搅拌釜中任何一个特定过程的结果，都可能与液滴的大小、颗粒的形成有关。

从一些简单的实验可以判断，在诸如悬浮聚合这样的非均相聚合体系中，搅拌釜中水相里的单体不是独立存在着，而是反复进行着两个以上液滴合并成较大液滴（称为合并），继而一个液滴再分散成两个以上液滴（称为分散）这样一个动态平衡过程。单体液滴的分散，合并行为对聚合物的颗粒特性有重要影响，如图 3-2-1。

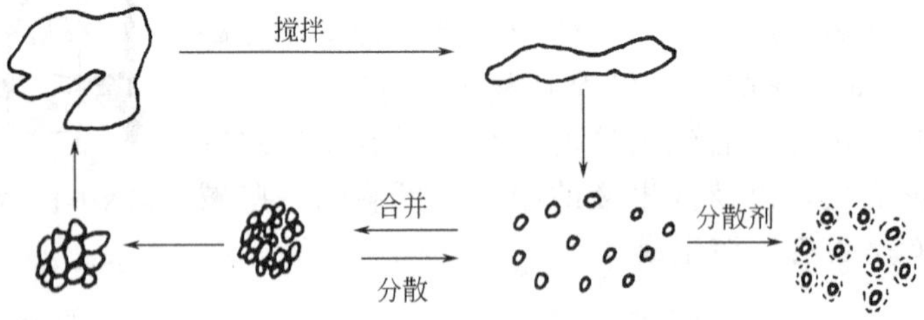

图 3-2-1　悬浮聚合颗粒形成过程示意图

所谓分散就是较大的液滴分裂成两个以上的液滴。引起分散的推动力是作用液滴的剪切应力，而抑制分散的阻力有界面引力和液滴内的黏性力。根据推动力的不同，分散过程的机理大致有黏性剪切分散、各向同性湍流分散、各向异性湍流分散。剪切分散时，使液滴分散的推动力是黏性剪切力，液滴在黏性剪切力的作用下，由于处在不同流速的流线上而被拉伸，直至变长分裂成小液滴。湍流分散也称涡流分散，搅拌釜内当流体处于湍流时就存在湍流分散。在釜壁附近存在各向异性湍流分散，在釜内的液滴分散主要是各向同性湍流分散，即小涡流的分散作用。其分散机理是由小涡流剪切速率的涨落，引起桨叶附近的液滴瞬间破裂为小液滴。分散液滴的合并现象按机理可分为布朗运动引起的合并；层流速度差引起的合并及湍流引起的合并。搅拌釜中一般认为以湍流引起合并为主，而布朗运动常可忽略。两个液滴发生合并需要经历三个过程：首先两个液滴相遇碰撞，继而两液滴间的连续相液体被排出，液滴直接接触，最终在液滴接触处的表面膜破坏、液滴融合在一起才完成合并。

分散与合并现象跟搅拌的逸散能ε 有密切关系，在搅拌釜内的能量分布是极不均匀的。有人通过实验测定得出，在桨叶附近逸散能很大，而远离桨叶的地方逸散能很小。在搅拌釜内随着局部湍流强度的不同，桨叶附近区域主要是液滴分散过程，远离桨叶的区域则主要是液滴合并过程，釜内如有较大的循环速度，在逸散能较小的区域相碰液滴还来不及凝并就回到桨叶区又被打碎分离，也就抑制了合并。

分散和合并两个过程在搅拌釜内是同时并存的，分散相液滴大小无论在釜内的径向上或轴向上都在变化着，所以搅拌釜内的稳定分散体液滴大小分布及其平均粒径是与搅拌桨叶形式、操作条件（如桨叶直径、转速、循环速率、分散相体积分率等）、体系的物性有密切关系。当分散相体积分率很低时，分散远较合并重要，此时釜内操作可视为受分散支配；若分散相体积分率较大时，属合并支配。但是在提高桨叶转速，增大搅拌强度后，在桨叶附近就达到了分散和合并的动态平衡，整个釜内的合并过程就不显著，这种情况亦为分散支配的操作，此时粒径分布变窄。在一般情况下，除提高搅拌强度外，增大釜内流体循环速率也可达到保证操作受分散作用控制。

此外，还有一些非工程因素也可促使搅拌釜操作受分散作用控制，如在悬浮聚合时常添加有分散剂（如聚乙烯醇，明胶，无机分散剂等），单体液滴表面包了一层液膜，有很大的界面黏度，对于短时间的扰动具有有效弹性，使液滴碰撞后难以合并。根据以上对非均相聚合过程聚合物颗粒形成过程分析，调节粒径及其分布，有以下一些方法可供使用。

（1）调节搅拌强度，即保证达到一定的单位体积搅拌功率。

（2）调节搅拌釜内流体的循环次数，即要通过选择合理桨型和调节转速保证搅拌釜内达到一定循环流动，不使釜中产生滞流区或死角。

（3）改变聚合配方中的水/单体比及分散剂的品种和用量都会影响到聚合物颗粒的形态及粒径分布。

（4）选择合理的反应器内部构件，在保证混合和传热的前提下合理的，尽量少的设置反应器的内部构件。

（5）采用种子聚合，是控制粒径及其分布的良好途径。

（6）乳液聚合时，改变反应器的返混程度会对粒径分布产生影响。

以上提出的调节聚合颗粒大小及分布的途径和措施，供实际应用和实验模拟时参考。鉴于聚合反应是复杂的反应体系，不同的聚合体系又有因素特性，所以在处理具体问题时应弄清各因素间的关系，找出主要的控制因素，才能达到预期效果。

非均相聚合体系中聚合物颗粒特性的表示方法有：粒子大小平均直径表示、粒径分布线图表示、在定量处理时可用其特征值表示。

（1）平均粒径表示法。平均粒径表示法有不同的平均方法，其中使用最广的是体积面积平均直径 d_{32}，若某种粒子直径为 d_i，其粒子数为 n_i，粒子的质量分率为 f_i，则

$$d_{32}=\sum n_i d_i^3/n_i d_i^2 \tag{3-2-1}$$

（2）粒径分布图。粒径分布图常用的有柱形图、分布密度图和累积分布图，如图 3-2-2。

分布密度 E 定义为粒径为 x 到 $x+\mathrm{d}x$ 的量占总量的分数 $E\mathrm{d}x$，而累积分布是分布密度的积分形式，F 表示粒径小于 x 值所占的分率。

（3）粒径分布的特征值。特征值常用平均粒径和离散度来表示，平均粒径表示方法如前

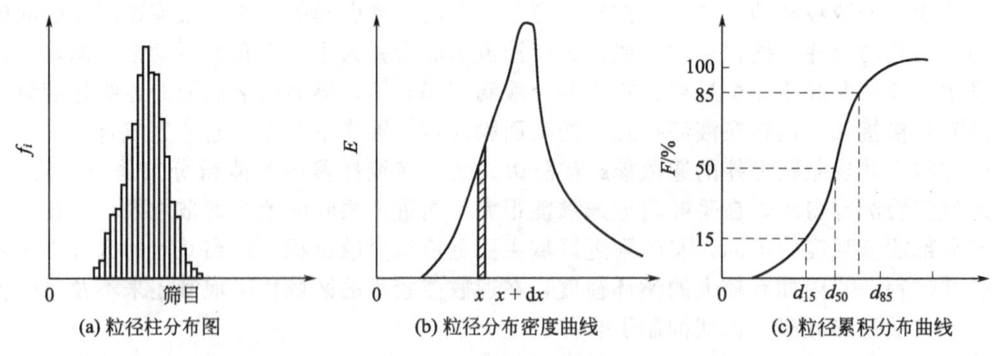

(a) 粒径柱分布图　　(b) 粒径分布密度曲线　　(c) 粒径累积分布曲线

图 3-2-2　常用粒径分布曲线

所述。离散度表示粒径分布偏离平均值的程度，一般用标准偏差 δ_s 表征，也有用离散度 η 来表示，即

$$\delta_s=[\sum(d_i-d_{32})^2 f_i]^{0.5} \tag{3-2-2}$$

三、仪器与试剂

主要仪器设备：Winner 99 显微颗粒分析仪，玻璃搅拌釜，不同类型搅拌器。

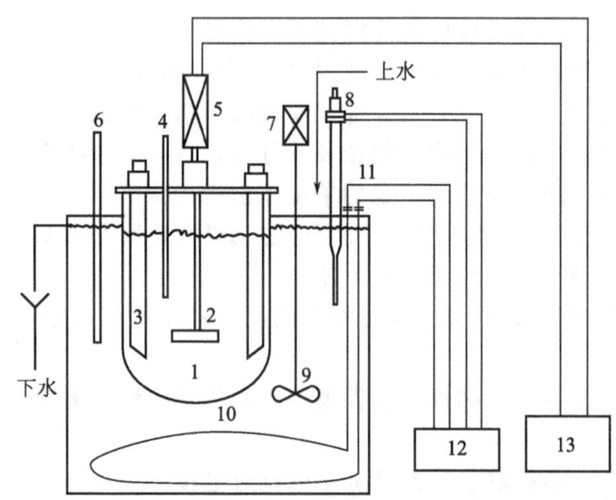

图 3-2-3　粒径分布的测定装置

1—玻璃搅拌釜；2—搅拌器；3—可拆挡板；4—搅拌釜温度计；5—直流电机；6—恒温槽温度计；7—恒温槽搅拌电机；8—接触温度计；9—搅拌器；10—恒温槽；11—加热器；12—继电器

实验配方：水 1000mL；石蜡 60g；松香 6g；羟乙基纤维素（HEC）4g；三羟基聚醚少量。

四、实验步骤

1. 目标产物

悬浮聚合颗粒的粒径一般在 0.05～2mm，设计目标产物颗粒的粒径为 200～800μm，颗粒大小基本均匀的球形粒子。

提示：①从工程因素考虑：釜中选择不同类型搅拌器，桨径达到要求设计的颗粒粒径。②改变玻璃釜中搅拌器转速达到要求设计的颗粒粒径。③从工艺配方考虑：改变悬浮聚合时分散剂种类及用量。

2. 实验步骤

（1）根据配方，称取一定量的固体石蜡和松香，置于烧杯中，在酒精灯上加热至石蜡溶化，松香全部溶解于石蜡之中。称取一定量的羟乙基纤维素（HEC）置于洗净的烧杯中，加 800mL 水并加热，控制温度在 80℃以下，搅拌，直至 HEC 全部溶解，停止加热，自然冷却溶胀 30～60min。

（2）如图 3-2-3 设置实验装置，选取所需搅拌桨型，设置（或先不设置）挡板，在安装设备时，同时测取所有实验所需几何尺寸。

（3）往玻璃釜内加适量的去离子水，然后加入已溶胀的 HEC 溶液，加入熔有松香的石蜡，用针筒抽出少量三羟聚醚，加入玻璃釜。开启玻璃釜搅拌器。

（4）往恒温槽中加水，略高于玻璃釜中的液位，调节接触温度计至 85℃，电加热器开始加热开启恒温槽中搅拌器，使之慢速转动。

（5）在玻璃釜中温度升至 85℃时，控温确定某个转速，稳定 10～15min。

（6）稳定时间一到，关闭恒温继电器电源，打开恒温槽进水口，加强恒温槽搅拌，恒温槽迅速降温，待玻璃釜内温度小于 45℃时，停止进水，停止所有搅拌。

（7）打开玻璃釜盖，沿釜的直径方向取样 3～4 次。将取出的样品放在干净的表面皿中，并加少量稀的 HEC 溶液，将粒子均匀分布，相互间无重叠。以清晰为准，并将一块印有标尺的涤纶薄膜置于粒子的边上，在显微颗粒分析仪上分析。

（8）改变玻璃釜中搅拌器转速，重复以上实验。

（9）改变玻璃釜中搅拌器桨型（图 3-2-4），重复以上实验。

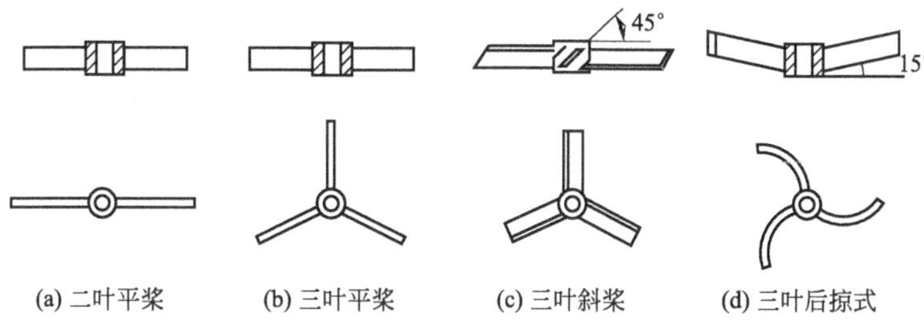

图 3-2-4　实验用四种不同类型搅拌器

五、结果分析

1. 记录原始数据：

测试物料________　温度________　密度________　黏度________

釜径____________　釜体长______　投料体积________

桨型____________　叶径________　叶片宽__________

改变转速、桨型，得到不同颗粒产品，在显微颗粒分析仪上分析。

2. 选择作出累积粒径分布曲线、粒径柱分布图或粒径分布密度曲线中的一种曲线。

3. 求出粒径分布的特征值，即体积面积平均直径 d_{32}。

4. 根据本实验的结果，从改变搅拌釜内搅拌器桨型，搅拌转速等几方面条件，讨论搅拌釜内桨型变化、转速变化对形成粒子的粒径大小及分布的影响。

六、思考题

1. 试述非均相聚合中聚合物颗粒形成过程，调节颗粒粒径一般可使用哪些手段?

2. 根据（聚氯乙烯、聚苯乙烯等）悬浮聚合特点，如果要得到粒径分布较窄的颗粒产品，在选定聚合釜内搅拌器桨型时，你认为选用哪种类型的搅拌桨（或组合）为最佳?

实验 3-3 不饱和聚酯树脂的合成及玻璃钢的制备

一、实验目的

1. 掌握不饱和聚酯树脂的合成方法。
2. 掌握不饱和聚酯树脂的固化成形过程及制备玻璃钢的基本工艺。

二、实验原理

不饱和聚酯树脂是指不饱和聚酯和乙烯基交联单体（如苯乙烯）中的复合物。通常，不饱和聚酯是由不饱和二元羧酸（或酸酐）、饱和二元羧酸（或酸酐）与多元醇缩聚而成的，并在缩聚反应结束后趁热加入一定量的乙烯类交联单体组成黏稠的液体树脂。不饱和聚酯树脂一般可通过引发剂、光、高能辐射等引发不饱和聚酯中的双键与可聚合的乙烯类单体（通常为苯乙烯）进行自由基共聚反应，使线型的聚酯分子链交联成不熔、不溶的具有三向网格结构的体型分子。固化所用的引发剂通常为有机过氧化物或其与引发促进剂组成的复合引发体系，固化可分为凝胶、定型和熟化三个阶段。

玻璃钢学名纤维增强塑料，俗称 FRP（fiber reinforced plastics），即纤维增强复合塑料。根据采用的纤维不同分为玻璃纤维增强复合塑料（GFRP）、碳纤维增强复合塑料（CFRP）、硼纤维增强复合塑料等。GFRP 是以玻璃纤维及其制品（玻璃布、带、毡、纱等）作为增强材料，以合成树脂作基体材料的一种复合材料。纤维增强复合材料是由增强纤维和基体（如不饱和聚酯树脂）组成。

三、主要试剂和仪器

试剂：顺丁烯二酸酐（化学纯）、邻苯二甲酸酐（化学纯）、丙二醇（化学纯）、苯乙烯（化学纯）、玻璃纤维布、聚酯膜、过氧化环己酮和异辛酸钴。

仪器：烘箱、温度计 300℃、可调式电加热套等。

四、实验步骤

1. 树脂合成

在装有搅拌器、温度计、回流冷凝管及分水器、氮气管的 250mL 干燥的四口烧瓶中，分别加入 33g 顺丁烯二酸酐，50g 邻苯二甲酸酐和 56.5g 丙二醇，开始缓慢加热，同时在直形冷凝管内通冷却水，通氮。在 15min 内升温到 80℃，充分搅拌，再用 45min 将温度升到 160℃。以后在 30min 内将温度升到 190～200℃，并在此温度下维持反应 1h，停止加热，将反应物冷却至 70℃。加入 50g 苯乙烯，搅拌，完成制备不饱和聚酯树脂。

2. 玻璃钢的制备

（1）首先完成玻璃布和聚酯薄膜的预处理：将清洁玻璃布剪成适当的大小，在 300～400℃烘箱中烘烤 30min 左右；将聚酯薄膜表面用丙酮清洗干净，以除油除水。其次用洁净的烧杯称取 30g 制备好的不饱和聚酯树脂，1.0g 过氧化环己酮，0.3g 异辛酸钴溶液（1.2%），搅拌均匀。

（2）在易脱模材料聚酯膜上铺上玻璃布，将按配方配好的树脂溶液均匀地涂在上面，然后再铺上一层玻璃布。如此反复，总共铺上约 5～6 层玻璃布，然后在表面盖上聚酯膜。将做好的材料在烘箱中烘烤 30min，使复合材料得到均匀完全固化。

五、思考题

1. 不饱和聚酯树脂合成是醇酸单体的缩聚，计算树脂合成配方中—OH 与—COOH 哪者过量？原因是什么？

2. 树脂合成时产生的小分子如何去除？

3. 不饱和树脂/玻璃纤维复合材料为什么能实现性能提高？

实验 3-4 涂料用丙烯酸酯树脂的合成与应用

Ⅰ 丙烯酸酯树脂的合成

一、实验目的

1. 掌握涂料用热塑性丙烯酸酯树脂的合成方法。
2. 了解清漆配料过程。

二、实验原理

涂料用丙烯酸酯树脂是采用自由基聚合合成的，可采用溶液聚合、乳液聚合、本体聚合和悬浮聚合及非水分散聚合方法实现，其中前两种方法最常用。

溶剂型丙烯酸酯树脂可分为热塑性和热固性两大类。热塑性丙烯酸酯树脂涂料的成膜主要是通过溶剂的挥发，分子链相互缠绕形成的。因此，漆膜的性能主要取决于单体的选择，分子量大小和分布及共聚物组成的均匀性。漆膜的性能如光泽、硬度、柔韧性、附着力、耐腐蚀性、耐候性和耐磨性等都与上述因素有关。漆用热塑性丙烯酸酯树脂的分子量一般在30000～130000之间，共聚物组成的均一性主要是通过分批逐步增量投入反应速率快的单体来实现的。漆膜的硬度，柔韧性等力学性能又与其玻璃化转变温度（T_g）有直接的关系，共聚物的 T_g 可由 Fox 公式近似计算。

对于溶剂型清漆的配方设计，溶剂的选择极为重要，良溶剂使体系的黏度降低，固含量增加，树脂及其涂料的成膜性能好，不良溶剂则相反。选择溶剂时主要取决于溶剂的成本，对树脂的溶解能力，挥发速度，可燃性和毒性等。成膜物质可以由一种或多种热塑性丙烯酸酯树脂组成，也可以与其他成膜物质合用来改进其性能，混溶性好而常用的有硝酸纤维素、醋酸丁酸纤维素、乙基纤维素、氯乙烯-醋酸乙烯树脂以及过氧乙烯树脂等，它们在配方中的比例，可根据产品技术要求选择。

热塑性丙烯酸酯清漆表现了丙烯酸酯树脂的特点，具有较好的色泽、耐大气、保光、保色等性能，在金属、建筑、塑料、电子和木材等的保护和装饰上起着越来越重要的作用。

三、仪器与试剂

电动搅拌机、电加热套、四口烧瓶（250mL）、球形冷凝管、温度计、涂-4 黏度杯、铁片、秒表。

甲基丙烯酸甲酯（CP）、甲基丙烯酸丁酯（CP）、甲基丙烯酸（CP）、丙烯酸丁酯（CP）、苯乙烯（CP）、过氧化二苯甲酰（CP）、醋酸乙酯（CP）、醋酸丁酯（CP）、丁醇（CP）、丙酮（CP）。

四、实验步骤

1. 在装有搅拌器、温度计、冷凝管、恒压滴液漏斗的 250mL 四口烧瓶中，加入醋酸丁酯 62g，醋酸乙酯 8g，搅拌升温。

2. 当温度升至 100～110℃时，缓慢滴加溶有过氧化二苯甲酰 0.4g（精确称取）的混合单体，混合单体是由甲基丙烯酸甲酯 16g、甲基丙烯酸丁酯 48g、苯乙烯 6g、丙烯酸丁酯

8g、甲基丙烯酸 2g 组成，滴加时间约需 1～1.5h。滴加过程中，温度允许由于反应放热而稍有升高，但注意控制滴加速度勿使温度升得过快。

3. 滴加完毕后，温度一般在 110～120℃之间。在此温度内保温 1～1.5h，然后加入溶有过氧化二苯甲酰 0.05g 的醋酸丁酯 10g，继续保温 30min 后。边搅拌边冷却，温度降至 40℃后出料。

4. 测定所合成的树脂溶液黏度（GB/T 1723—1993），测定酸值（GB/T 6743—2008）及固含量（GB/T 1725—2007）。

5. 清漆配制：在 250mL 四口烧瓶中按下述配方称取物料并搅拌均匀，待混合液透明后即制得热塑性丙烯酸酯树脂清漆。

配方：丙烯酸酯树脂（50%）30g；丙酮 7g；丁醇 6g；醋酸丁酯 27g；醋酸乙酯 10g。

6. 测定所配制的清漆黏度（GB 1723—1993）。

五、注意事项

1. 单体的滴加速度应加以控制，不宜太快，否则易喷料。
2. 控制反应温度，使反应平稳进行，否则会影响漆膜性能。
3. 为提高转化率，可适当延长保温时间。

六、思考题

1. 影响聚丙烯酸酯树脂溶液黏度的因素有哪些？
2. 应用 Fox 公式计算所合成的共聚物的玻璃化转变温度。

Ⅱ　漆膜的制备

一、实验目的

1. 掌握漆膜的制备过程。
2. 学会喷涂法制备漆膜。

二、实验仪器

黏度计、秒表、干燥箱、厚度测定仪。

三、实验内容

涂料产品的取样按 GB/T 3186—2006，底板的表面处理按 GB/T 9271—2008 规定进行，依材料的不同按相应标准选取符合规定的试板。

1. 刷涂法

将试样稀释至适当黏度或按产品标准规定的黏度，用漆刷在规定的试板上，快速均匀地沿纵横方向涂刷，使其成一层均匀的漆膜，不允许有空白或溢流现象。涂刷好的样板按规定进行干燥。

2. 喷涂法

将试样稀释至喷涂黏度［(23±2)℃条件下，在涂-4 黏度计中的测定值，油基漆应为 20～30s，挥发性漆为 15～25s］或按产品标准规定的黏度，然后在规定的试板上喷涂成均匀的漆膜，不得有空白或溢流现象。喷涂时，喷枪与被涂面之间的距离不小于 200mm，喷涂方向要与被涂面成适当的角度，空气压力为0.2～0.4MPa（空气应过滤去油、水及污物），喷枪移动速度要均匀，喷涂好的样板按规定进行干燥。

3. 浸涂法

将试样稀释至适当黏度（使漆膜厚度符合产品标准的规定），然后以缓慢均匀的速度将试板垂直浸入漆液中，停留30s后，以同样速度从漆中取出，放在洁净处滴干10～30min，滴干的样板或钢棒垂直悬挂于恒温恒湿处或电热鼓风恒温干燥箱中干燥（干燥条件按产品标准规定），如产品标准对第一次浸漆的干燥时间没有规定，可自行确定，但不超过产品标准中规定的干燥时间。控制第一次漆膜的干燥程度，以保证制漆的漆膜不致因第二次浸漆后发生流挂、咬底或起皱等现象。

此后，将试样倒转180°，按上述方法进行第二次浸涂、滴干。按规定进行干燥。

4. 漆膜的干燥

（1）自干漆

在恒温恒湿条件下，按产品标准中规定的时间进行干燥。除另有规定外，一般自干漆在恒温恒湿条件下进行状态调节48h（包括干燥时间在内）；挥发性漆状态调节24h（包括干燥时间在内），然后进行各种性能的测试。

（2）烘干漆

除另有规定外，漆膜应先在室温放置15～30min，再平放入电热鼓风恒温干燥箱中按产品标准中规定的温度和时间进行干燥。

除另有规定外，干燥后的漆膜在恒温恒湿条件下状态调节0.5～1h，然后进行各种性能的测试。

注：对清油、丙烯酸清漆，干燥后漆膜的厚度控制在（13±3）μm。

四、思考题

1. 漆膜的干燥速度和干燥程度与哪些因素有关?
2. 溶剂性质对涂膜表面性能和力学性能有何影响?

Ⅲ 漆膜性能的测试

一、实验目的

1. 学会使用国家标准测定漆膜性能。
2. 熟练掌握相关测试仪器及方法。

二、实验仪器

铅笔硬度计、光泽计、附着力测定仪、冲击试验器、厚度测定仪。

三、实验内容

1. 涂膜硬度铅笔测定法（GB/T 6739—2006）

（1）试验用铅笔的制备：削去木杆部分使铅芯呈圆柱状露出约3cm，然后在400#水砂纸上垂直画圆圈至铅笔尖端磨成平面，边缘锐利为止。

（2）样板的涂膜面向上水平放置，手持铅笔约45°角，以速度约1cm/s向涂膜面上推1cm，每划一道，要重新研磨笔芯，每一种硬度的铅笔重复刮划5次。

(3) 刮划评定：如有两道或两道以上认为未刮划到样板的底板，则换用前一硬度标号的铅笔进行同样试验。将未满两道的铅笔硬度标号作为涂膜的铅笔硬度。

2. 漆膜附着力测定法（GB/T 1720—1979）

附着力测定仪如图 3-4-1。

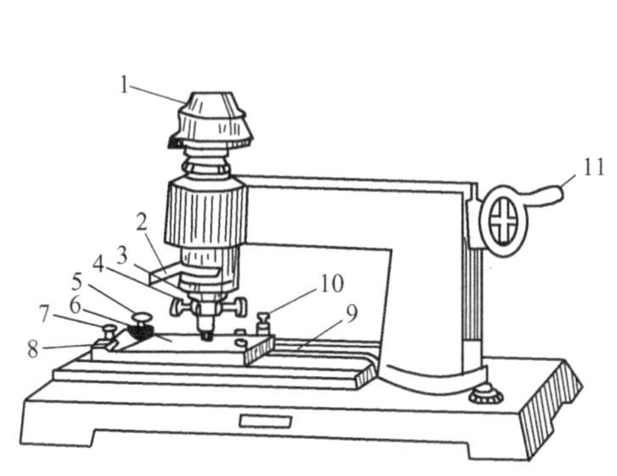

图 3-4-1 附着力测定仪

1—荷重盘；2—升降棒；3—卡针盘；4—回转半径调整螺栓；5—固定样板调整螺栓；6—试验台；7—半截螺帽；8—固定样板调整螺栓；9—试验台丝杠；10—调整螺栓；11—摇柄

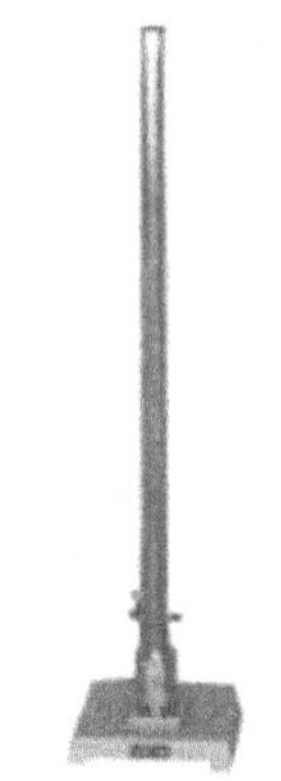

图 3-4-2 冲击试验器

测定时，将样板正放在试验台上，拧紧固定样板调整螺栓，向后移动升降棒，加适量砝码，使指针接触到漆膜，按顺时针方向均匀摇动摇柄，转速以 80～100r/min 为宜，圆滚线划痕标准图长为（7.5±0.5）cm。向前移动升降棒，使卡针盘提起，松开固定样板的螺栓，取出样板，用漆刷除去划痕上的漆屑，以 4 倍放大镜检查划痕并评级。评级分 7 个等级，1 级为最好。

3. 漆膜耐冲击测定法（GB/T 1732—1993）

将涂漆试板漆膜朝上平放在铁砧上，试板受冲击部分距边缘不少于 15mm，每个冲击点的边缘不少于 15mm。重锤借控制装置固定在滑筒的某一高度（其高度由产品标准规定或商定），按压控制钮，重锤即自由地落于冲头上，提起重锤，取出试板。记录重锤落于试板的高度。同一试板重复 3 次。用 4 倍放大镜观察，判断漆膜有无裂纹、皱纹及剥落等现象。冲击试验器见图 3-4-2。

4. 色漆和清漆漆膜厚度的测定（GB/T 13452.2—2008）

5. 漆膜光泽测定法（GB/T 1743—1979）

四、思考题

1. 影响漆膜耐冲击性能的因素？
2. 影响漆膜附着力的因素？
3. 影响漆膜硬度的因素？

实验 3-5 聚丙烯酸类高吸水性树脂的制备与其吸水倍数的测定

一、实验目的

1. 了解反相悬浮聚合的实验原理。
2. 了解高吸水性树脂的制备方法。
3. 掌握聚丙烯酸类高吸水性树脂的结构特征与基本性质。
4. 掌握聚丙烯酸类高吸水性树脂的制备方法。
5. 掌握高吸水性树脂吸水倍数测定的方法。

二、实验原理

高吸水性树脂是一类轻度交联的高度亲水性高分子材料，其中部分中和的交联聚丙烯酸树脂占80%以上。因结构组成中羧基的亲水性、羧酸根之间的静电排斥力、树脂内部因电离形成的渗透压，该类树脂能够吸收自身质量上千甚至更多倍数的水。高吸水性树脂已广泛应用于农业、林业和园艺的土壤改良剂、医药卫生用品材料、工业用脱水剂、保鲜剂、防雾剂、水凝胶材料和日常生活用品等。

聚丙烯酸类高吸水性树脂的常见制备方法有水溶液法和反相悬浮法。其中，水溶液法因聚合后得到的产物充分吸收水，故最后所得粗产物以凝胶状态存在于反应器中，后处理比较麻烦。而反相悬浮法则是针对水溶性单体的一种非均相聚合方法，以有机溶剂为连续相，水溶液作为分散相，常见的引发剂为过硫酸盐或其氧化还原引发体系，反应结束后利用有机溶剂与水的共沸将水分带出，得到交联聚丙烯酸颗粒，经干燥后即得产物。与水溶液法相比较，反相悬浮法后处理简单，但其反应时间较长，产物表面可能附着乳化剂等杂质。对聚合反应过程来说，所用单体除部分中和的丙烯酸之外，还有双官能度单体，如亚甲基双丙烯酰胺，有时还加入其他功能单体。依靠引发剂分解产生的自由基引发单体共聚合，最终形成交联结构。

三、仪器与试剂

250mL 三口瓶、电炉、搅拌器、分水器、冷凝管、水浴锅、50mL 烧杯、玻璃棒等。

丙烯酸（AAc）、氢氧化钠（NaOH）、亚甲基双丙烯酰胺（MBA）、过硫酸铵（APS）、四甲基乙二胺（TMEDA）、去离子水、环己烷、Span 60。

四、实验步骤

1. 聚丙烯酸类高吸水性树脂的制备

（1）将 5g Span 60 与 150mL 环己烷加入到三口瓶中，水浴升温至 40℃，搅拌使其充分溶解。

（2）同时在小烧杯中称取 AAc 31.5g（约 30mL），置于水浴中，搅拌，缓慢加入 NaOH 水溶液（15g 固体 NaOH 溶于 20mL 去离子水中）调节 AAc 至设定中和度。

（3）待小烧杯中部分中和的 AAc 溶液冷却后，依次加入 0.5g 交联剂 MBA、0.2g 引发剂 APS 和低于 0.1g TMEDA，搅拌使上述组分充分溶解。

（4）将 AAc 混合溶液加入上述三口烧瓶中，提高搅拌速度，使水相均匀分散于有机相中，40℃保温反应 2h。

（5）缓慢升温至 60℃，保温反应 30min。

（6）以 1℃/5min 缓慢升温，使得环己烷与水共沸，用分水器接收蒸出的水分。

（7）继续升温，直至几乎没有水分蒸出，停止反应。

（8）待反应体系降至室温后，停止搅拌，此时聚丙烯酸颗粒从环己烷中沉淀出来，将产物过滤后干燥至恒重，称重，即得聚丙烯酸高吸性水树脂。

2. 聚丙烯酸高吸水性树脂吸水倍率的测定

（1）将上述所得聚丙烯酸高吸水性树脂粉碎，并干燥至恒重后待用。

（2）分别精确称取 3 份约 0.5g 高吸水性树脂，各自倒入 1000mL 具有不同 pH 值和离子强度的水溶液中，用玻璃棒搅拌使树脂充分分散后，静置 1h。

（3）用 200 目不锈钢筛过滤上述水溶液，沥出约 30min 后，直至基本无水滴滤出，称取过滤物质量，由式(3-5-1) 计算该聚丙烯酸高吸水性树脂的吸水倍率。

$$Q=\frac{W-W_0}{W_0} \tag{3-5-1}$$

式中，Q 为吸水（液）倍率，g/g；W_0为干样品质量，g；W 为吸水（液）过滤后产物总质量，g。

五、注意事项

1. 中和 AAc 时必须控制速度，否则在此阶段单体易暴聚。
2. 聚丙烯酸树脂在做吸水实验之前必须要粉碎，否则影响吸水倍率。

六、思考题

1. 为什么丙烯酸需部分中和才能用于制备高吸水性树脂？
2. 除 MBA 之外，还有哪些单体可以用作交联剂？
3. 本实验采用的是什么引发剂？
4. 为什么聚丙烯酸树脂吸水倍数在不同 pH 值与离子强度的水溶液中的吸水倍数会有显著差异？

实验 3-6 PP 和 POE 共混物注射成型及力学性能测试

一、实验目的

1. 熟悉塑料注射成型工艺和操作过程，了解温度、压力、时间的控制方法及对制品性能的影响。

2. 掌握 PP（聚丙烯）和 POE（乙烯-辛烯共聚物）及其共混物性能与结构间的关系。

3. 掌握按相关标准正确进行塑料拉伸和冲击性能测试的方法。

二、实验原理

1. POE 增韧 PP

聚丙烯（PP）是三大通用塑料之一，具有质轻、耐腐蚀、易加工、综合力学性能较好、价廉等优点。但聚丙烯低温冲击韧性很差，室温下的缺口敏感性大，极大地限制了其应用，通过与弹性体共混来改善 PP 冲击性能是目前最广泛应用的方法。poly(α-octylene-*co*-ethylene)（POE）是最初由 Dow 化学公司采用“限制几何构型”（CGC）茂金属催化剂合成的乙烯－辛烯共聚物，其分子结构如下所示：

$$\left[CH_2-H_2C \right]_n \left[CH_2-\underset{(CH_2)_5-CH_3}{\overset{H}{\underset{|}{C}}} \right]_m$$

作为弹性体，在 POE 中辛烯单体含量通常大于 20%。其中聚乙烯段结晶区起物理交联点作用，一定量辛烯的引入削弱了聚乙烯段结晶，形成了呈现橡胶弹性的无定形区（橡胶相）。与传统聚合方法制备的聚合物相比，一方面它有很窄的分子量和短链分布，因而具有优异的力学性能，如高弹性、高强度、高伸长率和良好的低温性能。与 EPDM（三元乙丙橡胶）相比，POE 的主链是饱和的，所含叔碳原子相对较少，因而又具有优异的耐热老化和抗紫外性能。CGC 技术可以有控制地在聚合物主链上嵌入辛烯长链支化结构，从而改善聚合物加工时的流变性能，又可使材料的透明度提高。由于具有优异的综合性能，POE 被广泛应用于塑料如 PP 的增韧改性。POE 为透明的颗粒状产品，可以与 PP 在双螺杆挤出机中共混挤出。在要求不高的情况下，也可以直接将 POE 和 PP 颗粒混合物直接在注塑机上注射成型成制品。

以 PP 为主的 PP/POE 共混物相结构属于“海-岛”结构，海相（连续相）为 PP，岛相（分散相）为 POE。POE 对 PP 增韧改性符合典型的银纹-剪切带机理：脆性基体内加入弹性体后，在外来冲击力作用下，弹性体可引发大量银纹，而基体产生剪切屈服，主要靠银纹、剪切带吸收能量。共混物的韧性随着 POE 含量的提高而变好，当 POE 含量高于某一个值时，共混物冲击强度急剧变大，这时就出现了材料的脆韧转变。

2. 聚合物注射成型

注射成型，注射成型（注塑）是使热塑性或热固性塑料先在加热料筒中均匀塑化，而后由柱塞或移动螺杆推挤到闭合模具的模腔中成型的一种方法。注射成型是最重要，也是最广泛使用的一种聚合物加工成型技术。

注射成型工艺过程：

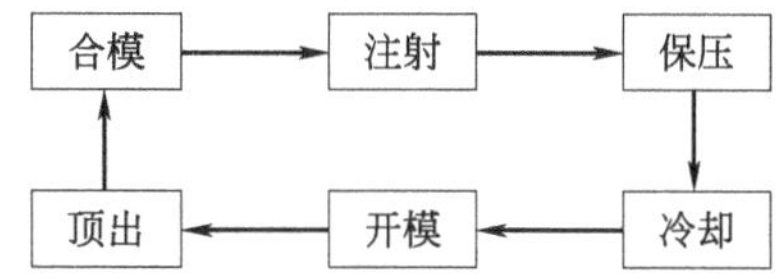

注射工艺参数包括温度、压力、时间三项。

温度：料筒温度，喷嘴温度，模具温度。

压力：塑化压力，注射压力，保压压力。

时间：预塑时间，注射时间，保压时间，冷却时间。

在实验中我们要了解注射过程中三个参数的控制部位及原理、设定及调节方法及对注射产品质量的影响。

手动操作注塑机，熟悉注射过程：

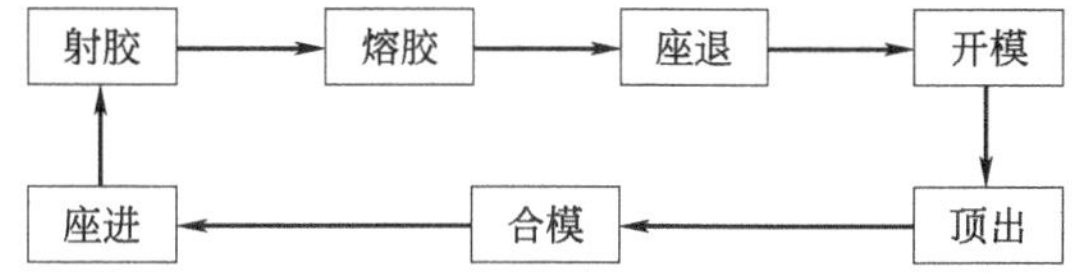

3. 力学性能测试

影响塑料力学性能的因素很多，有聚合物结构的影响（如聚合物种类、分子量及其分布、是否结晶等）；有成型加工的影响（如成型加工的方式及加工条件导致结晶度、取向度的变化、试样的缺陷等）；有测试条件的影响（如测试温度、湿度、速度等），它们会导致实验重复性差等缺陷，所以力学性能的测试有严格的测试标准，如中国国家标准规定（GB/T 1040.1—2006 规定：试验环境应在与试样状态调节相同环境下进行试验，除非有关方面另有商定，如在高温或低温下试验；样品的尺寸、形状均有统一规定，实验结果往往为 5 次以上平均）。ASTM(American Society for Testing and Materials) D638—2014 规定测试前至少在（23±2)℃，相对湿度（50±5)%环境中放置至少 40h。力学性能的测试技术条件应遵循严格的统一规定，其结果可作为不同材料的质量比较，产品质量的控制和验收的依据。

拉伸试验是对试样沿纵轴向施加静态拉伸负荷，使其破坏。通过测定试样的屈服力、破坏力和试样标距间的伸长来求得试样的屈服强度、拉伸强度和伸长率。

本实验按 GB/T 1040.1—2018 标准进行拉伸强度的测试。

冲击试验是用来度量材料在高速冲击状态下的韧性或对断裂的抵抗能力，它对研究塑料在经受冲击载荷时的力学行为有一定的实际意义。一般冲击实验采用三种方法。①摆锤式：试验安放形式有简支梁式（charpy），支撑试样两端而冲击中部；悬臂梁式（izod），试样一端固定而冲击自由端。②落球式。③高速拉伸法。④高速拉伸法虽较理想，可直接转换成应力-应变曲线，计算曲线下的面积，便可得冲击强度，还可定性判断是脆性断裂还是韧性断裂，但对拉力机要求较高。冲击测试常用的标准有 ASTM D256—2018 和 HG/T 3841—2006。本实验按 HG/T 3841—2006 标准采用悬壁梁法进行冲击性能的测试。

三、仪器与原料

均聚 PP 25kg、POE 25kg。

注塑机一台、ASTM 力学性能测试制样模具一副、拉力试验机一台、悬壁梁式冲击试验机一台。

四、实验步骤和数据处理

1. 注射成型测试样条

（1）根据预设比例共称取 1kg PP、POE 混合均匀，备用。

（2）接通电源总闸，并合上注塑机总开关，此时，指示灯亮。

（3）接通冷却水道。

（4）接通料筒，喷嘴加热线路，并根据工艺条件确定料筒上各段以及喷嘴的加热温度。

（5）关闭料斗落料口插板，并进行上料。

（6）启动油泵电机。

（7）选定注射速度。

（8）采用“调整”操作方式。

（9）闭合、开启模具。

（10）顶出。

（11）注射座前进和后退。

（12）待料筒、喷嘴温度达到规定温度后，打开料斗中料口插板，根据制品需料量，通过行程开关的位置变动螺杆后退的距离，然后进行预塑。

（13）按注射成型部分操作机器。

（14）根据注射得到的样条状态判断注塑机的参数设置是否合理。根据情况调整参数，直到得到满足标准要求的样条。

（15）采用“半自动”操作方式，重复（12）的操作程序。

（16）在操作中发现异常应立即停止，经过检修确认正常后，再重新操作。

（17）操作结束时，应按下面顺序作复位工作。

① 关闭料斗落料口插板。

② 采用“手动”操作模式，注射机座进行后退。

③ 采用“调整”操作模式，开启模具于自由状态。

④ 先切断加热电源，关闭油泵电机，然后切断总电源和冷却水。

⑤ 将操作台上的按钮回复到零位。

⑥ 做好机械的清洁和保养工作。

⑦ 把所有工具归还给设备专管老师。

2. 拉伸性能测试

（1）试样的处理：试样表面应平整，无气泡裂纹、分层，飞边和机械加工损伤。将试样在测定条件下［温度（23±5)℃；湿度（50±5)%］放置不少于 16h。在拉伸样条细颈处中间略远离浇口的位置画两条相距 50mm 的标记线。

（2）根据 PP 和 POE 强度的文献值和样条尺寸预估试验最大载荷，选择量程合适的电子拉伸试验机。在系统中选择合适的相应的测试标准，断裂停机条件和拉伸速度。对于软质热塑性塑料，拉伸速度选取 50mm/min。设定上下限位块的位置，保证下行时两个夹具不会相撞；上行时，上夹具不会触顶。

（3）将试样装在上夹具上，然后缓慢下行，试样下端进入到下夹具合适位置时停止，将下夹具固定。将引伸计夹分别夹住样条细颈处的两条划线处。

（4）点击“启动”按钮，电机开始运转，上夹具开始上行。同时，控制电脑界面开始出现拉伸曲线。样条断裂失效后，夹具会自行停止，同时回到起始位置。取下样条，开始第二次测试。

(5) 操作要点

① 在试样中间部分远离浇口端作标线，以保证试样断裂发生在两线之间的部分。

② 测量试样中间平行部分的宽度和厚度，每个试样测量 3 点，取算术平均值。

③ 拉伸速度一般根据材料及试样类型进行选择。

④ 夹具夹持试样时，试样纵轴与上、下夹具中心线重合，并防止试样滑脱，或断在夹具内。

⑤ 试样断裂在中间平行部分之外时，应另取试样补做。

(6) 数据的记录与处理，见表 3-6-1。

表 3-6-1　PP/POE（a/b，质量比）共混物拉伸强度测试数据（a/b 的比值根据自己的配方确定）

编号	1	2	3	4	5	平均值	标准偏差
L_0/mm	50	50	50	50	50		
b/mm							
d/mm							
L/mm							
ΔL							
p/kN							
σ_t/MPa							
E_t/%							

拉伸强度计算公式：

$$\sigma_t = \frac{p}{bd} \tag{3-6-1}$$

式中，p 为试样拉伸时的最大载荷，kN；b 为试样宽度，mm；d 为试样厚度，mm。

断裂伸长率计算公式：

$$\varepsilon_t = \frac{\Delta L}{L_0} \times 100\% \tag{3-6-2}$$

式中，L_0为试样标线间距离，mm；ΔL 为断裂力变形，mm，如果用引伸计自动记录，ΔL 可以直接读出，L 为试样断裂时标线间距离，mm，$\Delta L = L - L_0$。

标准偏差：

$$S = \sqrt{(\sum X^2 - n\overline{X}^2)/(n-1)} \tag{3-6-3}$$

式中，S 为标准偏差；X 为单次测量值；n 为测量次数；$\overline{X}$ 为 n 次测量的偏差值。

3. 冲击性能测试

(1) 试样的处理：试样表面应平整，无气泡裂纹、无分层、飞边和机械加工损伤。

(2) 选择摆锤：共有三个摆锤：5.5J、11.0J、22.0J，本实验选择 5.5J 的摆锤。

(3) 当摆锤处于最下端时开机进行仪表初始化，2s 后仪器处于待机状态，此时摆锤扬角显示 160°。

(4) 将摆锤扬至－160°点，夹持试样，按下“0.0”键清零。

(5) 按下“Run”键，摆锤落下，记下空载时由于空气阻力而显示的读数，如果这一读数大于出厂时厂家规定的空白读数，则应重新校正仪器。

(6) 测量试样中部的厚度和宽度，缺口试样量的剩余厚度，准确至 0.05mm。

(7) 将摆锤重新扬至－160°点，夹持试样，按下“0.0”键清零。

(8) 按下“Run”键，摆锤落下，记下冲击能量最大值，能量值减去空载时读数，为样条断裂能量值。

(9) 每组试样不少于 5 个，按下列方法进行数据处理。

(10) 数据处理

PP/POE（a/b，质量比）共混物冲击强度测试数据，见表 3-6-2。

表 3-6-2 PP/POE（a/b，质量比）共混物冲击强度测试数据

编号	1	2	3	4	5	平均值	标准偏差
b/mm							
d_1/mm							
A/mm							
σ_{in}/(kJ/m^2)							

缺口冲击强度：

$$\sigma_{in}=\frac{A}{b\times d_1} \tag{3-6-4}$$

式中，σ 为冲击强度，kJ/m^2；A 为试样吸收的冲击能，J；b 为试样宽度，mm；d_1为有缺口处试样厚度，mm。

标准偏差：

$$S=\sqrt{(\sum X^2-n\overline{X}^2)/(n-1)} \tag{3-6-5}$$

式中，S 为标准偏差；X 为单次测量值；n 为测量次数；$\overline{X}$ 为 n 次测量的偏差值。

4. 数据汇总分析处理

(1) 将自己的配方所得力学性能数值与纯 PP 进行比较，分析数值的变化及原因。

(2) 将全班 5 组不同配方的数据汇总，以共混物的拉伸和冲击强度数据对 POE 的含量作图，总结共混物力学性能变化与组分间的关系。

五、思考题

1. 根据 PP、POE 的结构对比分析其性能特点？试用银纹-剪切带理论解释 POE 增韧 PP 的机理。
2. 定性分析影响聚合物力学性能影响因素。
3. 通过文献调研总结至少 10 条塑料注射成型制品常见缺陷及解决方案。

实验 3-7　聚氨酯泡沫塑料的制备

一、实验目的

1. 了解聚氨酯泡沫的基本过程及原理。
2. 了解制备聚氨酯泡沫的基本反应及影响因素。

二、实验原理

聚氨酯是由异氰酸酯和羟基化合物通过逐步加聚反应得到的聚合物。它具有优良性能，因此得到广泛应用。目前已有的聚氨酯产品有聚氨酯橡胶、聚氨酯泡沫塑料、聚氨酯人造革、聚氨酯涂料及黏结剂。其中以聚氨酯泡沫塑料的产量最大，由于它具有消音、隔热、防震的特点，所以主要用于各种车辆的座垫、消音防震材料以及各种包装。

聚氨酯泡沫塑料按其柔韧性的大小可以分为软泡沫和硬泡沫两大类，另外根据泡沫中气孔的形状又可以分为开孔型和闭孔型两类。软泡沫一般是由异氰酸酯与双官能团长链聚醚反应合成的，而硬泡沫则是由多官能团的异氰酸酯与多官能团的聚醚（聚酯）制备的。

在聚氨酯泡沫塑料的制备过程中，主要发生以下三个反应。

（1）加成反应

$$O{=}C{=}N{-}R{-}N{=}C{=}O + HO\sim\sim OH \longrightarrow \sim\sim NH{-}\overset{\overset{\large O}{\|}}{C}{-}O\sim\sim$$

加成反应生成的线型聚氨酯，作为反应物的羟基化合物一般是低分子量的聚醚（聚酯），分子量不超过 5000。

（2）发泡反应

$$O{=}C{=}N{-}R{-}N{=}C{=}O + H_2O \longrightarrow \sim\sim NH{-}\overset{\overset{\large O}{\|}}{C}{-}OH \longrightarrow \sim\sim NH_2 + CO_2\uparrow$$

这个反应产生出大量的 CO_2，由于反应体系中黏度很大，不能逸出，从而在体系内部把反应物扩充成许多气泡的泡沫体，所以它是形成泡沫体的主要因素。

（3）交联反应（凝胶反应）

$$\sim N{=}C{=}O + \sim\sim NH{-}\overset{\overset{\large O}{\|}}{C}{-}O\sim\sim \longrightarrow \sim\sim \underset{\underset{\underset{\underset{\sim}{|}}{NH}}{|}}{\underset{O=\overset{|}{C}}{N}}{-}\overset{\overset{\large O}{\|}}{C}{-}O\sim\sim$$

这个反应导致支化、交联，产生凝胶化作用，从而有效地把 CO_2 气体保留在泡沫体内部。

在以上的三步反应中，还需要加入几种催化剂，如有机锡、叔胺等。它可以加速异氰酸酯、水、聚醚之间的反应，使泡沫体迅速生成。

适当调节催化剂、反应物料的用量以及控制反应条件，使这三步反应紧密配合，在发泡反应进行的同时，聚合物迅速生成，使体系的黏度增大，从而将发泡反应产生的 CO_2 在聚合体内扩充出许多气泡，最后凝胶化，使气泡固定下来，得到我们所需的泡沫塑料。聚氨酯泡沫塑料按其柔韧性可分为软泡沫和硬泡沫，主要取决于所用的聚醚或聚酯多元醇，使用较高分子量及相应较低羟值的线型聚醚或聚酯多元醇时，得到的产物交联度较低，为软质泡沫；若用短链或支链较多的聚醚或聚酯多元醇时，为硬质泡沫。根据气孔的形状，聚氨酯泡沫可分为开孔型和闭孔型，可通过添加助剂来调节。乳化剂可使水在反应混合物中分散均匀，从而可保证发泡的均匀性；稳定剂可防止在反应初期泡孔结构的破坏。

工业上聚氨酯泡沫塑料的产生分为“一步法”和“两步法”两种工艺，所谓“一步法”就是将异氰酸酯、聚醚（聚酯）、水或者其他发泡剂、以及催化剂、泡沫稳定剂一起混合搅拌，使聚合、发泡、交联三个反应同时进行。而“两步法”工艺是将异氰酸酯与聚醚聚合生成预聚体，然后再加发泡剂、催化剂、泡沫稳定剂进行混合发泡。两种工艺各有特点，但无论是“一步法”还是“两步法”，混合发泡的时间都是极短的，在几分钟内就可以结束。

本实验采用“一步法”工艺制备聚氨酯的软泡沫和硬泡沫。

三、仪器与原料

1. 仪器

烧杯、玻璃棒、台称、纸杯、烘箱。

2. 原料

原料	高密度泡沫/g	中密度泡沫/g	低密度泡沫/g
聚醚 330	100	100	100
甲苯二异氰酸酯	30～35	35～40	37～42
水	1.5～2.5	2.5～3.0	3.0～3.5
辛酸亚锡	0.1～0.2	0.2～0.3	0.2～0.3
三乙烯二胺	0.2～0.3	0.1～0.2	0.1～0.2
硅油	1.0～2.0	1.0～2.0	1.5～2.5
二氯甲烷	0.5～1.5	0.5～1.5	1.5～2.5
防老剂	0.1～0.4	0.1～0.4	0.1～0.4

四、实验步骤

1. 将除甲苯二异氰酸酯外的组分按质量称取于一个纸杯中，然后加入一定质量的甲苯二异氰酸酯，迅速搅拌约 30s，观察发泡过程。

2. 室温静置 20min 后，将泡沫在 90～120℃烘箱中熟化 1h 左右，移出烘箱冷却至室温。

3. 按照高、中、低密度的三种配方各制备一次，若有失败，找出原因重做。

4. 将三种密度泡沫取样测试密度、拉伸强度、撕裂强度、压缩强度和回弹性，测试所得各项性能列表对比。

5. 参考有关资料设计一个硬质聚氨酯泡沫的配方，根据设计的配方参照上面的实验步骤制备硬质聚氨酯泡沫。

五、思考题

1. 对比三种配方制得的软质聚氨酯泡沫的性能，分析影响密度的因素有哪些？

2. 聚氨酯泡沫塑料的软硬由哪些因素决定？

3. 如何保证均匀的泡孔结构？

实验 3-8 聚乙烯醇缩甲醛的合成及水性涂料的制备

I 聚乙烯醇缩甲醛的合成

一、实验目的及要求

1. 加深对高分子化学反应基本原理的理解。
2. 熟悉聚乙烯醇缩甲醛的制备方法。
3. 了解缩醛化反应的主要影响因素。

二、实验基本原理

聚乙烯醇（简称是 PVA）分子中的羟基是一种亲水性基团，因而 PVA 可溶于水，它的水溶液可作为黏合剂使用。PVA 按其聚合度和醇解度的不同而有多种型号，本实验所用的 PVA1799 是指平均聚合度约为 1700，醇解度约为 99%（摩尔分数）的 PVA。

为了提高 PVA 的耐水性，可以通过 PVA 的缩醛化反应改性。聚乙烯醇缩甲醛胶水即是 PVA 在盐酸催化作用下，部分羟基与甲醛进行缩醛化反应生成的热塑性树脂。聚乙烯醇缩醛分子中的羟基是亲水性基团，而缩醛基则是疏水性基团，控制一定的缩醛度（聚乙烯醇缩甲醛中所含缩醛基的程度，常以百分含量表示），可使生成的聚乙烯醇缩甲醛胶水既有较好的耐水性，又具有一定的水溶性。为了保证产品质量的稳定，缩醛化反应结束后需用 NaOH 溶液中和至中性。

聚乙烯醇缩甲醛水溶液的黏度与 PVA 的用量有关，要获得适宜的缩醛度，必须严格控制反应物的配比、催化剂用量、反应时间和反应温度。聚乙烯醇缩甲醛产物主要用作胶黏剂、涂料。高分子量的聚乙烯醇缩甲醛树脂可以纺丝制成维尼纶纤维。聚乙烯醇缩甲醛是聚乙烯醇与甲醛的缩合反应产物，也是高分子与小分子化合物的缩醛化反应，聚乙烯醇在强酸催化剂的作用下，其中的羟基与甲醛进行缩合反应，同时产生小分子物水。其反应方程式如下：

$$\sim CH_2-\underset{\displaystyle OH}{\underset{|}{CH}}-CH_2-\underset{\displaystyle OH}{\underset{|}{CH}}\sim + HCHO \xrightarrow{H^+} \sim CH_2-\underset{\displaystyle O}{\underset{|}{CH}}-CH_2-\underset{\displaystyle O}{\underset{|}{CH}}\sim + H_2O \quad (\text{两个 O 之间以 } CH_2 \text{ 相连})$$

本实验是合成水溶性的聚乙烯醇缩甲醛，反应过程中需要控制较低的缩醛度以保持产物的水溶性，若反应过于猛烈，则会造成局部缩醛度过高，导致不溶于水的物质存在，影响聚乙烯醇缩甲醛质量。因此在反应过程中，要特别注意严格控制酸催化剂用量、反应温度、反应时间及反应物比例等因素。

三、仪器与试剂

1. 主要试剂

试剂	规格	用量
聚乙烯醇	1799 工业级	40g
甲醛水溶液	38%	16mL

续表

试剂	规格	用量
去离子水		360mL
盐酸	化学纯	
NaOH 水溶液	8%	20mL

2. 主要仪器

电动搅拌器一台、1000mL 反应器一个、温度计一支、冷凝器一支、恒温水浴一个、50mL 量筒一个、500mL 量筒一个。

四、实验步骤

1. 聚乙烯醇缩甲醛的合成

(1) 在装有电动搅拌器、球形回流冷凝器和温度计的 1000mL 反应器中加入 360mL 去离子水，开动搅拌。加入 40g 聚乙烯醇。加热至 95℃，保温直至聚乙烯醇全部溶解。

(2) 向体系中缓慢滴加浓盐酸溶液，将聚乙烯醇水溶液的 pH 值调至 1～3。

(3) 用滴液漏斗缓慢滴加 16mL 甲醛水溶液，控制在 30min 左右滴加完毕。继续搅拌，反应体系逐渐变稠。当体系中出现气泡或有絮状物产生时，立即迅速滴加 8% 的氢氧化钠溶液至聚乙烯醇缩甲醛产物的 pH 值为 7 左右，冷却，得无色透明黏稠液体。出料，取样测试黏度。

2. 黏度测定

黏度测试采用涂-4 黏度杯。在 20℃测定 100mL 产物的黏度，从规定直径（4mm）的孔中流出所需要的时间（s），并以该流出时间表示黏度的大小（因其体积固定）。本实验合成的产物要求黏度约在 70s 以上。

测定黏度的方法：将洁净、干燥的涂-4 黏度计置于固定架上，用水平调节螺丝调节涂-4 黏度计，使其处于水平状态。用手指按住黏度计下部小孔，将冷却至室温的待测产物倒入涂-4黏度计至规定刻度后，松开手指，记下产物流出所需要的时间。

五、思考题

1. 由于缩醛化反应的程度较低，胶水中尚有未反应的甲醛，产物往往有甲醛的刺激性气味。如何降低聚乙烯醇缩甲醛的游离醛含量？
2. 将反应液的 pH 调至弱碱性有哪些作用？
3. 为什么聚乙烯醇缩醛度增加，水溶性会下降？
4. 除了以甲醛进行缩醛化制得聚乙烯醇缩甲醛，工业上还有什么类似的聚乙烯醇缩醛产品？其用途有哪些？

Ⅱ　水性建筑涂料的制备

一、实验目的

1. 了解水性涂料的地位及发展。
2. 了解涂料的基本组成及制备工艺。
3. 掌握水性涂料配制制备工艺。

二、107 涂料合成原理

建筑涂料绝大部分是水性涂料，经历了石灰浆、106、107、乳胶漆四个不同发展阶段。107 水性建筑涂料是在 106 涂料的基础上，通过对水溶性树脂聚乙烯醇（聚合度 1799）进行缩醛化处理后制得的一种耐水性较 106 涂料更好的涂料。

聚乙烯醇缩甲醛涂料（polyvinyl formal paint）和尿素改性聚乙烯醇缩甲醛涂料（urea modified polyvinyl formal paint），又名 107 和 803 涂料，是两种最常用的建筑涂料。这两种涂料均适合于建筑物的内墙涂饰。这两种涂料附着力，耐水性，耐擦洗性都很好。803 涂料在 107 涂料的基料中加入尿素经氨基化处理后得到的改性 803 涂料，性能比 107 涂料更好，同时减少了甲醛对环境的污染。在这两种涂料中，107 胶和 801 胶作为基料，碳酸钙和膨润土做填充剂，膨润土还有乳化作用，滑石粉既是填料又是滑爽剂，钛白粉和立德粉作为白色体质颜料，磷酸三丁酯作为增塑剂和消泡剂，六偏磷酸钠起分散作用，羧甲基纤维在涂料中作增稠剂和胶乳稳定剂。配制采用物理混合的方法，使各种原料在高速搅拌下均质研磨，使形成稳定的乳胶体。

三、仪器与试剂

107 胶、钛白粉、立德粉、滑石粉、轻质碳酸钙、磷酸三丁酯、六偏磷酸钠、羧甲基纤维素、锥形磨、涂-4 黏度计。

四、涂料配方及配制工艺

1. 107、803 涂料配方

原材料		107 涂料配方/%(质量分数)		803 涂料配方/%(质量分数)
名称	规格	1	2	
107 胶		100	70	
801 胶				100
膨润土浆			96.4	
钛白粉	黏度 30～40s	2.85		4
立德粉	固体分数 8～9	5.70	14	
滑石粉	土∶水＝1∶1.15	5.70	13.2	13
轻质碳酸钙	300 目,A 型	30		30
磷酸三丁酯	300 目	0.2	0.3	1.0
六偏磷酸钠	300 目	0.2	0.3	0.8
羧甲基纤维素	300 目		1.0	1.0
涂料色浆		适量		适量
水		适量	适量	适量

2. 操作工艺

① 107 涂料-1：按配方量称取各种原料。将六偏磷酸钠加入水中，搅拌使其溶解后加入钛白粉、立德粉、轻质碳酸钙、滑石粉和磷酸三丁酯，混合均匀，加入 107 胶中，视需要加入色浆，混合均匀，再经研磨，过滤即制成，测黏度，细度。

② 107 涂料-2：将六偏磷酸钠与已溶胀的羧甲基纤维素分别加水搅拌使其溶解，然后加入磷酸三丁酯，混合均匀，加入 107 胶中，在搅拌下依次加入膨润土浆、滑石粉、立德粉，混合均匀，最后加入涂料色浆，经研磨，过滤即制成，测黏度，细度。

③ 803 涂料：将六偏磷酸钠加水搅拌溶解后，加入部分 801 胶和磷酸三丁酯，混合均匀，然后加入其余的 801 胶，混合均匀后，在不断搅拌下，依次加入钛白粉、锌钡白、轻质碳酸钙、滑石粉，混合均匀，再加入已用水溶解的增稠剂羧甲基纤维素，最后根据需要加入涂料色浆，经研磨过滤即制成，测黏度，细度。

注：固体含量 30%～40%，黏度 30～40s，细度 40～60μm。

五、思考题

1. 107 和 803 涂料中各原料都起什么作用？
2. 试述 107 和 803 涂料的性质和用途。
3. 水性建筑涂料需测定哪些涂料指标？

实验 3-9 聚丙烯酸酯乳液压敏胶的制备及性能

Ⅰ 聚丙烯酸酯乳液压敏胶的制备

一、实验目的

1. 了解乳液聚合的基本原理和组成。
2. 了解乳液型压敏胶的制备方法和配方设计原理。

二、实验原理

压敏胶是无需借助于溶剂或热源，只需施以一定压力就能将被粘物黏合，得到具有实用黏结强度的一类胶黏剂。其中乳液压敏胶黏剂在我国压敏胶黏剂工业中占有相当重要的地位，约占压敏胶黏剂总产量的 80%，占全部丙烯酸酯乳液的 60%。乳液压敏胶被广泛用于制作包装胶黏带、文具胶黏带、商标纸、电子、医疗卫生等领域。本实验学习利用乳液聚合方法制备丙烯酸酯乳液压敏胶。

压敏胶乳液的基本配方组成与常规乳液一样，包括单体、水溶性引发剂、乳化剂和水。其中单体和乳化剂的选择是最为重要的。影响乳液压敏胶力学性能的主要因素之一就是胶黏剂中共聚物的玻璃化转变温度 T_g。压敏胶的玻璃化转变温度一般保持在 −20～−60℃ 的范围比较合适，当然不同使用要求的压敏胶配方体系有不同的最佳 T_g 值。玻璃化转变温度的调节可以通过选择具有很低的玻璃化转变温度的软单体与较高玻璃化转变温度的硬单体按一定比例共聚，这样可在保持一定内聚力的前提下有很好的初黏性和持黏性。硬单体包括苯乙烯、甲基丙烯酸甲酯、丙烯腈等，软单体包括丙烯酸丁酯、丙烯酸异辛酯、丙烯酸乙酯等。使用多种单体进行共聚时，共聚物的玻璃化转变温度 T_g 可以用下式来近似计算：

$$\frac{1}{T_g}=\sum_{i=1}^{n}\frac{w_i}{T_{g_i}} \tag{3-9-1}$$

式中，T_g 为共聚物的玻璃化转变温度；w_i 为共聚组分有质量分数；T_{g_i} 为共聚单体 i 均聚物的璃化转变温度。

为了提高压敏胶的性能，单体配方中往往还需要加入其他的功能性单体，如丙烯酸、丙烯酸羟乙酯、丙烯酸羟丙酯、*N*-羟甲基丙烯酰胺、二丙烯酸乙二醇酯等。以丙烯酸为例，丙烯酸的加入可以提高乳液的稳定性（包括乳液聚合稳定性和乳液的储存稳定性），并且提供可以与羟基交联的功能团—COOH，而压敏胶的适度交联可以提高胶的耐水性和粘接性。

乳化剂的选择也十分重要，它不但要使聚合反应平稳，同时也要使聚合反应产物具有良好的稳定性。可用于乳液聚合的乳化剂（又称表面活性剂）种类很多，有阴离子表面活性剂、阳离子表面活性剂、非离子表面活性剂、两性表面活性剂。在聚合过程中，实验证明单独使用阴离子或非离子乳化剂均难以达到满意的效果。这是因为离子型乳化剂对 pH 值和离子非常敏感，如果单独使用离子型乳化剂，在聚合过程中很难控制，稳定性不好。而单独使用非离子乳化剂，合成的乳液虽然离子稳定性好，对 pH 值要求不太严格，但这种乳液粒子很大，在重力的作用下容易下沉，放置稳定性不好。采用复合乳化剂如阴离子和非离子乳化剂的复配就可以克服上述缺点合成稳定的乳液。另外，乳化剂的用量对乳液的稳定性有很大影响，当乳化剂用量少时乳液在聚合中稳定性差，容易发生破乳现象，随着乳化利用量的增加，乳液逐步趋向稳定。但乳化剂用量过高又会降低压敏胶的耐水性，而且施胶时泡沫过多，影响施工性能。在实际应用时，一个完整乳液压敏胶配方中可能还要加入抗冻剂、消泡剂、防霉剂、色浆等。

三、仪器与试剂

机械搅拌器一套、球形冷凝管一个、500mL四口烧瓶一个、200mL滴液漏斗一个、恒温水槽一套、温度计一支、固定夹若干、50mL烧杯和400mL烧杯若干。

丙烯酸丁酯、丙烯酸、丙烯酸羟丙酯、十二烷基磺酸钠、OP-10、过硫酸铵、碳酸氢钠、氨水、去离子水。实验配方见表3-9-1。

表3-9-1　乳液压敏胶配方表

试剂	作用	用量/g
丙烯酸丁酯	单体	65
丙烯酸		1.3
丙烯酸羟丙酯		0.3
十二烷基硫酸钠	乳化剂	0.33
OP-10		0.67
过硫酸铵	引发剂	0.5
碳酸氢钠	缓冲剂	0.3
氨水	pH调节剂	适量
去离子水	介质	100

四、实验步骤

1. 实验准备

(1) 单体称量：在400mL烧杯中依次称量丙烯酸羟丙酯0.33g、丙烯酸1.33g、丙烯酸丁酯65g，用玻璃棒搅拌均匀备用。

(2) 乳化剂称量：用称量纸称量十二烷基硫酸钠0.33g，在50mL烧杯中称量OP-10中0.67g备用。

(3) 引发剂称量：称量过硫酸铵0.5g于50mL烧杯中，并加入10mL水溶解。

(4) 缓冲剂称量：用称量纸称量碳酸氢钠0.3g备用。

(5) 去离子水：在400mL烧杯中加入100g去离子水。

2. 如图3-9-1准备好反应装置。

3. 在四口烧瓶中直接加入称量好的十二烷基硫酸钠和碳酸氢钠，同时将烧杯中的OP-10也加入烧杯中，并在烧杯中加入适量称好的去离子水［见步骤1中的(5)］冲洗，洗液也一并倒入烧瓶，开启搅拌，水浴加热至78℃，搅拌溶解。

4. 通过分液漏斗向烧瓶内先加入约1/10量的混合单体，搅拌2min，然后一次性加入30%～40%的过硫酸铵水溶液，升温至80℃左右，保温。

5. 反应体系出现蓝光表明乳液聚合反应开始，30min

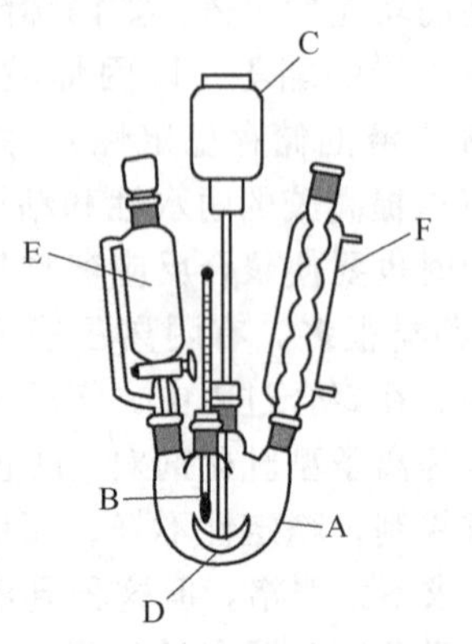

图3-9-1　乳液聚合装置图

A—四口瓶；B—温度计；C—搅拌马达；D—搅拌器；E—滴液漏斗；F—冷凝管

后再开始缓慢滴加剩余的混合单体，于 2h 内滴完。在加单体过程中，同时逐步加入剩余的引发剂溶液（可以采用滴管滴加，每 10min 加入一次），也在 2h 加完，聚合过程保持反应温度在 80℃。滴加完毕后，在 80℃下继续反应 1h，然后升温至 85℃，保温 0.5h。

6. 撤出恒温浴槽，继续搅拌冷却至室温。

7. 将生成的乳液经纱布过滤倒出，并用氨水调节乳液的 pH 值为 7.0～8.0。

8. 将制备好的乳液滴加到处理过的 PP 膜，选用合适的玻璃棒在 pp 膜上滚涂均匀，放入烘箱，100℃烘干，附上离型纸备用。

Ⅱ　压敏胶性能测定

一、实验目的

了解乳液压敏胶性能的一般测试方法。

二、实验原理

根据使用方法和领域的不同，乳液压敏胶有不同的性能测试要求。但基本性能可以大致分为两类：乳液性能和压敏胶力学性能。其中乳液性能是指乳液本身的一些基本性能，如固含量、pH 值、稀释稳定性、机械稳定性、黏度、pH 稳定性等。而力学性能是从胶黏剂的使用来评价，包括初黏性、持黏性、180°剥离强度等，另外还包括施工性能、着色性能等等。

本实验学习乳液压敏胶性能的一些基本的测试方法。

三、仪器与试剂

广谱 pH 试纸、培养皿、烘箱、NDJ-79 型旋转式黏度计、CZY-G 型初黏性测试仪、钢板及固定架、WSM-20K 型万能材料实验机。

四、实验步骤

1. pH 值测定

以玻璃棒蘸取压敏胶乳液于广谱 pH 试纸上，与标准色卡对比，测定乳液 pH 值并记录。

2. 固含量测定

在培养皿（预先称量 m_0）中倒入 2g 左右的乳液并准确记录称量质量，将培养皿至于 105℃烘箱内烘烤 2h 至恒重，称量并计算干燥后的质量（m_2），测其固体百分含量：

$$wt\%=\frac{\text{干燥后质量}(m_2-m_0)}{\text{乳液质量}(m_1-m_0)}\times 100\%$$

3. 黏度测试

以 NDJ-79 型旋转式黏度计测试乳液黏度。选用 x1 号转子，测试温度为 25℃。

4. 初黏性测定[1]

所谓初黏性是指物体与压敏胶黏带黏性面之间以微小压力发生短暂接触时，胶带对物体

---

[1] 压敏胶力学性能的测试需先将压敏胶乳液制成压敏胶带，压敏胶带的制备可以用专用的涂胶机。如果没有，也可以采用比较粗糙的方法进行简单的力学性能评价：将乳液直接倒在 BOPP（双轴拉伸聚丙烯）薄膜上，用玻璃棒涂匀，并在烘箱内干燥后再进行测试。

的黏附作用。

样条的制备：将制备好的压敏胶膜用美工刀或剪刀制成10cm×12cm样条，备用。

测试方法采用国家标准GB/T 4852—2002（斜面滚球法），仪器为czy-g型初黏性测试仪，倾斜角为30°，测试温度为25℃。

5. 持黏性的测定

所谓持黏性是指粘贴在被粘体上的压敏胶黏带长度方向悬挂一规定质量的砝码时，胶黏带抵抗位移的能力。一般用试片在实验板上移动一定距离的时间或者一定时间内移动的距离表示。

样条的制备：将制备好的压敏胶膜用美工刀或剪刀制成25mm×25cm胶带两张，备用。

测试方法采用国家标准GB/T 4851—2014。将25mm宽胶带与不锈钢板相粘25mm长，下挂500g重物，在25℃下，测试胶带脱离钢板的时间。

6. 180° 剥离强度测定

所谓180°剥离强度是指用180°剥离方法施加应力，使压敏胶黏带对被粘材料黏结处产生特定的破裂速率所需的力。

将25mm×25cm的胶带与不锈钢板相粘，按国家标准GB/T 2792—2014进行测试，用WSM-20K型万能材料实验机测试。

五、思考题

1. 压敏胶的主要性能有哪些？如何测定？
2. 如何提高压敏胶的初黏性、持黏力和180°剥离力？

实验 3-10　纤维素表面接枝聚合及性能表征

一、实验目的

1. 了解自由基接枝聚合的原理。
2. 了解纤维素薄膜表面接枝方法。
3. 了解表面性能的表征方法。

二、实验原理

接枝聚合是以物理或化学的手段，在聚合物分子链上或某些微观材料的表面形成新的聚合物分子链，从而达到改变结构与性质的目的。该方法具有方法简单、形式多样、实用性强等优点，目前已经被广泛应用于塑料、橡胶、复合材料等的改性中，比如常见的 ABS、HIPS 等。

本实验所进行的纤维素薄膜表面接枝聚合为典型的非均相自由基聚合体系，也是常见的纤维素改性方法之一。从纤维素的分子结构出发，可以通过辐射或化学氧化等手段在纤维素薄膜表面产生活性中心，本实验采用最常用的硝酸铈铵为氧化剂，氧化纤维素薄膜表面部分分子链的 1,2-二元醇结构，从而产生碳自由基，引发不饱和单体的自由基聚合，如图 3-10-1 所示。

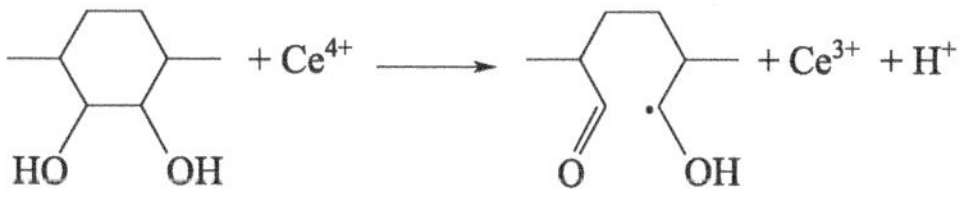

HO　OH　$+ Ce^{4+}$ ⟶ O　$\cdot$　OH　$+ Ce^{3+} + H^+$

图 3-10-1　高氧化态过渡金属盐类（如 Ce^{4+}）将纤维素薄膜表面的 1,2-二元醇结构氧化为碳自由基

由于纤维素为高度结晶结构，氧化剂、单体等无法扩散入纤维素薄膜内部，所以引发与聚合只发生在薄膜表面，因此是表面接枝聚合过程。本实验以硝酸铈铵氧化纤维素薄膜引发甲基丙烯酸甲酯（MMA）的自由基聚合，对纤维素薄膜进行改性。通过测定接枝聚合反应前后薄膜质量来估算接枝率，通过比较透光性、红外吸收光谱、表面接触角等的变化来认识到接枝聚合前后纤维素薄膜各种性质的变化。

三、仪器与试剂

实验仪器：电子天平 1 台、恒温槽 1 个、氮气钢瓶 1 个、100mL 试管 1 个、三通导管 1 个、橡胶塞 1 个、50mL 量筒 1 个、2mL 移液管 1 个、1mL 移液管 1 个、镊子 1 个。

实验试剂：甲基丙烯酸甲酯（MMA）、二甲基亚砜（DMSO）、硝酸铈铵水溶液（0.1mol/L）、纤维素薄膜、丙酮。

四、实验步骤

1. 薄膜预处理：取出纤维素薄膜 1 张，先用丙酮润洗两遍、晾干后，称重。
2. 将纤维素薄膜置于装配有三通导管和橡胶塞的试管中，加入 MMA 2mL、硝酸铈铵水溶液 0.2mL、DMSO 18mL。
3. 通氮气除氧 10min，此结果若溶液的黄色褪去则可补加 0.1mL 硝酸铈铵水溶液。

4. 通氮除氧结束后关闭三通管道，隔绝空气，放入事先升温至 40℃的恒温槽中反应 1h。

5. 反应结束后，取出纤维素薄膜，用丙酮清洗两遍、充分晾干，称重，计算接枝率。

6. 测定纤维素薄膜接枝前后的红外吸收光谱、表面接触角的变化。

五、注意事项

1. 纤维素薄膜接枝后可能会发生明显褶皱，因此接触角测定误差较大。

2. 硝酸铈铵溶液中有硝酸，因此防止皮肤直接接触。

六、思考题

1. 纤维素薄膜和聚甲基丙烯酸甲酯在单独状态下均为高度透明的材料，为何表面接枝有少量聚甲基丙烯酸甲酯的纤维素薄膜却出现明显雾状浑浊，导致透明度显著下降？

2. 分析反应温度、氧化剂浓度和反应时间对接枝量的影响。

实验 3-11 反应性挤出实验——聚乙烯熔融接枝马来酸酐

所谓“反应性挤出”是将挤出机作为连续反应器，在对物料进行熔融挤出的同时实施聚合、接枝、降解、共混增容等化学反应的工艺过程。反应性挤出具有利用挤出机处理高黏度聚合物的独特功能，对挤出机螺杆料筒上的各个区域进行独立的温度控制、物料停留时间控制和剪切强度控制，使物料在各个区域传输过程中完成固体输送、增压熔融、物料混合、熔体加压、化学反应、排除副产物和未反应单体、熔体输送和泵出成型等一系列化工基本单元操作。目前反应挤出技术已经广泛应用于聚合物降解、接枝、本体聚合、交联及反应性共混等方面，在聚合物制备、功能化及高性能化学改性等领域发挥了重要作用，是高分子材料反应加工学科的重要组成部分。反应性挤出是近年来在聚合物领域迅速发展起来的一种新型工业技术，在工业上主要应用包括：合成聚合物；对聚合物进行可控制降解；对聚合物功能化改性（接枝反应）；聚合物的官能化和官能团改性（卤化、磺化、官能团转化）；不相容聚合物共混体系的反应性共混增容。反应性挤出之所以能够在聚合物应用领域成为非常活跃的研究主题，源于挤出机在对聚合物实施化学反应时所具有的独特优势。这些优势体现在：对高黏物料和低黏物料良好的输送性，尤其是在处理高黏物料上的功能；优良的混合性、分散性；轴向的柱塞流保证了停留时间的均匀分布；较宽的温度、压力范围和良好的反应控制（温度、压力、停留时间……）；连续操作、无溶剂的分离、回收和排放——低能耗、低成本、环保；具有多阶能力。

当然，挤出机作为化学反应器也有其局限性。例如系统向外的传热能力较差；在处理大量反应热方面具有困难；对于需要长反应时间的体系，增加了成本和实施的难度。

在实施反应性挤出过程时对挤出机和挤出条件都具有较高的要求。挤出机的构造、螺杆组合、进料装置和进料位置以及出料位置一方面需要满足对反应物料的塑化、熔融和熔体输送功能，另外还应该具有良好的分散混合、传热和自洁性；另一方面，挤出条件的选择和确定在兼顾物料流动性能前提下，应该满足充分进行化学反应的要求。本实验以聚乙烯与马来酸酐熔融接枝为例，使同学了解和熟悉反应性挤出的过程和一般要求，并且掌握聚乙烯熔融接枝马来酸酐的工艺过程。

(1) 反应性挤出的优点

螺杆挤出机可根据需要设置多处加料口，根据各种化学反应自身的规律，沿螺杆的轴向按一定程序和最合适的方式分步加入物料，可以控制化学反应按预定的顺序和方向进行。

可以精确控制反应温度，并可根据化学反应本身的特点和规律，通过温度沿螺杆轴向的分布和分布梯度来控制反应进行的方向、速率和程度，以减少副反应的发生。

螺杆挤出机的混合能力很强，提高了反应物料体系的混合均匀程度。

通过调整螺杆转速和螺杆的几何结构，可以控制反应物料的停留时间和停留时间分布。反应挤出比较适合于反应速率较快的化学反应。

副反应较少，选择性较好。

螺杆挤出机既是反应器，又是制品成型设备，从而使生产工艺过程做到了工序少、流程短、能耗低、成本低、生产效率高。

(2) 反应性挤出的缺点

技术难度大。不但要进行配方和工艺条件的研究，而且要针对不同的反应设计所需的新型反应挤出机，研发资金投入大，时间长。

难以观察检测。物料在挤出机中始终处于动态、封闭的高温、高压环境中，难以观察、检测物料的反应程度；物料停留时间较短，一般只有几分钟时间，因而要求所要进行的反应必须快速完成。

技术含量高。反应挤出技术涉及聚合物材料、化学工程、聚合反应工程、橡塑机械、聚合物成型加工、机械加工、电子等诸多学科，需较长时间的研究和多方合作才能取得成果。

一、实验目的

1. 了解和熟悉反应性挤出的过程和一般要求。
2. 掌握聚乙烯熔融接枝马来酸酐的工艺过程。

二、实验原理

聚乙烯是目前产量最大、成本低廉的通用塑料，具有一系列优良的力学性能，在许多领域得到广泛应用。但是由于其分子链的非极性结构，聚乙烯与无机填料之间缺少亲合性，与其他极性聚合物之间的相容性差，导致聚乙烯填充物和共混物的性能低劣；此外，聚乙烯的非极性结构也使其制品的黏结性和印刷性很差。在聚乙烯分子链上接枝马来酸酐可以改善聚乙烯的上述性能。

聚乙烯与马来酸酐的接枝是自由基反应。当过氧化物引发剂在高温下分解出初级自由基后，初级自由基随后可以从聚乙烯分子链上夺取氢质子发生终止，从而形成聚乙烯大分子自由基，该大分子自由基可以与马来酸酐的双键进行加成，从而使马来酸酐接枝到聚乙烯分子链上形成接枝产物。

$$\mathrm{R{-}O{-}O{-}R} \longrightarrow \mathrm{2R{-}O^{\cdot}}$$

$$\mathrm{R{-}O^{\cdot}} + \sim\mathrm{CH_2{-}CH_2}\sim \longrightarrow \sim\mathrm{CH_2{-}CH^{\cdot}}\sim$$

$$\sim\mathrm{CH_2{-}CH^{\cdot}}\sim + \underset{\text{(马来酸酐: O=C—O—C=O 环)}}{\mathrm{HC{=}CH}} \longrightarrow \sim\mathrm{CH_2{-}\underset{\underset{\text{(酸酐环)}}{|}}{CH}}\sim \text{ , 侧基为 } \mathrm{HC{-}CH^{\cdot}}$$

在反应过程中还存在其他一些副反应，如马来酸酐的均聚、大分子自由基之间的偶合所导致的扩链、交联等。这些副反应对于接枝反应是不利的，应该尽量避免。

$$\mathrm{R{-}O^{\cdot}} + \underset{\text{(马来酸酐)}}{\mathrm{HC{=}CH}} \longrightarrow \sim\!\left[\mathrm{CH{-}CH}\right]_n\!\sim \text{ (酸酐环)}$$

$$\begin{matrix}\sim\mathrm{CH_2{-}CH^{\cdot}}\sim \\ + \\ \sim\mathrm{CH_2{-}CH^{\cdot}}\sim\end{matrix} \longrightarrow \begin{matrix}\sim\mathrm{CH_2{-}CH}\sim \\ | \\ \sim\mathrm{CH_2{-}CH}\sim\end{matrix}$$

三、原料和设备

高密度聚乙烯树脂（HDPE），MFR＝5～7g/10min；马来酸酐（MAH），纯度≥99％；过氧化二异丙苯（DCP），工业品；受阻酚类抗氧剂（抗氧剂 1010），工业品；液体石蜡，工业品；二甲苯（化学纯）；丙酮（分析纯）。

台秤和电子天平、高速分散混合机、双螺杆挤出机组、熔体指数测定仪、红外光谱仪、索氏抽提萃取装置、平板压机。

四、实验步骤

1. 聚乙烯与马来酸酐的熔融接枝

（1）打开双螺杆挤出机电源开关，将挤出机各段温度设定如下。

Ⅰ	Ⅱ	Ⅲ	Ⅳ	Ⅴ	Ⅵ	Ⅶ	Ⅷ	Ⅸ	Ⅹ
150℃	180℃	185℃	190℃	195℃	220℃	220℃	225℃	220℃	200℃

该温度分布是在过氧化物 DCP 的分解半衰期和物料在挤出机内的平均停留时间基础上设定的，待各区温度到达设定值后，继续加热 30min 方可启动主机。

（2）按照表 3-11-1 中配方，准确称取聚乙烯树脂、马来酸酐、DCP 和其他助剂。

表 3-11-1　聚乙烯接枝马来酸酐配方

试验编号	HDPE	DCP	MAH	抗氧剂 1010	液体石蜡
1	1000g	0.5	3g	1.5g	10mL
2	1000g	1.0	3g	1.5g	10mL
3	1000g	1.2	3g	1.5g	10mL
4	1000g	1.5	3g	1.5g	10mL

先将 HDPE 加入高速混合机，加入适量液体石蜡后启动高速分散机搅拌约 1min，然后关闭分散机，加入各种助剂，再启动高速分散机搅拌混合 2min，将混合物料倒出后备用。

（3）将物料加入挤出机料斗，启动双螺杆挤出机主机并调节变频器频率至 15Hz（电流约为 10A），启动加料电机，调节加料螺杆转速为 15r/min，物料开始进料。待熔融物料从机头挤出并进入正常挤出状态后，将挤出物牵条，经水冷和风冷干燥后切粒。

（4）待物料全部挤出完毕后，用 1kg 左右纯聚乙烯树脂对挤出机螺杆和料筒进行清理，然后依次关闭加料电机、主机、各加热段，最后关闭挤出机电源。

2. 聚乙烯/马来酸酐接枝物的表征

接枝物的表征分为接枝率测定和扩链（交联）程度表征两部分。

（1）红外光谱测定接枝率

① 取少许接枝物（数十粒）放入 50mL 烧杯中，加入 25mL 二甲苯，在电炉上加热至微沸，用玻璃棒搅拌，使接枝物溶解。该步骤应在通风橱中进行。

② 待溶液冷却后，聚合物以淤浆状析出沉淀。将沉淀物包入滤纸包中，放入索氏抽提器中用丙酮作为溶剂进行回流萃取，以去除接枝物中残留的未反应单体和可能的马来酸酐均聚物，回流萃取时间至少 8h。

③ 将滤纸包去除并将抽提物烘干，将平板压机加热至 180℃。用聚酯薄膜做膜板将抽提物压制成厚度约为 100μ 的红外光谱膜片。使用红外光谱仪对膜片进行扫描，得到接枝物的红外光谱。

④ 根据红外谱图 1790cm^{-1} 位置上有无马来酸酐羰基的特征吸收峰来判断马来酸酐是否接枝到聚乙烯大分子链。以聚乙烯在 2040cm^{-1} 处的吸收峰作为内标，将 1790cm^{-1} 位置上马来酸酐特征吸收峰的高度与 2040cm^{-1} 处聚乙烯特征吸收峰的高度计算吸光比 R，即

$$R=\frac{\lg(X_1/X_2)}{\lg(Y_1/Y_2)} \tag{3-11-1}$$

式中，X_1/X_2为马来酸酐特征吸收峰基部与顶部的透射比；Y_1/Y_2为聚乙烯特征吸收峰基部与顶部的透射比。吸光比 R 可以表示马来酸酐接枝率的相对高低。

(2) 接枝物的熔体指数测定

在挤出过程中分别取样，测定接枝物的熔体指数（190℃，2160g）。根据接枝物熔体指数与原料 HDPE 熔体指数的差值比较接枝后聚乙烯大分子链的扩链（交联）程度，同时建立接枝后物料的扩链（交联）与过氧化物用量的关系。

五、思考题

1. 与在传统的釜式反应器上进行聚乙烯熔融接枝相比，利用挤出机进行熔融接枝反应具有哪些优缺点？
2. 如何在聚乙烯的熔融接枝过程中抑制扩链和交联等副反应？
3. 如何获得马来酸酐的绝对接枝率？

实验 3-12　反应挤出实验——熔融挤出制备尼龙/聚乙烯共混材料

一、实验目的

1. 了解并掌握改善聚合物共混体系相容性的方法和聚合物共混相容性的表征方法。
2. 掌握尼龙/聚乙烯反应共混增容的工艺过程。

二、实验原理

尼龙是分子链上具有酰胺键的一大类聚合物的总称，其最典型的代表是尼龙-6 和尼龙-66，它们都是性能优良的工程塑料，在汽车、电器、仪表等许多工业领域具有广泛的应用。但是，尼龙分子链上的酰胺键对水有很好的亲和性，导致尼龙制品的吸湿性较高，而吸湿后制品的尺寸稳定性、电性能、以及机械强度都会受到不利影响；其次，尼龙-6 和尼龙-66 的低温韧性较差，在寒冷条件下受力容易发生脆性破坏；另外，尼龙原料的价格也比较高。这些缺陷对尼龙的应用带来了一定程度的限制。

采用聚乙烯与尼龙进行共混可以改进和提高尼龙的上述性能。聚乙烯可以明显降低尼龙的吸水率，从而提高制品的尺寸稳定性和电性能；聚乙烯对尼龙还可以起到增韧作用，提高制品的干态和低温状态下的冲击强度，改善尼龙的力学性能；此外，价廉的聚乙烯还可以大幅度地降低尼龙的生产成本。但是，由于尼龙与聚乙烯的极性相差很大，二者之间共混相容性极差。若将二者进行简单机械共混，会出现宏观相分离的共混形态，该共混形态不但无法获得所期望的共混改性效果，相反会使共混物的性能劣化。因此，尼龙与聚乙烯共混时必须加入相容剂来改善共混相容性。尼龙与聚乙烯共混的相容剂可以通过聚乙烯接枝马来酸酐与尼龙进行反应性挤出来制取，其原理是聚乙烯接枝马来酸酐分子链上的酸酐基团与尼龙分子链的胺基或亚胺基在熔融挤出共混过程中发生了化学反应。

$$\begin{array}{llll}
\sim CH_2-CH-\sim & +\,NH_2\sim\sim & \longrightarrow & \sim CH_2-CH-\sim \\
\qquad\quad | & & & \qquad\quad | \\
\qquad CH-CH_2 & & & \qquad CH-CH_2-COOH \\
\qquad\ \ | \qquad\ \ | & & & \qquad\quad | \\
\qquad\ \ C \qquad\ \ C & & & O=C-NH-\sim\sim \\
\quad\ \ /\!\!/ \ \ \backslash\ \ / \ \ \backslash\!\!\backslash & & & \\
\quad O \qquad O \qquad O & & &
\end{array}$$

该反应即刻生成了尼龙与聚乙烯的嵌段（或接枝）共聚物，它们在熔融挤出共混过程中对尼龙和聚乙烯可以起到共混相容剂的作用，一方面通过降低尼龙与聚乙烯两相间的界面张力，提高两相的分散程度；另一方面增强两相之间的界面结合力，从而形成了具有良好分散和牢固界面结合的共混形态。这种共混形态可以保证共混物具有优良的成型工艺性能和机械强度，获得所期望的共混改性效果。

三、原料和设备

高密度聚乙烯树脂（HDPE），MFR＝6.0g/10min，1kg；尼龙-6（PA-6），挤出级，3kg；聚乙烯接枝马来酸酐（HDPE-g-MAH），由实验室制备，1kg。

高速分散混合机一台；双螺杆挤出机组一台；气流干燥器一台。

四、实验步骤

1. 尼龙-6与聚乙烯的反应性挤出共混

(1) 将尼龙-6粒子置于100℃气流干燥器中干燥8h以上，去除树脂中的水分。聚乙烯树脂置于普通干燥箱中于80℃下干燥4h。

(2) 打开双螺杆挤出机电源开关，将挤出机各段温度设定如下。

Ⅰ区	Ⅱ区	Ⅲ区	Ⅳ区	Ⅴ区	机头
200℃	230℃	240℃	240℃	230℃	230℃

待各段温度到达设定值后，继续加热30min后方可启动主机。

(3) 分别称取干燥PA-6树脂1.2kg和HDPE树脂500g，在高速混合机中混合2min后加入挤出机料斗。启动双螺杆挤出机主机，并调节变频器频率至30Hz（电流约为10A）。启动加料螺杆电机，调节螺杆转速为30r/min，进行熔融共混挤出。注意观察挤出现象，如挤出工艺稳定性、挤出物外观等。

(4) 称取干燥PA-6树脂1.2kg、HDPE树脂300g、HDPE-g-MAH 200g，按照步骤(3)操作。观察挤出现象并与简单共混体系比较。

(5) 待物料全部挤出完毕后用1kg纯聚乙烯树脂对挤出机进行清理，然后依次关闭加料电机、主机和各加热段，最后关闭挤出机电源。

2. 尼龙-6/聚乙烯共混相容性的表征

(1) Molau实验：将由简单机械共混得到的尼龙-6/聚乙烯共混物和通过反应性挤出得到的共混物切片各数十粒分别放入两支试管中，然后在试管中加入甲酸。试管在室温下放置2～3天后，两个试管内物料的状态发生了明显变化。装有机械共混物的试管呈现透明的尼龙/甲酸溶液，在溶液的上方漂浮着聚乙烯的絮状物；而放有反应性共混物的试管内则变为乳白的悬浮液。这种状态差别是由两种共混体系的相容性差别所导致的。请根据所观察到的实验现象，解释两种共混体系的相容程度。

(2) 扫描电子显微镜（SEM）：取简单机械共混物和反应性共混物的挤出料条各一根，将它们置于液氮中冷冻1～2min，用钳子将其掰断，在断面上进行喷金处理后，使用SEM观察断面处的共混形态。可以发现：机械共混物的断面较为平整，尼龙分散相以较大颗粒分散在聚乙烯基体中，由于两相之间的界面结合很差，可以观察到相界面破坏后的清晰界面；而反应性共混物的断面则粗糙不平，尼龙在聚乙烯基体中的分散非常细小均匀，相界面变得非常模糊，清楚地显示出反应共混后形成了具有良好分散和牢固界面结合的共混形态。

3. 尼龙-6/聚乙烯共混物的力学性能

(1) 将尼龙-6、尼龙-6/聚乙烯机械共混物和反应性挤出共混物（如图3-12-1）各1.5kg置于气流干燥器中，于100℃下干燥8h以上，以去除树脂中的水分。

(2) 打开塑料注塑机电源开关，将注塑机各段温度设定如下。

Ⅰ区	Ⅱ区	Ⅲ区
200℃	230℃	230℃

待各段温度到达设定值后，继续加热30min。

(3) 将3种物料分别在塑料注塑机上制备出供拉伸试验用的哑铃状试样（10根）、供弯

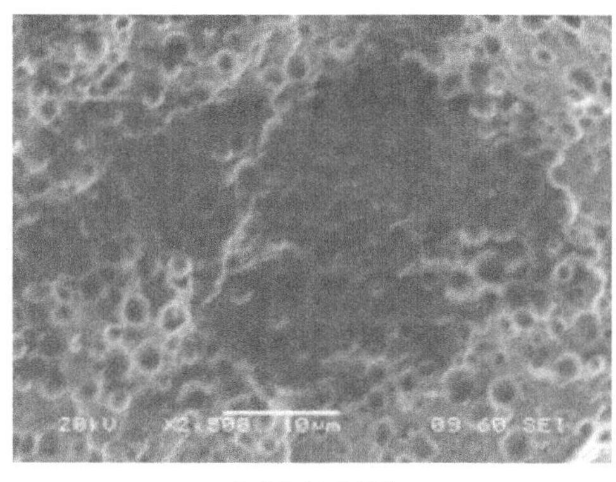

(a) 简单机械共混物

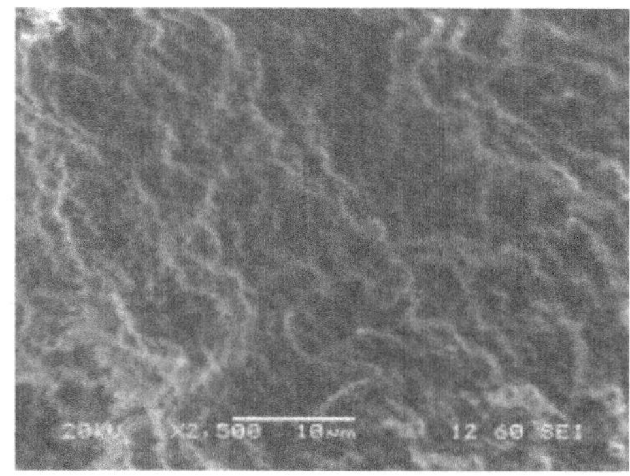

(b) 反应共混物

图 3-12-1　尼龙-6/聚乙烯共混物的扫描电子显微镜照片

曲试验用的矩形试样（10 根）、供简支梁冲击试验用的带缺口矩形试样（10 根）。

（4）将试样在室温下放置 1 天，量取试样尺寸后，按照测试标准分别测定试样的拉伸强度、断裂伸长率、弯曲强度和简支梁缺口冲击强度（请在测试前查阅手册确定测试方法和条件）。

（5）将测得的 3 种物料的各种机械强度列表并进行比较，讨论与聚乙烯的简单机械共混和反应性挤出共混对尼龙-6 力学性能的影响。

五、思考题

1. 不相容聚合物之间的简单机械共混为何得不到令人满意的共混形态和力学性能？可以采用哪些方法来改善不相容共混体系的相容性？

2. 如何表征和评价两相共混体系的相容性？

实验 3-13 橡胶硫化

将具有线型分子结构的橡胶（生胶）通过化学或其他方法使其分子链发生交联形成三维网状结构（硫化胶）的过程称为橡胶的硫化。硫化胶不仅在力学性能方面得到提高，其形状也得以固定不再具有可塑性和黏性流动。因此，准确地掌握橡胶的硫化工艺条件是橡胶制品质量的保证。

硫化的方法和设备很多，因制品而异，本实验是热硫化方法，学生在配方的基础上，用密炼机混炼制备混炼胶，然后进行模具硫化操作以制取一定形状的硫化胶样品。

一、实验目的

1. 了解胶料的混炼设备及工艺过程。
2. 了解平板硫化机、密炼机的结构特点及其操作方法。
3. 了解本实验用的胶料组成及其作用以及制订胶料硫化工艺条件的理论依据。
4. 掌握橡胶硬度计的使用方法。
5. 熟悉热硫化法、模具硫化的工艺特点，熟练掌握本实验的操作过程。

二、实验原理

混炼是将塑炼胶或已具有一定可塑性的生胶，与各种配合剂经机械作用使之均匀混合的工艺过程。混炼过程就是将各种配合剂均匀地分散在橡胶中，以形成一个以橡胶为介质或者以橡胶与某些能和它相容的配合组分（配合剂、其他聚合物）的混合物为介质、以与橡胶不相容配合剂（如粉体填料、氧化锌、颜料等）为分散相的多相胶体分散体系的过程。混炼后得到的胶料称为“混炼胶”，其质量对进一步加工和制品质量有重要影响。对混炼工艺的具体技术要求是配合剂分散均匀，使配合剂特别是炭黑等补强性配合剂达到最好的分散度，以保证胶料性能一致。混炼常用的设备是开炼机和密炼机。

密炼机混炼工作原理：密炼机工作时，两转子相对回转，将来自加料口的物料夹住带入辊缝受到转子的挤压和剪切，穿过辊缝后碰到下顶栓被分成两部分，分别沿前后室壁与转子之间的缝隙再回到辊缝上方。在绕转子流动的一周中，物料处处受到剪切和摩擦作用，使胶料的温度急剧上升，黏度降低，增加了橡胶在配合剂表面的湿润性，使橡胶与配合剂表面充分接触。配合剂团块随胶料一起通过转子与转子间隙、转子与上下顶栓、密炼室内壁的间隙，受到剪切而破碎，被拉伸变形的橡胶包围，稳定在破碎状态。配合剂如此反复剪切破碎，胶料反复产生变形和恢复变形，转子凸棱的不断搅拌使配合剂在胶料中分散均匀，并达到一定的分散度。由于密炼机混炼时胶料受到的剪切力作用比开炼机大得多，炼胶温度高，使得密炼机炼胶的效率大大高于开炼机。

硫化是在一定温度、压力和时间条件下橡胶大分子链发生化学交联反应的过程，如何制订这些硫化条件以及在生产中实施硫化条件是各种硫化工艺的重要技术内容。橡胶在硫化过程中，其各种性能随硫化时间增加而变化，橡胶的硫化历程可分为焦烧、预硫（即热硫化）、正硫化（即平坦硫化期）和过硫化四个阶段。如图 3-13-1 所示。

（1）焦烧阶段又称硫化诱导期，是指橡胶在硫化开始前的延迟作用时间，在此阶段尚未开始交联，胶料在模型内有良好的流动性。对于模型硫化制品，胶料的流动、充模必须在此阶段完成，否则就发生焦烧。

（2）预硫阶段是焦烧期以后橡胶开始交联的阶段。在此阶段，随着交联反应的进行，橡胶的交联程度逐渐增加，并形成网状结构，橡胶的力学性能逐渐优化，但尚未达到预期的水平。

（3）正硫化阶段，橡胶的交联反应达到一定的程度，此时的各项力学性能均达到或接近最佳值，其综合性能最佳。

（4）过硫阶段是正硫化以后继续硫化，此时往往氧化及热断链反应占主导地位，胶料会出现力学性能下降的现象。

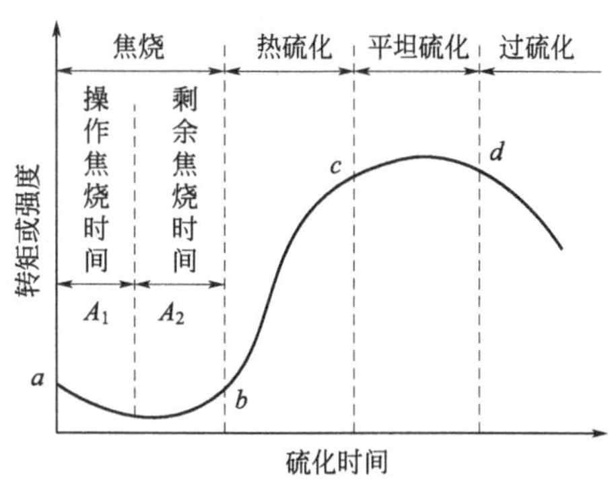

图 3-13-1　硫化曲线

由硫化历程可以看到，胶料处在正硫化时，其力学性能或综合性能达到最佳值，预硫或过硫阶段胶料性能均不好。达到正硫化状态所需的最短时间为理论正硫化时间，也称正硫化点。而正硫化是一个阶段，在正硫化阶段中，胶料的各项力学性能保持最高值，但橡胶的各项性能指标往往不会在同一时间达到最佳值，因此准确测定和选取正硫化点就成为确定硫化条件和获得产品最佳性能的决定因素。线型的橡胶大分子硫化后不同程度地形成空间网状结构，如图 3-13-2 所示。

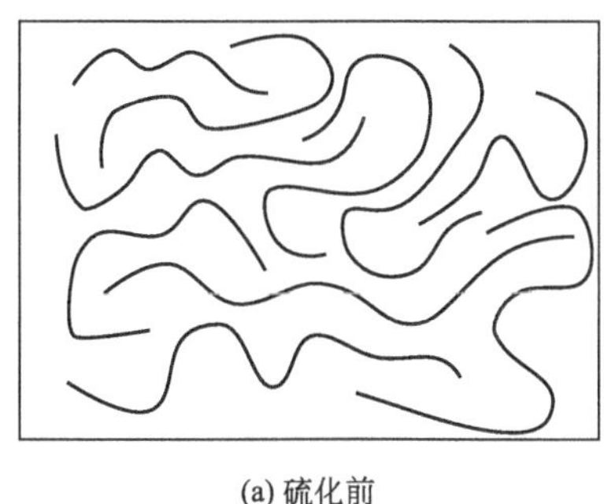

(a) 硫化前

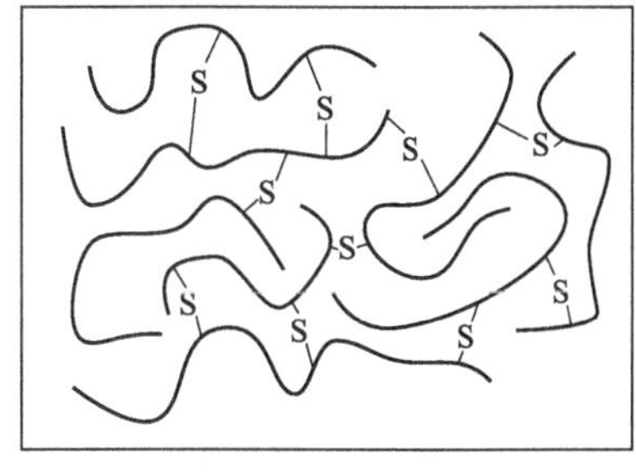

(b) 硫化后

图 3-13-2　橡胶大分子链结构示意图

根据制品的性能和用途不同，橡胶材料的硫化过程可采用多种不同的硫化方法，按照硫化温度分类而言，硫化工艺有冷硫化、室温硫化和热硫化三种工艺方法，其中热硫化是目前大多数橡胶制品普遍采用的方法。而硫化三要素通常指的是硫化压力、温度和时间。

三、设备和原料

设备：小型密炼机一台、25 吨平板硫化机一台、电子天平、哑铃型裁刀、橡胶硬度计，拉力试验机。

原料：三元乙丙生胶、硫粉、过氧化二异丙苯、抗氧剂 1010、氧化锌。

四、实验步骤

将配好的物料加入到密炼机中，按设定的混炼工艺条件混炼，制得混炼胶。在开炼机上将混炼胶压片备用。将混炼胶胶片放入模具中，在硫化机平板之间加热，使胶料软化流动成型。在一定的硫化工艺条件下，胶料中的硫化体系使橡胶大分子发生复杂的化学反应，后定型为硫化胶。

1. 按设定的配方配料，总质量控制在 60g。

2. 将配料按序加入到密炼机中，按设定的混炼工艺条件混炼。

3. 混炼胶加入到开炼机中，拉成片，备用。

4. 检查硫化机各部分是否正常，清洁机器；然后将硫化机加热至设定温度，恒温。

5. 检查硫化模具是否完好，清洁模具，除去残留胶屑及油污杂物。

6. 把模具放在硫化机的平台上，并使之与上、下两平板接触预热 20min。

7. 检查胶料是否完好，如发现喷雾现象则应回炼，清除胶料表面的灰尘杂物。

8. 视模具型腔大小，用剪刀剪取混炼胶料与硫化试样。

9. 取出模具，打开模具进一步检查，清洁，涂脱模剂，把试样置于模具型腔中间，合模，放入硫化机中进行硫化。

10. 将硫化机压力升高到 10MPa（表压）数十秒钟后卸压放气，再升压保持表压在 10MPa 下，使胶料硫化到规定的时间为止。

11. 卸压后取出模具，并立即趁热取出硫化胶制品。

12. 清理模具，涂上机油防锈。

13. 将硫化后的片材裁样，制成标准样条，放置一段时间，测试性能。

注意事项：

1. 操作要准确迅速，要求使胶料在模具内各处硫化速度均匀。

2. 要保证模具型腔清洁，不要让杂物混入试片。

3. 涂脱模剂时要使之均匀，如涂抹时产生气泡一定要除尽。

4. 往型腔放入胶料时位置应准确，保证充满型腔，防止制品缺料。

五、影响因素

1. 密炼机混炼的胶料质量好坏，除了加料顺序外，主要取决于混炼温度、装料容量、转子转速、混炼时间、上顶栓压力和转子的类型等。生胶、炭黑和液体软化剂的投加顺序与混炼时间特别重要，一般是生胶先加，再加炭黑，混炼至炭黑在胶料中基本分散后再加入液体软化剂。硫黄和超速促进剂通常在混炼的后期加入，或排料到压片机上加，减少焦烧危险。小料（如固体软化剂、活化剂、防老剂、防焦剂等）通常在生胶后、炭黑前加入。

2. 橡胶硫化过程中的温度、压力和时间等条件对硫化胶的质量具有决定性影响。一般橡胶制品（除胶布等簿制品外）在硫化时往往要施加一定的压力，用以防止制品在硫化过程中产生气泡，提高硫化胶的致密性；使胶料充分流动并充满模具；提高橡胶与骨架材料间的密着度；提高胶料的力学性能（或橡胶制品的使用性能）。通常，对硫化压力的选取应根据胶料的配方、胶料的可塑性、产品的结构等来决定。硫化温度是橡胶进行硫化反应的基本条件，直接影响硫化速度和硫化胶的性能。硫化是一个交联过程，需要一定的时间才能完成，对于定性配方的胶料，在一定的硫化温度和压力条件下，有一定适宜硫化时间（相对于正常硫化时间）。硫化时间过短，会产生欠硫；硫化时间过长可能产生过硫（导致硫化胶性能降低），还会影响硫化生产的效率。

3. 影响橡胶拉伸性能试验的因素除了上述工艺过程的影响外，还有试验条件的影响。例如试验温度、试样宽度、试样厚度、拉伸速度、试样停放时间、压延方向与试样夹持状态等。目前采用的国家标准是 GB/T 528—2009，该标准等同于 ISO 37:2005。

六、数据处理

将裁好的样条进行以下性能测试。

1. 拉伸强度：指试片拉伸至断裂时单位断面上所承受的负荷，单位为兆帕（MPa）。

2. 定伸应力：指试样被拉伸到一定长度时单位面积所承受的负荷。计量单位同拉伸强度。常用的有 100%、300%和 500%定伸应力。

3. 伸长率：试片拉断时，伸长部分与原长度之比即伸长率，用%表示。

4. 永久变形：试样拉伸至断裂后，标距伸长变形不可恢复部分占原始长度的百分比。解除了外力作用并放置一定时间（一般为 3min），以%表示。

5. 硬度：表示橡胶抵抗外力压入的能力，常用邵尔硬度计测定，单位为邵氏 A。

七、思考题

1. 讨论本实验用胶料硫化的实质。

2. 本实验胶料的硫化工艺条件与硫化制品的性能有何关系？

3. 设计一个橡胶硫化的配方，说明各组分的作用。

实验 3-14　聚氯乙烯塑料配方及加工条件实验

一、实验目的

1. 掌握软、硬聚氯乙烯的混合与塑炼方法。
2. 了解聚氯乙烯（PVC）塑料的配方过程，熟悉配方中各组分的作用。
3. 学会使用双辊塑炼机及打“三角包”，了解设备的基本结构。
4. 了解加工条件对制品性能的影响。

二、实验原理

聚氯乙烯的混合与塑炼是制备PVC半成品的常用方法。将PVC树脂与各种助剂根据产品性能要求配合后，经过混合塑化，便可得到一定厚度的薄片，可用于板材、片材、薄膜等产品的生产，或用于科学研究。实验中，也可通过测定性能和研究混炼条件对产品性能的影响。

1. 配方设计

配方设计是树脂成型过程的重要步骤，对于聚氯乙烯塑料尤为重要。为了提高聚氯乙烯塑料的成型性能、材料的稳定性，获得良好的制品性能并降低成本，必须在聚氯乙烯树脂中配以各种助剂。聚氯乙烯配方中通常含有的组分如下。

（1）树脂　树脂的性能应能满足成型加工和最终制品性能要求。

（2）稳定剂　稳定剂的加入可防止树脂在高温加工过程中发生降解，聚氯乙烯配方中，稳定剂通常按化学组成可分为四类：铅盐类、金属皂类、有机锡类和环氧油类。

（3）增塑剂　可增加树脂的可塑性、流动性，使制品柔软。对于硬质聚氯乙烯制品，一般不加或少加（5%以下），以避免影响其性能；而软质制品中添加量一般为40～70份。

（4）填充剂　在聚氯乙烯塑料中添加填充剂，可大大降低产品成本，改进制品的一些性能。常用填充剂有碳酸钙等。

（5）润滑剂　润滑剂的主要作用是防止黏附金属，延迟聚氯乙烯的凝胶作用，降低熔体黏度，润滑剂可按其作用分为外润滑剂和内润滑剂。

（6）其他：抗冲改性剂、阻燃剂、发泡剂、加工改性剂、着色剂等。

2. 混合

混合过程是使多相不均态的各组分转变为多相均态的混合过程，常用的混合设备有Z型捏合机和高速混合机。混合过程中粒子相互扩散和摩擦，导致物料温度升高，水分逃逸，增塑剂被吸收，物料与组剂分散均匀。

3. 塑炼

塑炼目的是使受热的聚氯乙烯塑料反复通过一对相向旋转的水平辊筒的间隙而被塑化。双辊塑炼机的辊距、辊温、加料量、辊筒的速比、转速均影响塑化效果。

三、实验原料及设备

实验原料：PVC树脂、有机锡、邻苯二甲酸二辛酯（DOP）、固体石蜡、复合稳定剂、氯化聚乙烯（CPE）、填料（如碳酸钙）等；

设备及工具：双辊塑炼机、平板硫化机、拉伸试验机、电子称（或天平）、研钵、测温计、布手套、石棉手套、毛巾、毛刷、铲刀、托盘、模框、PET 膜、裁刀、游标卡尺、记号笔；

双辊塑炼机：规格 B160×320，辊筒速比为 1∶1.35（不同机器会有差异）；加热方式为电加热。

图 3-14-1 双辊塑炼机照片

四、实验步骤

1. 了解上述助剂的作用和特点。

2. 根据下列要求确定聚氯乙烯配方（任选一种）。

3. 根据配方进行粉料的配制：称取 PVC 树脂，取小部分放入研钵中，称取其他助剂于研钵中，并研碎、混合，倒入其余的 PVC 树脂于研钵中混合均匀。

4. 压延：将辊筒温度升至 110℃以上，并调节辊间距仅一线距离，倒入粉料。当辊筒温度达到塑化温度，则物料包辊（记录包辊温度），两手戴布手套打三角包（注意安全，手不能在辊筒上方操作，要学会用双辊塑炼机的反转门和急停开关），观测原料颜色的变化，混炼一定时间后出料，塑料膜厚在 0.5mm 左右。

5. 改变增塑剂用量，观测起始包辊温度，并比较性能变化。

6. 升高辊筒温度，混炼 PVC 硬板配方及其增韧配方，并比较性能变化。

7. 将从双辊塑炼机上取下的软质 PVC 在平板硫化机上压片，压好后裁样，制成标准样条，在恒温室（25℃）放置一段时间（至少一天），测试拉伸性能（拉伸强度和断裂伸长率），比较不同配方对应产品拉伸性能的变化。

五、参考配方

表 1 软质 PVC 配方 单位：质量份

实验编号	PVC	复合稳定剂	有机锡	DOP
1	100	2～3	1	30
2	100	2～3	1	60
3	100	2～3	1	90

表 2　填充软质 PVC 配方　　　单位：质量份

实验编号	PVC	复合稳定剂	有机锡	DOP	$CaCO_3$
1	100	2～3	1	60	30
2	100	2～3	1	60	60

表 3　硬质 PVC 配方　　　单位：质量份

实验编号	PVC	复合稳定剂	CPE	石蜡
1	100	4～5	0	0.5
2	100	4～5	20	0.5
3	100	4～5	30	0.5

表 4　填充硬质 PVC 配方　　　单位：质量份

实验编号	PVC	复合稳定剂	石蜡	$CaCO_3$
1	100	4～5	0.5	30
2	100	4～5	0.5	60

六、思考题

1. 为了制备透明性 PVC 制品，对助剂有何要求？
2. 比较各配方的加工温度，可得出什么结论？
3. 上述 PVC 硬板配方中，如果加入 10 份 LDPE，能增加其韧性吗？为什么？

实验 3-15　中空挤出吹塑成型实验

一、实验目的

1. 了解塑料中空挤出吹塑成型的工艺过程。
2. 分析影响中空挤出吹塑成型工艺和制品质量的因素。

二、中空挤出吹塑成型加工过程及加工原理

中空挤出吹塑成型是将挤出或者注射成型的塑料管坯（型坯）趁热（处于半熔融的类橡胶态时）置于模具中，并及时在管坯中通入压缩空气将其吹胀，使其紧贴于模腔壁上成型为模具的形状，经冷却脱模后即制得中空制品。此方法可用于聚乙烯、聚氯乙烯、聚丙烯、聚苯乙烯等塑料的成型加工，也可用于聚酰胺、PET 和聚碳酸酯等的加工。本实验主要介绍挤出吹塑加工方法。

1. 挤出吹塑加工方法

(1) 管坯的形成通常直接由挤出机挤出，并垂挂在安装于机头正下方的预先分开的型腔中。

(2) 当下垂的型坯达到合格长度后立即合模，并靠模具的切口将型坯切断（本实验中型坯由人工切断）。

(3) 从模具分型面上小孔插入的压缩空气吹管送入压缩空气，使型坯吹胀紧贴模壁而成型。

(4) 保持空气压力，使制品在型腔中冷却定型后即可脱模，如图 3-15-1。

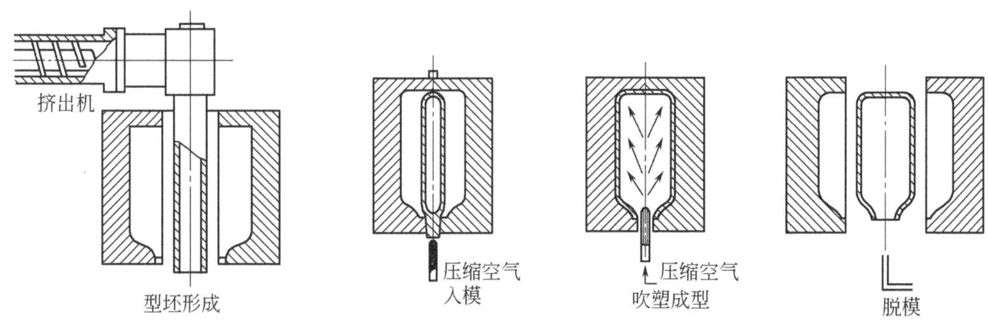

图 3-15-1　挤出吹塑成型

2. 影响成型工艺和制品质量的主要因素

(1) 型坯温度：生产型坯时，关键是控制其温度，使型坯在吹塑成型时的黏度能保证在吹胀前的移动，并在模具移动和闭模过程中保持一定形状。温度过高，型坯会发生变形、拉长或者破裂；型坯温度过低，聚合物挤出模时的离模膨胀会变得严重，以致型坯挤出后会出现长度方向的明显收缩和壁厚的显著增大现象，而且型坯的表面质量降低，出现明显的鲨鱼皮、流痕等；同时型坯的不均匀亦随温度降低而愈加严重，制品的强度差、容易破裂、表面粗糙无光。

一般型坯的温度应控制在被加工料的 $T_g \sim T_f$（或 T_m）之间，并比较接近 $T_f(T_m)$。

(2) 吹气压力和充气速度：中空吹塑成型，主要是利用压缩空气的压力使半熔融状态坯

胀大而对管坯施加压力，使其紧贴模腔壁，形成所需的形状。压缩空气还起到冷却制件的作用。根据材料种类的不同和加工温度的差异，以及加工温度下型坯的模量值有差别，吹气压力也不一样，一般在 0.2～0.7MPa 之间。吹气压力大小还与制品大小、型坯厚度有关，一般薄壁和大容积的制品宜用较高压力，而厚壁和小容积制品则用较低压力。最合适的压力应使制品成型后外形、花纹、文字等表露清晰。充气速度一般大一些好。

(3) 吹胀比：吹胀比（型坯吹胀的倍数）是指制品的大小与型坯的尺寸之比，一般吹胀比为 2～4 倍。吹胀比的大小应根据塑料种类和性质、制品的形状和尺寸以及型坯的尺寸等决定。

(4) 模温和冷却时间：模温的高低，首先应根据塑料的种类来确定，材料的玻璃化转变温度较高者，允许有较高的模温，反之则应尽可能降低模温。为了防止聚合物产生弹性回复引起制品形变，中空吹塑成型制品的冷却时间较长，冷却时间可占成型周期的 1/3～2/3。

三、原料及设备

SJ-45B 挤出机一台，上海挤出厂生产；SJ-PI-F2.5 塑料吹瓶辅机一台；中空吹塑模具一副；PE 或 PP 料 25 公斤；常用工具一套。

四、实验步骤

1. 接通挤出机料斗座冷却水，根据加工物料的性质确定加工工艺条件，设定挤出机和机头温度，至设定温度后再保温 20～30min，在挤出机料斗中加入物料，挤出管坯。
2. 接通空气压缩机电源，启动吹瓶辅机，打开模具。
3. 挤出管坯至需要长度时，用切刀切下管坯，将切下的管坯移至打开的模具中，然后合模，吹气嘴向管坯中通入压缩空气进行吹胀。
4. 保持吹气压力至冷却结束，打开模具取出制品，等待下一次操作。
5. 实验结束后，切断电源，关闭冷却水，清理机器。

五、思考题

1. 塑料能进行中空吹塑成型加工的依据是什么？
2. 影响塑料中空吹塑成型制品质量的因素有哪些？简述之。

实验 3-16　硬质塑料管材挤出实验

一、实验目的

1. 熟悉管材挤出生产线。
2. 掌握管材挤出生产要领。
3. 掌握管材挤出生产工艺过程。

二、实验原理

塑料管材作为化学建材的重要组成部分，以其优越的性能及卫生、环保、低耗等优点为用户所广泛接受，与传统的金属管和水泥管相比，质量小（一般仅为金属管的 1/6～1/10），有较好的耐腐蚀性、冲击强度和拉伸强度，塑料管内表面比铸铁管光滑得多、摩擦系数小、流体阻力小，可降低输水能耗 5%以上，综合节能好，制造能耗降低 75%，运输方便，安装简单，使用寿命长达 30～50 年。塑料管材主要有 UPVC 排水管、UPVC 给水管、铝塑复合管、聚乙烯（PE）给水管材、聚丙烯 PPR 热水管几种。

硬质管材的工艺流程如图 3-16-1 所示。塑料粒子在挤出机料筒中熔融，经管材机头得到环形管坯，经定径套在真空负压的作用下定外径，并通过冷却水槽降低管坯温度定型。冷却变硬的管材在牵引作用下进一步定型，然后按要求长度切割，得到管材成品。按硬度分类，塑料管材可分为硬管和软管两种，其挤出工艺基本相似，区别是硬管的最后一步是切割，而软管则不用切割，直接收卷即可。

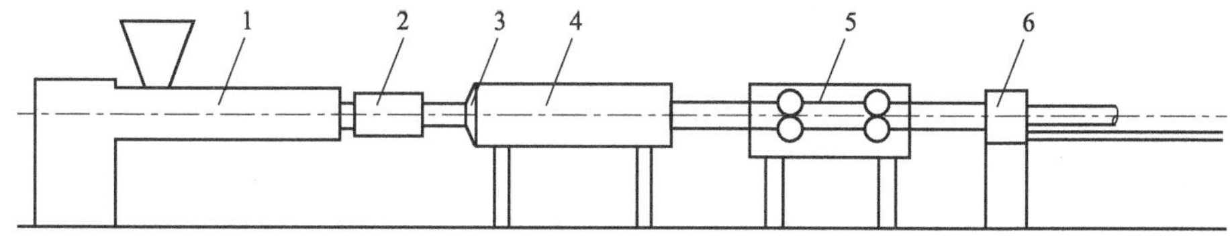

图 3-16-1　硬质管材挤出工艺流程

1—挤出机；2—管材机头；3,4—定径套和冷却水槽；5—牵引；6—切割

三、设备与原料

ϕ45 单螺杆挤出机一套、管材成型辅机一套、合适的管材机头一套、常用安装与调试工具一套、挤管用硬质 PVC 50kg、管材耐压实验机一套、多功能制样机一套、电子万能测试机。

四、实验步骤

1. UPVC 管材挤出

(1) 检查压缩空气管路、调整口模处间隙，检查主机与辅机中心线是否对准。

(2) 开启电热源，对机身机头及辅机加热升温，将挤出机各段温度设定如下。

Ⅰ区	Ⅱ区	Ⅲ区	Ⅳ区	Ⅴ区	Ⅵ区
160℃	175℃	180℃	190℃	195℃	190℃

待各部位温度到达设置温度后，保温 30～40min 使机器内温度一致后，方可启动主机。

(3) 在牵引速度保持不变的情况下，按照表 3-16-1 工艺，挤出硬质 PVC 管材用于测试。

表 3-16-1 挤出硬质 PVC 管材挤出工艺

实验编号	螺杆转速/Hz
1	5
2	6
3	7

(4) 将物料加入挤出机料斗，启动挤出机主机并按设定值调节螺杆转速，开始进料，当管坯从口模挤出后，调整好压缩空气的进气量，同时手动拉伸预置在定径套末端已冷却的硬管，开启牵引机，手动将冷却好的物料放入牵引机，调整牵引速度，待挤出过程稳定后，固定压缩空气进气量，固定牵引速度。

(5) 按实验要求调整螺杆转速，但固定牵引速度不变。

(6) 待物料全部挤出完毕后，用 1kg 左右纯 HDPE 对挤出机螺杆和料筒进行清理，然后依次关闭牵引设备、空气压缩机，将挤出机转速调至最小后，关闭挤出机主机。

2. 硬质管材纵向性能表征

(1) 用制样机将管材沿纵向切割成 100mm×100mm 的哑铃试样，精确测量试样细颈处的厚度，并在细颈部分划出长度标记。按照测试标准分别测定试样的拉伸强度和断裂伸长率。同时按照标准制备 100mm×4mm 的弯曲样条和缺口冲击样条，测试管材纵向的弯曲性能和冲击性能。

(2) 分别测试不同牵引比时管材的纵向力学性能，列表比较。

3. 硬质管材横向性能表征

(1) 按规定取标准长度的管材，用管材耐压实验机测量管材在 25℃、45℃和 70℃三个温度下的压缩强度。

(2) 将测得的三种薄膜的力学性能列表并进行比较。

五、工艺控制要点

1. 温度

温度是挤出操作中重要的控制因素（见表 3-16-2）。挤出成型所需控制的温度是机筒温度、机径温度、口模温度。温度过低，塑化不良，管材外观无光泽，力学性能差，产品质量达不到要求；温度过高，物料会发生分解，出现产品变色等现象。

表 3-16-2 硬 PVC 管材常用温度

物料	机身温度/℃			机径温度/℃	口模温度/℃
	后部	中部	前部		
硬 PVC 管材	80～120	130～150	160～180	160～170	170～190

2. 螺杆转速

螺杆转速提高，挤出量增加，从而可提高产量，但容易产生塑化不良的现象，造成管材内壁毛糙，强度下降，这时应调节机头压力，使产量、质量达到最佳。螺杆的温度影响到物料输送率、物料的塑化、熔融质量等。挤出管材需要通冷却水，降低螺杆温度，有利于提高塑化质量，螺杆通冷却水温度在50～70℃左右。

3. 牵引速度

在挤出操作中牵引速度的调节很重要，物料经挤出熔融塑化，从机头连续挤出后被牵引，进入定型装置、冷却装置、牵引装置等，牵引速度应与挤出速度相匹配。一般在正常生产时，牵引速度应比管材的挤出速度快1%～10%左右。

4. 压缩空气和压力

压缩空气能够将管材吹胀，使管材保持一定的圆度。要求压力应大小适当。压力过小，管材不圆；压力过大，芯模被冷却，管材内壁出现裂口、不光滑，管材质量下降。同时要求压力稳定，如压力忽大忽小，管材容易产生竹节状。

5. 定径装置、冷却装置的温度

挤出不同的塑料产品，采用不同的定径方式和冷却方式，冷却的介质可以是空气、水或其他类液体，需要控制温度，其温度主要与生产效率、产品内应力等有关。

六、思考题

1. 论述单螺杆挤出机的基本结构并说明螺杆有哪些基本参数。
2. 硬质管材挤出时，其冷却方式有几种，各有何优劣点?
3. 管材在挤出过程中，牵引比对最终制品的拉伸强度和压缩强度有什么影响?为什么?
4. PVC管材在挤出过程中，如果发现管材表面有斑点，其可能的原因是什么。

实验 3-17　衣架注射成型

一、实验目的

1. 掌握注射成型原理，了解注射成型的特点。

2. 了解注塑机的结构，掌握注塑机的工作过程。

3. 以聚丙烯为原料，制备不同颜色的衣架。

二、实验原理

1. 注射成型的原理及特点

注射成型是把塑料原料放入料筒中，经过加热熔化，使之成为高黏度的流体，用柱塞或螺杆作为加压工具，使熔体通过喷嘴以较高的压力注入模具的型腔中，保压冷却定型后，柱塞或螺杆回程，脱模后得到制品。注射成型是热塑性塑料的主要加工方法，近年来，也用于部分热固性塑料的成型加工。注射成型效率高，能一次成型出外形复杂，尺寸精确和带有嵌件的塑料制件；对各种塑料加工的适应性强；易于实现自动化生产。除了很长的管、棒、板、型材等不能加工外，其他各种形状、尺寸的塑料制品基本上都可应用这种方法进行成型。所以注射成型工艺得到了极为广泛的应用。

2. 注塑机及注射成型工艺过程

（1）注塑机的基本组成

注塑机主要由注射装置、合模、锁模装置、操作控制系统、注射模具等组成。此外还设有电加热和水冷却系统、过载保护及安全门等附属装置。图 3-17-1 为往复式螺杆注塑机实物图，图 3-17-2 为往复式螺杆注塑机示意图。

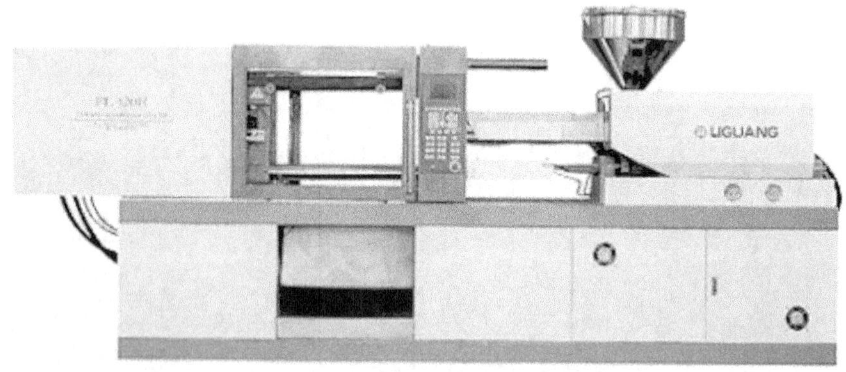

图 3-17-1　往复式螺杆注塑机实物图

注射成型模具是注射成型工艺的主要工艺装备，一般由定模部分和动模部分组成，如图 3-17-3 所示。动模安装在注塑机的移动模板上，定模安装在注塑机的固定模板上。注射时，动模与定模闭合构成型腔，定模部分设计有浇注系统，塑料熔体从喷嘴经浇注系统进入型腔成型。开模时动模与定模分离，动模退到一定距离后，模具顶出机构与注塑机的固定顶出杆相碰，从而由顶杆和拉料杆将塑料制件及浇注系统凝料推出模具外。

（2）螺杆式注塑机的工作过程

① 闭模和锁紧：液压合模装置首先以高压快速完成闭模的空行程，当动模与定模很接

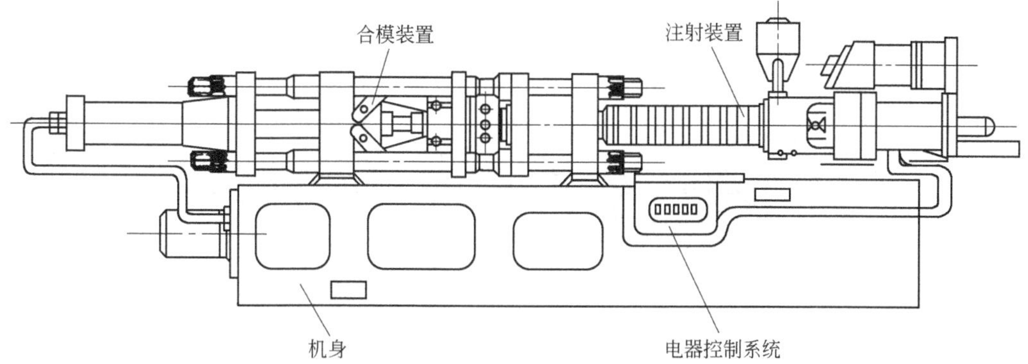

图 3-17-2　往复式螺杆注塑机示意图

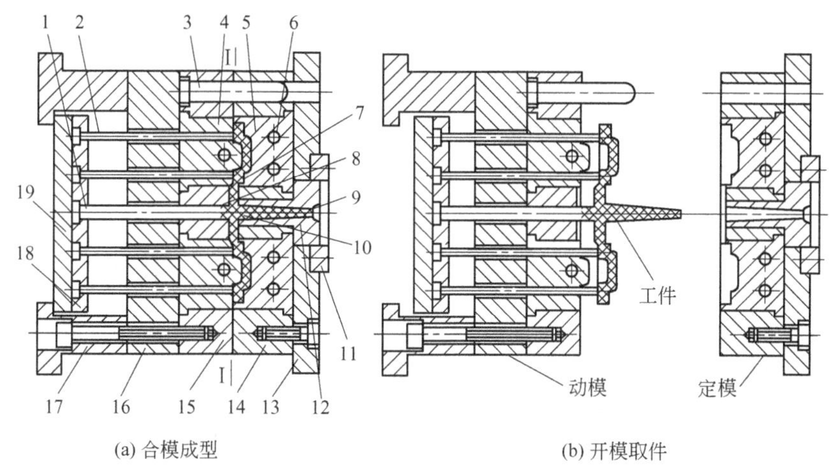

(a) 合模成型　　(b) 开模取件

图 3-17-3　注射模

1—拉料杆；2—顶杆；3—导柱；4—凸模；5—凹模；6—冷却水通道；7—浇口；
8—分流道；9—主流道；10—冷料穴；11—定位环；12—主流道衬套；
13—定模座（定模底板）；14—定模板；15—动模板（凸模固定）；
16—支撑板（垫板）；17—动模座；18—顶杆固定板；19—顶杆底板

近时，自动切换成低压、低速，在确认模内无异物时，再切换成高压锁紧模具。

② 注射装置前移和注射：注射装置整体前移，使喷嘴与模具主流道的入口以一定压力贴合，注射油缸作用，推动螺杆向前移动，将头部的熔料注入模腔。

③ 保压：在注射程序完成后，螺杆对熔料仍继续保持一定的压力，以防止模腔中的熔料回流，并向模腔内因制件冷却收缩而产生的空间进行补料。

④ 冷却定型和预塑化：保压一定时间后，浇口封闭，制件在模内冷却定型。螺杆转动后退，将来自料斗的塑料原料向前输送，并使其塑化，供下一次注射使用。

⑤ 注射装置后退和开模顶出制品：注射装置整体后退，合模装置开模，在注塑机顶出装置和模具推出机构的联合作用下，将制件自动推出。随后清理模具，为下一次成型做准备。

其中④、⑤工序在时间上重叠，相互间有直接影响。图 3-17-4 所示为注塑机工作过程。

三、设备与原料

热塑性塑料注塑机一台、衣架模具一套。

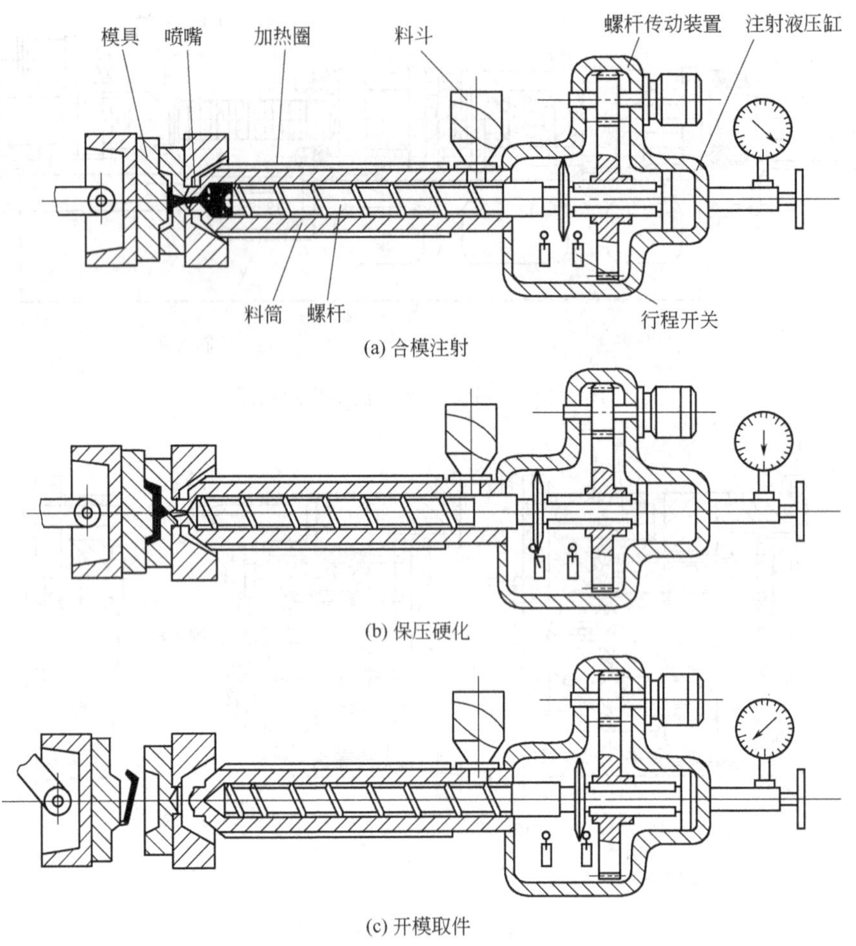

(a) 合模注射

(b) 保压硬化

(c) 开模取件

图 3-17-4　注塑机工作过程

PP 料 20kg，牌号为 T30S，不同颜色的色母料若干。

四、实验步骤

1. 配料：将色母料（0.3%）与聚丙烯（T30S）混合均匀。

2. 开机、预热机器：将注射料筒升温，温度为 190℃、210℃、230℃，同时将喷嘴升温到 225℃。

3. 待温度达到设定温度半小时后，启动马达，闭合模具，熔胶，并将注射座前移，准备注射衣架。

4. 首先手动操作，按如下顺序：射胶、保压、冷却、熔胶、开模，然后取出衣架，检查制品的可靠性，如不符合要求，则重新调整注射参数；如符合要求，则切换自动模式。

5. 放弃前 10 个样品，取后面的样品。

6. 注射结束后，料筒中的物料对空注射，清空料筒。关闭马达、机器电源开关。

五、思考题

1. 注射成型的原理及特点。

2. 实验中使用的注塑机型号及最主要指标。

3. 简述注塑机工作过程。

实验 3-18 塑料薄膜挤出吹塑成型工艺实验

塑料薄膜是常见的一种塑料制品，就其成型方式而言，主要分为挤出法和压延法两大类，而挤出法又分为挤出吹塑和挤出流延两种。吹塑薄膜是将塑料挤成薄膜管并趁热用压缩空气将它吹胀，冷却定型后即制成薄膜制品。与挤出流延和压延法相比，挤出吹塑薄膜具有设备简单、投资少、机台利用率高、操作简单、无废边、成本低且便于土法上马的优点。此外薄膜经牵引、吹胀，力学性能有所提高，其成品是圆筒形，用于包装可省略焊接工序。挤出吹塑薄膜的缺点是薄膜厚度均匀性差、冷却速度低、薄膜透明度低，且受冷却速度的限制，卷取线速度一般不超过 10m/min，产量较低。

在吹塑薄膜成型过程中，根据挤出和牵引方向的不同，可分为平挤上吹法、平挤下吹法和平挤平吹法三种。吹塑薄膜成型过程中的工艺要点包括如下方面。

（1）挤出机温度

吹塑低密度聚乙烯薄膜时，挤出温度一般控制在 160～180℃之间，且必须保证机头温度均匀。挤出温度过高，树脂容易分解，且薄膜发脆，尤其是纵向拉伸强度显著下降；温度过低，则树脂塑化不良，不能圆滑地进行膨胀拉伸，薄膜的拉伸强度较低，且表面的光泽性和透明度差，甚至出现木材年轮般的花纹以及未熔化的晶核。

（2）吹胀比

吹胀比是吹塑薄膜生产工艺的控制要点之一，是指吹胀后膜泡的直径与未吹胀的管环直径之间的比值。吹胀比为薄膜的横向膨胀倍数，实际上是对薄膜进行横向拉伸，拉伸会对塑料分子产生一定程度的取向作用，吹胀比增大，从而使薄膜的横向强度提高。但是，吹胀比也不能太大，否则容易造成膜泡不稳定，且薄膜容易出现皱褶。因此，吹胀比应当同牵引比配合适当才行，一般来说，低密度聚乙烯薄膜的吹胀比应控制在 2.5～3.0 为宜。

（3）牵引比

牵引比是指薄膜的牵引速度与管环挤出速度之间的比值。牵引比是纵向的拉伸倍数，使薄膜在引取方向上具有定向作用。牵引比增大，则纵向强度也会随之提高，且薄膜的厚度变薄；但如果牵引比过大，薄膜的厚度难以控制，甚至有可能会将薄膜拉断，造成断膜现象。低密度聚乙烯薄膜的牵引比一般控制在 4～6 之间为宜。

（4）冷冻线

冷冻线对结晶塑料即相转变线，是熔体挤出后从无定形态到结晶态的转变。冷冻线位置的高低对于稳定膜管、控制薄膜质量有直接关系。对聚乙烯来说，当冷冻线离口模距离较近时，熔体因快速冷却而定型，所得薄膜表面质量不均，有粗糙面，粗糙程度随冷冻线与口模间距离增加而下降。但若使冷冻线过分远离口模，则会使薄膜的结晶度增大，透明度下降，且影响其横向的撕裂强度。冷却风环与口模的距离一般是 30～100mm。

本实验以聚乙烯挤出吹塑成膜为例，使同学熟悉单螺杆挤出机的一般结构，掌握单螺杆挤出机的操作要领，熟悉吹塑薄膜成型工艺过程，掌握平挤平吹法制膜工艺流程。

一、实验目的

1. 熟悉薄膜挤出吹塑成型工艺过程。
2. 了解吹塑薄膜的优缺点。
3. 掌握平挤平吹制膜工艺流程。

二、实验原理

平挤平吹法是指使用水平机头，机头出料与膜管牵引方向相同的一种生产工艺，其工艺流程如图 3-18-1 所示。挤出的熔融物料由机头环形缝隙水平挤出成圆筒状的膜管，从机头侧面进气口吹入一定量的压缩空气使之横向吹胀。同时，借助于牵引辊连续运转进行纵向拉伸，并经设置在膜管外的冷却风环吹出的冷却空气定型。由人字板压叠成双折薄膜，通过牵引辊以恒定的线速度进入卷取装置。牵引辊本身也是一对压辊，将通过人字板后的双层薄膜完全压紧，使膜管内的空气封闭而不漏，以保持膜管内部空气恒定，保证薄膜的宽度不变。该法适用于窄幅薄膜（如聚乙烯、聚氯乙烯等）的吹塑成型。平吹法也适用于热收缩薄膜的生产。

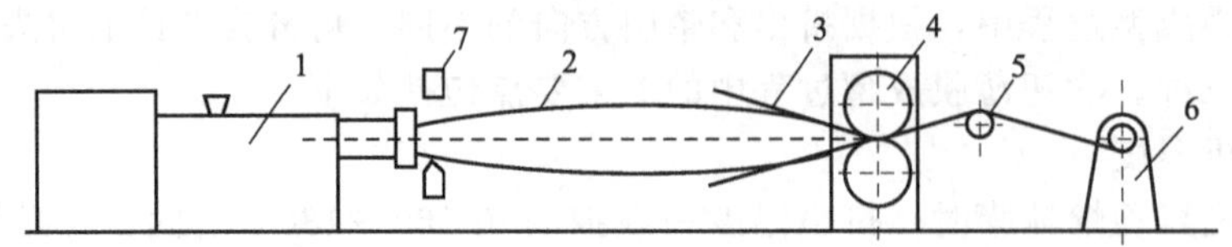

图 3-18-1 薄膜的平挤平吹法工艺流程

1—挤出机；2—膜管；3—人字板；4—牵引辊；5—导向辊；6—卷取装置；7—风环

三、设备与原料

ϕ45 单螺杆挤出机一套、平挤平吹法薄膜成型辅机一套、合适的口模一套、常用安装与调试工具一套、吹膜级 LDPE 50kg、4339B 高阻仪一套、电子剥离试验机。

四、实验步骤

1. LDPE 吹塑

(1) 检查压缩空气管路、调整口模处间隙，检查主机与辅机中心线是否对准。

(2) 开启电热源，对机身机头及辅机加热升温，将挤出机各段温度设定如下。

Ⅰ区	Ⅱ区	Ⅲ区	Ⅳ区	Ⅴ区	Ⅵ区
150℃	165℃	170℃	180℃	180℃	170℃

待各部位温度到达设置温度后，保温 30～40min 使机器内温度一致后，方可启动主机。

(3) 按照表 3-18-1 中配方，准确称取 LDPE 和抗静电剂。

表 3-18-1 低密度聚乙烯吹塑配方

实验编号	LDPE/g	抗静电剂/g
1	1000	0
2	1000	15
3	1000	30

(4) 将物料加入挤出机料斗，启动单螺杆挤出机主机并调节加料螺杆转速为 10r/min，开始进料，当熔融物料出口模后将挤出物慢慢引上冷却及牵引设备（事先开启这些设备）。

(5) 通过调节调整螺栓，使膜泡厚度均匀；调节风环位置、风量以稳定薄膜冷冻线和膜厚度；适度调节牵引比和吹胀比，保证膜正常不被拉破和吹破。

(6) 待物料全部挤出完毕后，用 1kg 左右纯 LDPE 对挤出机螺杆和料筒进行清理，然后依次关闭牵引设备、风机、空气压缩机，将单螺杆挤出机转速调至最小后，关闭单螺杆挤出机主机。

2. 吹塑薄膜抗静电性能表征

(1) 将吹塑薄膜切割成 100mm×100mm 的试样，然后按照标准测试表面电阻，测试电压为 500V，时间为 1min。

(2) 分别测试不同抗静电剂含量、不同制品厚度下试样的表面电阻，并将测试数据列表比较。

3. 吹塑薄膜力学性能表征

(1) 用哑铃标准裁刀在冲片机上冲取塑料薄片试样，沿纵向和横向各取五条，精确测量试样细颈处的厚度，并在细颈部分划出长度标记。按照测试标准分别测定试样的拉伸强度和断裂伸长率。

(2) 将测得的三种薄膜的力学性能列表并进行比较。

五、思考题

1. 论述单螺杆挤出机的基本结构并说明螺杆有哪些基本参数。
2. 按塑料在螺杆上的运动情况，螺杆可以分为几个区域？各有什么作用？
3. 平挤平吹法有什么优缺点？
4. 讨论影响膜厚度的因素。
5. 根据抗静电原理的不同，可将抗静电剂分为哪几种类型？
6. 讨论抗静电剂的加入对 LDPE 薄膜性能的影响。

实验 3-19 注塑机塑料模具的安装调试

一、实验目的

1. 熟悉塑料成型模具的安装、调试过程。
2. 了解模具设计的合理性。

二、设备与原料

CJ150 塑料注塑机一台、塑料模具一副（本机允许模具厚度范围 160～450mm）、吊装设备一台、常用安装工具一套。

PE 料或 PP 料 50kg。

三、实验步骤

塑料模具的调试主要包括模具的安装和试模两个过程。

1. 模具调试前的准备

（1）图纸检查

模具调试必须按对外协作部门或生产部门下达的模具调试通知单，开始准备。第一步是图纸的审核，这里指的图纸有两份，一份是模具调试的产品图纸，一份是模具图纸。根据产品图纸了解产品要求的材料、几何尺寸、功能和外观要求，如颜色、斑点、杂质、接痕、凹陷等。根据模具图纸可以了解模具调试选用的设备，技术参数同模具要求是否吻合，工具及附件是否齐全。把图纸审理后传递到下道工序。

（2）设备检查

检查所使用设备的油路、水路、电路、机械运动部分，按要求保养设备；检查设备的技术参数：定位圈的直径、喷嘴球体 R 的大小、喷嘴孔径、最小模具厚度、最大模具厚度、移模行程、拉杆间距、顶出方法等，要满足试模要求，作好开车前的准备工作。试模设备应该同将来生产时的机器相一致。这是因为设备的技术参数同试模产品的技术标准有联系，温度的波动、压力的变化幅度、空循环的时间以及机械和液压传动的稳定性等都会影响产品的质量。采用大合模力的设备试模，调换到小合模力的注塑机上，成型条件有可能需要改变。

（3）材料准备

检查所加工塑料原料的规格、型号、牌号、添加剂、色母料等是否满足要求，湿度大的原料应进行干燥处理，确定配比。因为模具是根据原料的力学性能设计的，原则上应采用图纸规定的原料，也可以用流动性好、易快速固化、热稳定性好的原料。试验模具的结构使产品各部位、圆角、壁厚、加强筋的分布情况真实地体现出来，可以作为修改模具的参考依据。

（4）模具检查

模具安装到注塑机前，应该根据模具图纸检查模具，以便及时发现问题，进行修模。根据模具装配图可以检查模具的外形尺寸、定位圈尺寸、主流道入口的尺寸、与喷嘴相配合的球体 R 的尺寸以及冷却水的进口与出口、压板垫块高度、宽度等。模具的浇注系统、型腔等需要打开模具检查，当模具动模和定模分开后，应该注意方向记号，以免合拢时搞错。

（5）冷却水管或加热线路

检查模具冷却水管或加热线路，如果分型面采用液压或马达，也应该分别接通检查。

(6) 工具及附件

试模工具是试模人员的专用工具，装在手提式工具箱内，携带方便。每个调试人员应该配备一套。同试模有关的工具是机械扳手、垫块、检查模具温度测温计、检查模具尺寸的量卡器具、检查制品用的工具等，以及操作时常用的铜棒、铜片及砂纸等必备品。嵌件的检查很重要，试模的各种嵌件包括金属嵌件、塑料嵌件、橡胶嵌件、纸制品嵌件，还有为保证制品成型后不变形用的定型件等，必须进行严格检测，以免损伤模具，造成不可弥补的损失。

2. 装模

(1) 吊装模具

模具吊装时必须注意安全，两个人要密切配合，尽量整体安装。若有侧向分型机构，大多数情况下，滑块在水平位置，在平面内左右移动。

(2) 紧固模具

模具定位圈装入注塑机的定位圈后，用极慢的速度闭模，使动模板将模具轻轻压紧，然后上压紧板。压紧板根据模具的大小，可以有 4～8 块。压紧板的调节螺钉高度必须与模脚同高，以保证压紧板水平，能够压紧模脚。检查模具平行度、垂直度、托架的牢固程度，调整料筒和模具中心孔的同心度。

(3) 顶出距离和顶出次数的调节

模具紧固后慢慢启模，直到动模板不再后退，调节顶出杆的位置，使顶出板与动模底板之间有 5mm 以上的间隙，以保证能够顶出制品而又不损坏模具。顶出次数根据制品需要而定，可以一次顶出，也可多次顶出，可以在注塑机操作面板上选择顶出次数。对于依靠顶出力和开模力实现抽芯的模具，应注意顶出距离和抽芯机构工作的协调，以保证动作起止、定位、行程的正确，以免发生干涉现象。

(4) 锁模松紧度的调节

锁模松紧度要调节到合适，既要防止溢料，又要保证型腔适当排气。对于需要加热的模具，应该在模具达到规定的温度后再校正闭模松紧度；对于全液压式合模机构，锁模的松紧度只要观察锁模压力是否在预定的工艺范围内；对于液压肘杆式合模机构，可根据锁模力的大小或经验来判别。

(5) 模具低压保护调节

初步完成锁模松紧度调整之后，为确保模具工作安全，必须进行模具定位。选定低压保护的起始点，然后在低压保护作用下，以最慢的速度闭模，调整行程开关，使模具分型面相间 12～15mm 时，低压保护作用结束。反复试验，保证低压保护灵敏可靠。

3. 试模

根据加工塑料的特性，按推荐的工艺参数，先取预选的工艺参数较低的值，然后在模具调试过程中进行调整。

(1) 判别机筒和喷嘴温度

根据熔料塑化质量来确定机筒和喷嘴温度。将喷嘴脱离固定模板主流道，用较低的注射压力，使熔料从喷嘴缓慢流出，观察料流，若没有硬块、气泡、银丝、变色等缺陷，料流光滑明亮，则说明机筒和喷嘴温度比较适合，就可以开始试模，反之，则需进行适当调整。

(2) 加料方式的选择

注塑机加料方式有三种，根据物料及模具情况选择合适的加料方法。一是前加料，即每次注射后，塑化达到要求容量时，注射座后退，直至下一个工作循环开始时再前进，使喷嘴与模具接触，进行注射。此法用于喷嘴温度不易控制、背压较高、防止回流的场合。二是后加料，即注射后注射座后退再进行预塑化工作，待下一个工作循环开始，复回进行注射。此法用于喷嘴温度不易控制及加工结晶塑料。三是固定加料，即在整个成型周期中，喷嘴与模具一直保持接触，是目前常用方法，适用于塑料成型温度范围较广，喷嘴温度易控制的场合。

(3) 注射量的调节

注射量即是一次注入模内的物料量，它包括塑料量及流道中物料量。加料量通过注塑机的加料装置调节，最后以试模结果为准。注射量一般不应超过注塑机注射量的80%。

(4) 塑化能力调整

塑化能力主要调节螺杆转速、预塑背压和料筒、喷嘴温度。这三者是互相联系和制约的，必须协调调整，整个塑化时间不应超过制品冷却时间，否则要延长成型周期。螺杆转速调节范围稍大一些，但不得超出工艺所要求的范围，并选用注塑机螺杆最佳工作范围内的转速，以减小螺杆转速的波动。在预塑化时，控制合理的预塑背压，有利于物料中气体排出，提高塑化质量。背压的高低由所加工的塑料性能和有关工艺参数决定，一般为0.5～1.5MPa，对于高黏度和热稳定性差的塑料，宜用较慢的螺杆转速和较低的预塑背压，对中低黏度和热稳定性好的塑料，可采用较快的螺杆转速和略高的预塑背压，但应防止熔料的流涎现象。

(5) 注射压力调节

根据加工制品形状、壁厚、模具结构设计、塑料性能等参数，可预先选取注射压力和注射速度。但开始时，原则上选取较小的注射压力，待模具温度达到要求的工艺参数范围，观察熔料充模情况，若充模不足或有其他相应的缺陷，则逐渐升高注射压力。在保证完成充模情况下，应尽量选取较低的压力，这样可以减小锁模力和降低功率的消耗。

(6) 注射速度调节

一般注塑机设有高速和慢速注射，对于薄壁成型面积大的塑件，宜用高速注射；厚壁成型面积小的塑件，采用低速注射。某些塑料对剪切速度十分敏感，注射速度的控制应有利于熔料充模和防止熔料变质。在高速和低速注射成型都能满足的情况下，宜采用低速注射（玻璃纤维增强除外）。

(7) 试模操作方式

注塑机的操作一般有手动、半自动、全自动三种方式。试模时一般采用手动方式，以便于有关工艺参数的控制和调整，一旦出现问题，可立即停止工作。

(8) 压力、时间、温度调整

试模时，原则上选择低压、低温、较长时间条件下注射成型，然后按压力、时间、温度的先后顺序调整。压力变化的影响很快会从制件上反映出来，所以，首先调节压力。只有当调节压力无效时，考虑调节时间。延长时间，实质是延长物料的受热时间，提高物料的塑化效果，如果无效，考虑提高温度。由于物料温度达到新的平衡要经过15min左右，不能马上从制件上反映出来，所以要耐心等待。温度不能一下升得很高，以免塑料过热降解。试模时的成型周期较长，待试模正常后，测定成型周期的时间，有时用半自动或全自动操作方式，预测成型周期。

① 调节模具温度及水冷却系统。模温调节对制品质量和成型周期都有大的影响。试模时就根据所加工的塑料及加工工艺条件，合理地进行调节。在保证充模和制品质量的前提下，应选取较低的模具温度，以便缩短成型周期，提高生产效率。水冷却系统用来控制模具温度、料筒及螺杆温度以及注塑机液压系统的工作油温。主要通过调节水冷却系统的流量，达到控制温度的目的。

② 模具维修。待工艺条件稳定后，根据注塑件的形状、尺寸、外观修改模具，使制品达到用户要求。修模方案应具体情况具体分析。在模具的使用过程中，也会产生正常的磨损或不正常损坏，经过局部维修后还可以使用，这时要根据模具的具体情况，更换零件、铜焊或镶嵌修复型腔等方法修补。模具应该经常检查维修，以保持其在良好的状态下生产。

模具调整一次，不一定能够解决所有的问题，有时需要重复上述过程几次，直到产品达到最终的质量要求。

参 考 文 献

[1] 潘祖仁. 高分子化学 [M]. 5 版. 北京：化学工业出版社，2011.
[2] 何曼君，等. 高分子物理 [M]. 3 版. 上海：复旦大学出版社，2008.
[3] 吴其晔，巫静安. 高分子材料流变学 [M]. 北京：北京高等教育出版社，2005.
[4] 王贵恒. 高分子材料成型加工原理 [M]. 北京：化学工业出版社，1995.
[5] 冯开才，等. 高分子物理实验 [M]. 北京：化学工业出版社，2004.
[6] 刘建平，等. 高分子科学与材料工程实验 [M]. 2 版. 北京：化学工业出版社，2017.
[7] 张兴英，李齐方. 高分子科学实验 [M]. 2 版. 北京：化学工业出版社，2007.
[8] 何卫东，等. 高分子化学实验 [M]. 合肥：中国科学技术大学出版社，2003.
[9] 郑震，郭晓霞. 高分子科学实验 [M]. 北京：化学工业出版社，2016.
[10] 韩哲文. 高分子科学实验 [M]. 2 版. 上海：华东理工大学出版社，2011.
[11] 甘文君，张书华，王继虎. 高分子化学实验原理与技术 [M]. 上海：上海交通大学出版社，2012.
[12] 梁晖，等. 高分子化学实验 [M]. 2 版. 北京：化学工业出版社，2013.
[13] 哄啸吟，等. 涂料化学 [M]. 3 版. 北京：科学出版社，2019.
[14] 史子瑾. 聚合反应工程基础 [M]. 北京：化学工业出版社，1995.
[15] 赵进，赵德仁，张慰盛. 高聚物合成工艺学 [M]. 3 版. 北京：化学工业出版社，2015.
[16] 吴刚. 材料结构表征及应用 [M]. 北京：化学工业出版社，2002.
[17] 赵瑶兴，等. 有机分子结构的光谱鉴定 [M]. 2 版. 北京：科学出版社，2018.
[18] 朱诚身. 聚合物结构分析 [M]. 北京：科学出版社，2004.
[19] 沈钟，等. 胶体与表面化学 [M]. 4 版. 北京：化学工业出版社，2012.
[20] 倪礼忠，陈麒. 聚合物基复合材料 [M]. 上海：华东理工大学出版社，2007.
[21] 高象涛. HAAKE 转矩流变仪在聚氯乙烯加工配方设计中的应用 [J]. 齐鲁石油化工，2003，31 (2)：147-148.
[22] 陈更新. 软质聚氯乙烯塑料配方设计要点 [J]. 增塑剂，2012，(4)：13-19.
[23] 刘瑞霞. 塑料挤出成型 [M]. 北京：化学工业出版社，2005.
[24] 杨清芝. 实用橡胶工艺学 [M]. 北京：化学工业出版社，2005.
[25] 殷敬华，等. 高分子材料的反应加工 [M]. 北京：科学出版社，2008.

参考文献